非平衡晶界偏聚动力学和晶间脆性断裂

(含拉伸力学性能测试不确定性机理)

徐庭栋　著

科学出版社

北　京

内 容 简 介

本书分为理论和应用两部分．理论部分有：热循环引起的非平衡晶界偏聚理论，包括临界时间概念、偏聚热力学和动力学；弹性变形的微观理论，包括弹性变形的临界时间、张应力和压应力变形引起的溶质晶界偏聚和贫化的平衡方程和动力学方程．作为热循环引起的偏聚理论的应用，提出三种晶间脆性，即钢的回火脆性、不锈钢的晶间腐蚀脆性和金属与合金中温脆性的统一的普适机理．基于弹性变形的微观理论，阐明了金属拉伸力学性能测试不确定性的弹性变形机理，揭示出现行拉伸试验技术体系和标准的不可靠和不可行性，并给出一个新的金属拉伸试验技术体系的框架．

本书可作为高等学校材料科学与工程、凝聚态物理、固体力学、冶金和机械工程等课程的教学参考书或辅助读物，也可供相关领域的科学工作者、工程师和研究生查阅．

图书在版编目(CIP)数据

非平衡晶界偏聚动力学和晶间脆性断裂：含拉伸力学性能测试不确定性机理/徐庭栋著．—北京：科学出版社，2017

ISBN 978-7-03-052411-9

Ⅰ.①非…　Ⅱ.①徐…　Ⅲ.①非平衡(热力学)-晶粒间界-研究②晶粒间界-脆性断裂-研究　Ⅳ.①O763

中国版本图书馆 CIP 数据核字(2017) 第 054911 号

责任编辑：鲁永芳　赵彦超／责任校对：彭　涛
责任印制：张　伟／封面设计：铭轩堂

科 学 出 版 社出版
北京东黄城根北街 16 号
邮政编码：100717
http://www.sciencep.com

北京虎彩文化传播有限公司 印刷

科学出版社发行　各地新华书店经销

*

2017 年 3 月第　一　版　开本：720 × 1000　B5
2019 年 1 月第三次印刷　印张：16
字数：323 000

定价：99.00 元

(如有印装质量问题，我社负责调换)

再版前言

自本书《非平衡晶界偏聚动力学和晶间脆性断裂 (第一版)》出版至今已有十多年的时间了. 十多年来本书所述领域的主要进展可分为下述两个方面. 第一, 提出了三种晶间脆性统一的非平衡晶界偏聚机理. 三种晶间脆性包括钢的回火脆性、不锈钢的晶间腐蚀脆性和金属与合金普遍存在的中温脆性. 阐明了这些晶间脆性不是金属热平衡下的脆性, 是热处理过程和拉伸试验过程的动力学因素, 如冷却速率、恒温脆化时间、拉伸速率等引起的, 为消除这些晶间脆性提出了全新的概念. 第二, 这十年来最重要的进展, 是将弹性变形的微观理论, 用于分析金属拉伸试验过程和结果, 发现在拉伸试验的弹性变形阶段, 应力不同程度地改变了被测金属的微观结构和力学性能, 导致金属拉伸力学性能测试的不确定性. 揭示出自伽利略 (1564~1642) 时代开始采用拉伸试验测试金属力学性能以来, 对于大多数含有微量杂质的金属, 都没能通过拉伸试验测试到被测金属拉伸前的力学性能, 一直普遍地造成误判. 这样就改变了人们对拉伸力学性能的认识, 动摇了拉伸力学性能科学的试验基础, 为建立新的拉伸试验技术体系提供了根据. 由于这些进展, 本书再版在原书名上加上标注性说明: 含拉伸力学性能测试不确定性机理.

2015 年作者应 Elsevier 出版公司编委会的邀请, 为 Saleem Hashmi 主编的 *Reference Module in Materials Science and Materials Engineering* 文集撰写 "内界面偏聚和脆化" 的专题文章 "*Interfacial segregation and embrittlement.*" (doi:10.1016/B978-0-12-803581-8.03232-X). 这篇文章综述了作者在此领域所取得的主要进展, 重点阐述了近十年来在上述两方面的工作. 它是本书撰写的提纲, 其内容在本书中得到扩展. 能够应邀参加上述文集的撰写, 表明国际学术界对作者提出的理论、尤其是拉伸力学性能测试不确定性的弹性变形机理的高度认可. 现行拉伸试验技术是早就被科学共同体接受了的经典技术. 科学虽然习惯于怀疑, 但像拉伸试验技术, 一旦被科学共同体接受, 成为经典技术, 往往容易被过度崇拜, 成为制约接受新发现的阻力. 虽然大家都知道, 科学的进步一定是人类对过去认识不断纠正的过程, 但是科学发展历史上, 每个进步都是充满挫折. 拉伸试验测试不确定性的弹性变形机理, 与经典传统观点相悖, 正在受到国内一些学人的质疑. 因此, 我想通过此书的再版, 详细阐述这一机理, 以提高国人对这一机理的认可程度, 为新拉伸试验技术体系的建立奠定基础.

借此机会, 我特别感谢所在单位——钢铁研究总院高温合金研究所的轻质合金研究部, 对作者研究工作的长期支持, 没有这些支持, 研究难以顺利进行. 我要特别感谢与我风雨同舟的夫人李帼华女士, 她不仅长期为我创造了良好的从事科学研究的家庭环境, 作为英语教师, 还在语言上给予我极大的帮助.

徐庭栋

2016 年 8 月 12 日于北京顺义好望山

前　　言

1978 年, 我考入北京钢铁学院 (现北京科技大学) 攻读金属物理专业的硕士研究生, 研究的题目是钢中硼的晶界偏聚. 当时的实验手段是用硼 10 同位素的显微径迹照相技术, 探测硼在晶界上的分布. 这种技术的空间分辨率与光学显微镜差不多, 用它来研究晶界微偏聚只能是半定量的. 钢中的硼是最早发现具有非平衡偏聚特征的元素, 当时已有英国学者 Williams 于 1976 年用显微径迹照相技术, 确切证实钢中的硼有非平衡晶界偏聚特征. 我在北科大的导师们的带领下, 也开始接触到非平衡晶界偏聚这个材料科学研究的前沿领域, 研究方向就是硼的平衡偏聚与非平衡偏聚之间的关系.

我要特别感谢北京科技大学的老师们, 他们在我刚开始接触研究工作时, 就把我带入了一个研究的前沿领域, 这可能就是研究生的导师应该起的最重要的作用吧. 我对非平衡偏聚的研究立刻产生了特别浓厚的兴趣, 直至将近 30 年后的今天, 这个兴趣也没有减弱, 一直在从事这方面的研究. 但是, 晶界微偏聚的研究需要大量准确测量晶界上元素的浓度, 最先进和最有效的技术是俄歇谱测量. 当时国内俄歇谱仪屈指可数, 我几乎没有可能充分利用这种测量技术, 实现对非平衡偏聚的有效研究, 且不说国内仪器的设备运行水平与国际之间的差距和高昂的测试费了. 于是我陷入了这样一种矛盾之中: 对最前沿研究课题的浓厚兴趣和缺乏研究它的有效实验手段之间的矛盾. 这个矛盾一直困扰了我 20 多年. 同时这个矛盾也逼迫我形成了自己的研究特色.

没有实验手段能否从事晶界偏聚的研究, 这是我 20 多年前开始从事独立研究时所面临的第一个问题. 实验在材料科学这门实验性很强的学科中无疑是十分重要的. 但是, 实验不是科学研究的终极目的, 而应该是手段, 通过它获得新的认识、新的概念和新的理论, 然后通过这些新认识去改造自然, 才是最终目的. 当时我想, 我能否不通过做实验也达到这终极的目标呢? 支持我往这个方向走下去的一个重要因素, 是我在北科大研究生阶段所受的严格的查文献、分析和综述文献能力的训练. 我开始用大量的时间仔细研读文献, 看看国内外学者们在此领域已做了些什么, 正在做什么, 还需要做什么; 各家所做的工作在整个领域所处的地位和作用, 以及他们工作的成功与失败等. 当我仔细研究了英国学者 McLean 的平衡偏聚动力学理论后, 令我想到也在非平衡偏聚领域建立一个相应的动力学理论, 而且 McLean 建立平衡偏聚动力学的思路, 也一直引领着我构筑非平衡偏聚动力学理论的架构; 在我从文献上见到美国学者 McMahon 研究组对加 Ti 和不加 Ti 的钢中, Ni, Sb 和

Ti 的晶界偏聚俄歇谱测量结果的巨大差别时, 由于我在文献上已仔细研究了法国学者 Guttmann 的平衡共偏聚理论, 使我立刻产生了非平衡共偏聚的观念, 解释了 McMahon 等人长期不能解释的上述实验现象; 我从文献上发现, 其实从 20 世纪 50 年代以来大量的关于回火脆性的实验研究, 尤其是 70 年代俄歇谱测量技术用于晶界成分测量以来, 已有若干重要的实验结果都充分说明非平衡偏聚对回火脆性的影响, 而且许多实验结果都表明, 非平衡偏聚的临界时间引起了恒温晶界脆化的临界时间, 即著名的"过时效现象"(overaging), 这是非平衡偏聚引起回火脆性的最重要证据. 但是由于人们受平衡偏聚理论的束缚, 始终没能正确的解释这些现象. 我仔细研究了上述实验结果, 并清楚地分析了平衡偏聚机理在解释回火脆性的若干重要实验结果时所遇到的困难, 认识到非平衡晶界偏聚对回火脆性的重要影响, 提出了晶界脆性的非平衡偏聚机理. 我从文献上读到日本学者 Shinoda 和 Nakamura 于 1981 年报告的应力引起溶质晶界偏聚和贫化的实验结果后, 立即对这种现象产生了极大的兴趣, 查阅与此相关的几乎所有文献, 发现英国学者 Hondros 和 Seah 在解释这些现象时遇到了困难. 我重新分析了这些实验现象, 提出了弹性应力引起的非平衡晶界偏聚和贫化的理论模型及其动力学方程.

上面扼要地叙述了 20 多年来我的研究历程. 查阅和分析文献在我的研究中起着至关重要的作用. 但是, 我并不认为我的研究经历应该普遍提倡, 因为这与特定的历史条件, 和学科领域发展的特定阶段有关. 现在, 我国的经济发展了, 国家对科学研究的资金投入加大了, 建立了若干国家重点实验室和各种省部级重点实验室, 设备水平有的已达到国际先进水平. 可以期望这些实验室会做出国际一流的实验结果, 必将成为我国材料科学发展的主要推动力量.

最后, 我要特别感谢国家自然科学基金委员会, 以及支持过我的评审专家们, 使我连续 10 年不断地获得国家自然科学基金项目的资助, 没有这些资助, 就不会有这些研究. 我要感谢华夏英才基金资助本书的出版. 我还要感谢我的工作单位钢铁研究总院, 因为它为我提供了从事研究的条件, 它长期形成的一种科学研究的文化氛围, 令我能够在市场竞争的纷杂中, 静下心来从事基础研究.

徐庭栋

2006 年 2 月 28 日于钢铁研究总院

目　　录

第0章　绪　　论

大多数技术上重要的材料是多晶的, 它们由小晶体组合而成. 这些小晶体称为晶粒, 是由网状的内界面将它们相互分开. 这些内界面称为晶界. 晶界是一个狭窄的区域, 大约只有几个原子直径的厚度. 晶界容易成为弱化或脆化区, 材料发生断裂时, 往往灾难性的沿晶界断裂. 这种断裂给社会造成的损失每年要上百亿美元. 比如, 大尺寸工件断裂的例子有飞机机体、压力容器、核反应堆以及飞机汽车发动机部件等. 对于小的工件来说, 一个重要的例子是计算机电连线回路的断裂, 也往往追溯到电连接线的沿晶界断裂. 这些连接线比人的头发丝还细, 计算机工作时会达到很高的温度引起断裂. 预报和控制这类断裂仍然是材料科学家和工程师当前面临的最急切和令人不安的挑战. Low (1963) 已经指出, 这种断裂可以分为两大类: (a) 晶界沉淀相引起的断裂和 (b) 溶质原子的晶界偏聚引起的断裂. Shen 等 (2007) 研究发现, 由各种途径制备的纳米晶材料, 所表现出的反 Hall-Petch 关系 (inverse Hall-Petch relationship), 是由于溶质的晶界偏聚引起的. 这一研究结果使溶质晶界偏聚研究与纳米材料的核心问题联系起来.

Naoya 等 (2004) 用像差 (aberration) 修正的 Z 衬度扫描透射电子显微镜, 观察到搀杂的 La 原子偏聚到 Si_3N_4 晶界上的非晶区和晶化区的原子像 (图 0-1 和图 0-2). 这首次实现了原子晶界偏聚的直接观察, 并且证明了 La 原子的晶界偏聚引起 Si_3N_4 晶粒拉长, 获得韧化了的微结构 (Naoya et al., 2004). 他们认为, 对于现在通过微观尺度结构设计改进陶瓷材料的力学性能而言, 这一发现代表了向下一代陶瓷所需要的原子水平的结构工程迈进了重要的一步 (Naoya et al., 2004). 这就是说, 溶质原子微偏聚到晶界上不但是引起沿晶界脆断的重要原因, 并且是改进材料性能的重要途径. 因此长期以来晶界微偏聚的研究一直是材料科学和工程中相当活跃的领域之一.

晶界微偏聚有两种类型: 平衡偏聚和非平衡偏聚. 平衡晶界偏聚是由于材料内部结构的不均匀性引起的. 由于晶界区相对于基体完整点阵在结构上不同, 原子排列在晶界的某些区域是无规则的, 有的晶界位置原子排列比较疏松, 有空隙存在, 有的比较紧密. 这样使溶质原子在晶界上的某些位置的自由能低于基体点阵位置. 因此, 这些溶质原子更易于处于晶界的位置, 使晶界浓度高于基体浓度, 并且对于一定温度, 溶质的晶界浓度是一定的, 称为平衡晶界偏聚. 材料只有在恒温时间趋于无限时, 才在扩散速率的控制下趋近晶界的平衡偏聚浓度.

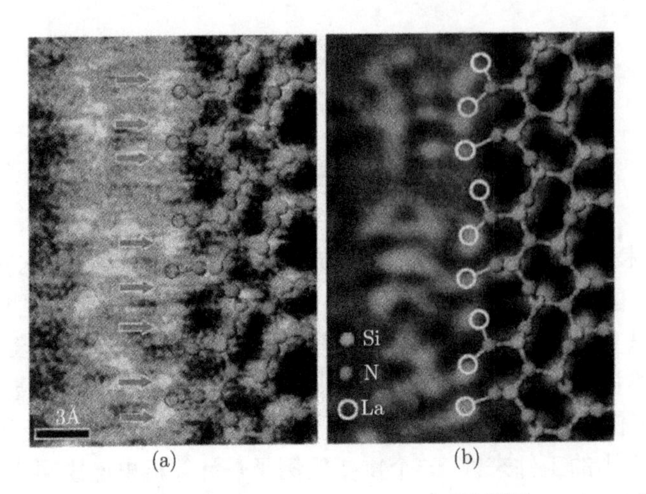

图 0-1　用高角度环形暗场透射电镜 (HAADF-STEM), 在晶间膜和 β-Si_3N_4 晶粒棱镜面之间内界面上的原子成像 (Naoya et al., 2004)

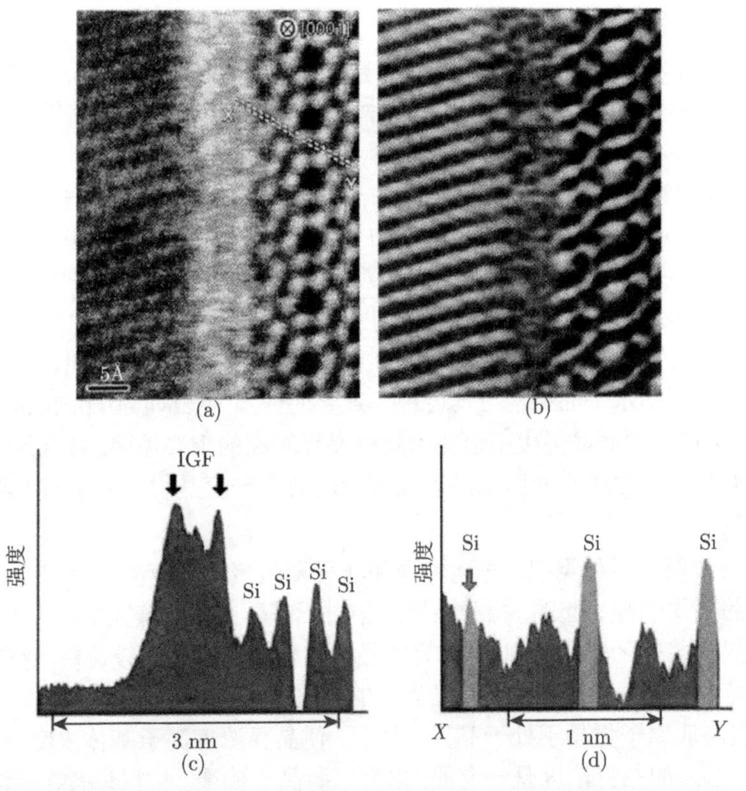

图 0-2　添加 La 的 β-Si_3N_4 的晶间膜的原子分辨率的扫描透射电子显微镜成像 (Naoya et al., 2004)

1957 年, 英国著名学者 McLean (1957) 提出了平衡晶界偏聚的热力学和恒温动力学方程, 描述了平衡晶界偏聚发生的热力学条件和恒温动力学规律, 至今仍然作为平衡晶界偏聚的经典理论而被广泛应用.

1975 年, 法国材料学家 Guttmann (1975) 为了解释合金元素对脆性杂质晶界偏聚的影响, 以及偏聚引起的工程材料沿晶界断裂的问题, 在多组元系统中发展了 Fowler 理论, 考虑两种偏聚组元之间发生的反应, 提出了一组方程描述不同溶质原子晶界共偏聚现象, 称为平衡共偏聚理论. 此理论指出由于两种溶质元素之间的相互吸引作用, 一种元素发生晶界偏聚可以促使另一种元素的晶界偏聚, 反之亦然. 此理论成功地解释了某些合金元素对晶界脆性的影响.

1977 年, 英国材料物理学家 Seah(1977) 以当时平衡晶界偏聚理论发展的最新成果, McLean 平衡偏聚理论基础上, 提出某些晶界脆性, 尤其是可逆回火脆性, 是由脆性杂质原子平衡偏聚到晶界上引起的. 自此以后平衡晶界偏聚理论一直是理解可逆回火脆性以及其他类型晶界脆性的基础.

20 世纪 60 年代后期, 加拿大的 Aust (Aust et al., 1968) 和美国的 Anthony (Anthony, 1969; Hanneman et al., 1969) 发现, 在淬火冷却过程中会引起溶质的晶界偏聚. 而且发现这种晶界偏聚不同于上述平衡晶界偏聚之处在于它的不稳定性, 可以在充分退火过程中令其消失. 同时他们提出了如下后来被普遍接受的非平衡偏聚机理: 基体中的空位和溶质原子可以发生反应, 形成空位–溶质原子复合体. 像一般化学反应一样, 基体里的空位 V、溶质原子 I 和两者形成的复合体 C 的浓度之间处于热力学平衡:

$$V + I = C \tag{0-1}$$

当材料从固溶处理温度淬火冷却至某一低温, 然后在此低温恒温, 由于固溶处理温度对应的基体中空位的热平衡浓度, 高于低温对应的空位平衡浓度, 晶界附近基体里的空位将在淬火冷却过程和低温恒温过程消失于晶界, 以降低空位浓度. 晶界附近空位浓度的降低破坏了上述平衡, 使晶界附近复合体分解为空位和溶质原子, 使复合体浓度降低. 这样就产生了晶界附近和远离晶界区之间的复合体浓度梯度, 此梯度驱动复合体自晶内扩散至晶界, 引起超过晶界平衡浓度的溶质原子富集在晶界区, 形成溶质非平衡晶界偏聚.

1972 年, 英国学者 Williams 等 (Williams, 1972; Williams et al., 1976) 用中子活化的方法 (particle tracking autoradiography, PTA), 直接观察到硼在晶界的偏聚, 确证了溶质非平衡晶界偏聚现象的存在. 自此开始, 国际上许多学者参与了非平衡晶界偏聚的研究, 成为材料科学和工程的一个研究热点, 也取得了巨大的进展. 从研究的深度上讲, 已逐步建立了非平衡晶界偏聚的热力学和动力学理论 (Xu et al., 2004a; Xu, 1987; Xu et al., 1989); 非平衡共偏聚理论 (Xu et al., 2004a; Xu, 1997),

平衡偏聚和非平衡偏聚关系的理论模型 (Xu et al., 2004a; Xu et al., 1990); 从研究的广度上讲, 发现了更多的元素, 如 P, S, Sb, Sn, Cr, Ti, Al 等元素均有非平衡偏聚特征 (Li et al., 2002; Faulkner, 1981, 1987, 1989; Vorlicek et al., 1994; Yuan et al., 2003; Doig et al., 1981, 1987; Misra et al., 1989), 而且发现了作用应力以及高能粒子辐照也会产生非平衡晶界偏聚 (Rehn et al., 1983; Faulkner et al., 1996a; Shinoda et al., 1981); 近年来, 作用应力引起的非平衡偏聚发展为金属弹性变形的微观理论体系 (Xu, 2003, 2007), 并分别提出了非平衡偏聚和弹性变形引起的偏聚峰温度和峰温度移动的概念 (Xu et al., 2013; Xu, 2016). 从理论应用上讲, 非平衡偏聚理论已用于可逆回火脆性机理的研究, 并提出了晶界脆性的非平衡偏聚机理, 是对回火脆性的平衡晶界偏聚机理的重要突破和补充 (Xu, 1999 a,b), 并开始用于预报材料的晶界脆性问题 (Sevc, 1995; Chen, 2001). 在此基础上, 近年来提出了三种晶间脆性的普适机理 (Xu et al., 2013; Xu, 2016), 包括钢的回火脆性, 不锈钢的晶间腐蚀脆性和金属与合金普遍存在的中温脆性. 这三种晶界脆性的发生机理, 已经是存在一百多年的科学难题. 金属弹性变形的微观理论, 用于分析拉伸试验过程和结果, 给出了第一个拉伸力学性能测试不确定性机理, 揭示出对于大多数含有杂质或溶质的金属, 用现行拉伸试验技术, 都没能测试到被测金属拉伸前的力学性能, 普遍地造成误判 (徐庭栋等, 2014; Xu et al., 2015; Xu, 2016). 经过国内外学者 30 多年的努力, 现在非平衡晶界偏聚领域的理论完备程度, 已从总体上达到或超过平衡晶界偏聚的理论水平. 值得指出的是, 在此领域近 30 多年的发展过程中, 我国学者的研究工作起着重要的作用.

本书将集中讨论热循环引起的和应力作用引起的非平衡晶界偏聚, 金属弹性变形的微观理论, 至于高能粒子辐照引起的非平衡晶界偏聚, 因为已有 Rehn 和 Okamoto(Rehn et al., 1983) 以及 Faulkner 等 (1996b) 著作的详细评述, 本书不包括这部分内容. 全书分 12 章, 第 0 和第 11 章分别是引言和总结. 第 1 章综述晶界结构, 性能和平衡晶界偏聚的基本知识, 为本书的论述重点——非平衡晶界偏聚动力学和弹性变形的微观理论, 提供背景材料. 因此已熟悉这部分内容的读者可以不读这部分内容. 在第 2 至 5 章将集中讨论热循环引起的非平衡晶界偏聚动力学, 其中包括临界时间概念和公式 (Xu, 1988; Song et al., 1989); 热力学和恒温动力学方程 (Xu, 1987, 1988; Xu et al., 1989); 连续冷却过程动力学 (Xu et al., 1989); 临界冷却速率概念等 (Xu, 1989; Song et al., 1989); 作为动力学计算和图示, 给出了偏聚峰温度及其移动的概念 (Xu, 2016). 同时, 讨论了这些新概念、新理论模型在分析试验结果和材料科学和工程问题上的应用. 第 6 章讨论了非平衡共偏聚概念、它的热力学解析表述和实验证实 (Xu, 1997; Zheng et al., 2005). 第 7 章讨论了平衡偏聚和非平衡偏聚的关系, 通过实验发现最小偏聚温度和转换温度概念, 并讨论了这两个概念在解决钢和合金的热处理工程问题上的应用 (Huang et al., 1997; Taylor, 1992).

在第 8 章中, 给出三种晶间脆性的普适机理 (Xu et al., 2013), 讨论了由于杂质的晶界偏聚引起的晶界脆化, 包括钢的可逆回火脆性, 不锈钢的晶间腐蚀脆性和金属与合金的中温低塑性, 并着重叙述这一新机理如何解释原来平衡晶界偏聚不能解释的若干晶界脆性的经典性实验结果 (Zhang et al., 2000; Xu et al., 2009; Wang et al., 2009). 第 9 章给出了金属弹性变形的微观理论, 包括弹性变形引起的晶界偏聚或贫化理论模型 (Xu, 2000, 2002), 弹性变形的临界时间 (Xu, 2002), 平衡方程和动力学方程 (Xu, 2003 a b; Xu et al., 2004a; Xu et al., 2004b; 徐庭栋, 2003; Xu, 2007), 弹性变形的偏聚峰温度及其移动 (Xu et al., 2013; Xu, 2016). 第 10 章, 金属拉伸力学性能测试不确定性机理, 表明拉伸试验的弹性变形阶段, 应力已经改变了被测金属的微观结构和力学性能, 引起拉伸力学性能测试的不确定性 (Xu et al., 2013; 徐庭栋等，2014; Xu et al., 2015; Xu, 2016).

参 考 文 献

徐庭栋. 2003. 中国科学, E 辑, 33(3): 199
徐庭栋, 刘珍君, 于鸿垚, 等. 2014. 物理学报, 63(22): 228101
Anthony T R. 1969. Acta Metall., 17: 603
Aust K T, Hanneman RE, Niessen P, et al. 1968. Acta Metall., 16: 291
Chen W, Chaturvedi M C, Richards N L. 2001. Metall. Mater. Trans., 32 A: 931
Doig P, Flewitt P E J. 1981. Acta Metall, 29: 1831
Doig P, Flewitt P E J. 1987. Metall. Trans., 18A: 399
Faulkner R G. 1981. J. Mater. Sci., 16: 373
Faulkner R G. 1987. Acta Metall., 35: 2905
Faulkner R G. 1989. Mater. Sci. Tech., 5: 1095
Faulkner R G, Song S H, Flewitt P E J. 1996 a. Inter. Mater. Rev., 41: 198
Faulkner R G, Song S H, Flewitt P E J. 1996 b. Metall. Mater. Trans, 27 A: 381
Guttmann M. 1975. Surf. Sci., 53: 213
Hanneman R E, Anthony T R. 1969. Acta Metall., 17: 1133
Huang X, Chaturvedi M C, Richards N L, et al. 1997. Acta Mater. 45: 3095
Li Q, Yang S, Li L, et al. 2002. Scr Mater., 47: 389
Low Jr J R. 1963. Prog. Mater. Sci., 12: 1
McLean D. 1957. Grain Boundaries in Metals. Oxford Univ Press
Misra R D K, Balasubramanian T V. 1989. Acta Metall., 37: 1475
Naoya Shibata, Stephen J, Pennycook, et al. 2004. Nature, 428: 730
Rehn L E, Okamoto P R. 1983. In Phase Transformations During Irradiation(ed. Vnolfi) London: Applied Science Publ: 247
Seah M P. 1977. Acta Metall., 25: 345

Sevc P, Janovec J, Lucas M, et al. 1995. Steel Res., 66: 537
Shen T D, Schwarz R B, Feng S, et al. 2007. Acta Mater., 55: 5007
Shinoda T, Nakamura T. 1981. Acta Metall., 29: 1631
Song S, Xu T, Yuan Z. 1989. Acta Metall., 37: 319
Taylor K A. 1992. Metall. Trans., 23 A: 107
Vorlicek V, Flewitt P E J. 1994. Acta Metall. Mater., 42: 3309
Williams T M. 1972. Metal Sci. Journal, 6: 68
Williams T M, Stoneham A M, Harries D R. 1976. Meter. Sci., 10: 14
Xu T. 1987. J. Mater. Sci., 22: 337
Xu T. 1988. J. Mater. Sci. Lett., 7: 241
Xu T. 1997. Scr. Mater., 37: 1643
Xu T. 1999a. Mater. Sci., Technol, 15: 659
Xu T. 1999b. J. Mater. Sci., 34: 3177
Xu T. 2000. J. Mater. Sci., 35: 5621
Xu T. 2002. Scr. Mater, 46: 759
Xu T. 2003a. Philo. Mag., 83(7): 889
Xu T. 2003b. Mater. Sci. Technol., 19(3): 388
Xu T, Cheng B. 2004a. Prog. Mater. Sci., 49: 109
Xu T. 2007. Philo Mag., 87(10): 1581
Xu T. 2016. Interfacial Segregation and Embrittlement. In: Saleem Hashmi (editor-in-chief), Reference Module in Materials Science and Materials Engineering. Oxford: Elsevier: 1-17
Xu T, Hongyao Yu, Zhenjun Liu, et al. 2015. Measurement, 66: 1-9
Xu T, Song S. 1989. Acta Metall., 37: 2499
Xu T, Song S, Yuan Z, et al. 1990. J. Mater. Sci., 25: 1739
Xu T, Wang Kai, Shenhua Song. 2009. Sci China Ser E-Tech Sci., 52 (4): 893
Xu T, Zheng Lei, Wang Kai, et al. 2013. Inter. Materi. Rev., 58 (5): 263
Xu T, Zheng L. 2004b. Philos. Mag. Lett., 84(4): 225
Yuan Z X, et al. 2003. Scri. Mater., 48 (2): 203
Zhang Z L, Lin Q Y, Yu Z S. 2000. Mater Sci. Technol., 16: 305
Zheng L, Xu T. 2005. Metall. Mater. Trans., 36A: 3311

第1章　晶界的结构、性能以及平衡偏聚和脆性

在叙述本书的主要内容非平衡晶界偏聚和晶间脆性断裂之前, 先简略地叙述一下有关晶界的结构, 基本性质, 晶界在弹性应力作用下的滞弹性弛豫行为, 平衡晶界偏聚的基本概念和理论, 其目的是为非平衡偏聚理论的叙述提供一些背景材料. 读者从中可以看到非平衡晶界偏聚理论, 包括热引起的和应力引起的非平衡晶界偏聚或贫化, 是在什么样的基础上发展出来的. 这会对加深理解非平衡偏聚理论有所帮助.

1.1　晶界的结构和性质

1.1.1　概述

所有固体材料都是由原子、离子或分子组成. 在固体状态, 这些粒子的绝大多数是处于规则的周期性排列. 比如, 原子的大小和形态以及相邻原子间键合的性质, 会导致一种最低能量的单晶组态, 决定了原子在晶体中规则的周期性排列. 结果, 大多数晶体结构是由 14 种可能的布拉维点阵 (Bravais 点阵) 构成. 由于这些原因, 同一种材料, 由于经受的温度和压力不同, 会有不同的晶体结构 (Flewitt et al., 1994).

当固体从液体中形成时, 遍布于整个液体中的随机取向的无数个小晶体形核, 并随着液体的凝固而长大. 这些小晶体持续长大, 直到相邻的小晶体相遇接触. 一般地讲, 这些相邻的小晶体, 既不会有相同的取向, 也不会有相同的排列. 它们相遇的地方就形成了界面, 这就是晶粒间界, 简称晶界. 晶界处原子的排列通过扭曲和形成间隙来调和相邻两晶体之间在取向上的错配. 假若一块固体材料被抛光出一个平面, 然后用适当的弱酸腐蚀, 这些界面就被显示出来, 并可以用光学显微镜或扫描电镜观察 (图 1-1). 这种跨越相邻晶粒的对晶体结构完整排列的破坏, 类似于 Lomer 和 Nye 观察的二维泡筏模型中的高角度界面的结构 (图 1-2)(Lomer et al., 1952). 在晶体材料里这些错配区只有很少的几个原子直径厚, 低于相邻晶体的有序度, 是整体材料中力学性能上的弱区. 界面的能量将随相邻两晶体之间的取向差的增加而变化, 图 1-3 示意地表示了这种变化.

晶界结构是决定材料物理、力学、电学和化学性能的一个主要因素. 但是, 许多材料是由多相组成的, 每个相可以有非常不同的成分和晶体结构, 虽然在某些情

况下这些差别是很小的. 一相被一个界面与另一个相隔开, 此界面称为相界, 由于它与晶界的类似性, 本书将它看作是晶界概念的延伸, 不作专门的讨论.

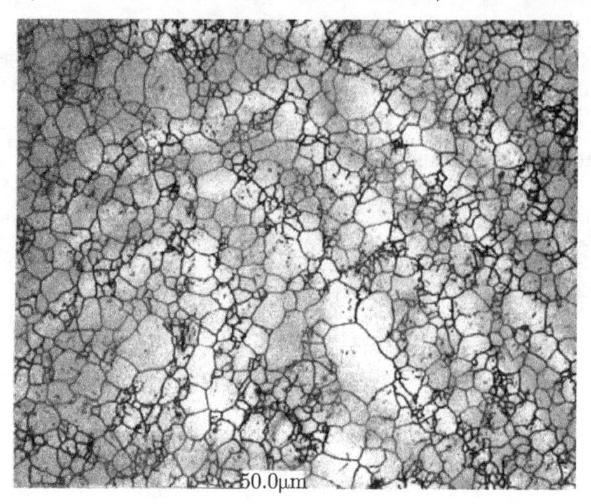

图 1-1　抛光和腐蚀后金属所显示出的晶界

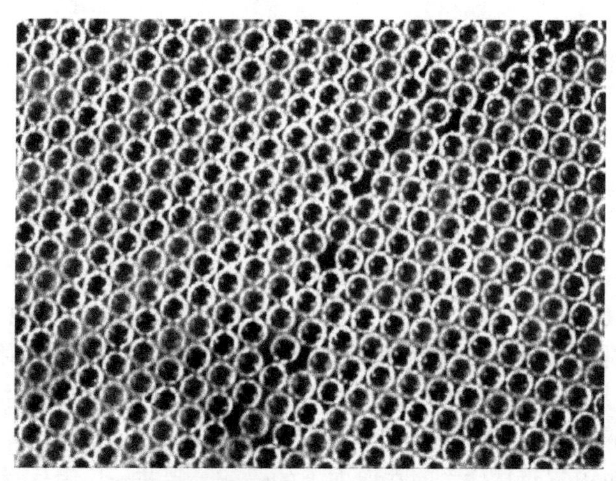

图 1-2　二维泡筏模型的高角度界面 (Lomer et al., 1952)

即使对于纯元素或纯化合物的情况, 材料的晶界上也几乎总是包含一些杂质元素, 有时尽管仅仅是百万分之几或十亿分之几. 但是, 某些工程材料, 通常是金属合金、陶瓷或高分子材料, 生产时专门加入微量元素, 以达到所需要的物理、化学、电学和力学性质. 而许多工程材料, 特别是金属合金, 除了主要的合金元素外, 杂质原子也往往存在. 因为占据晶界上的位置会使能量降低, 原子易于跑到晶界上去, 从而影响了材料的整体性能. 另外, 无论是在单相合金还是复相合金中, 成分并不总是均匀分布的, 通常某些元素将在晶界上富集或贫化. 虽然这些局部的化学成分的变化仅只发生在纳米尺度上, 它会对材料的整体性能产生重要影响. 这些晶界局部成分的变化往往与材料在工程应用中性能的降低相联系, 同时通过对晶界成分的适当的控制, 也能获得所需要的对材料性能的改进.

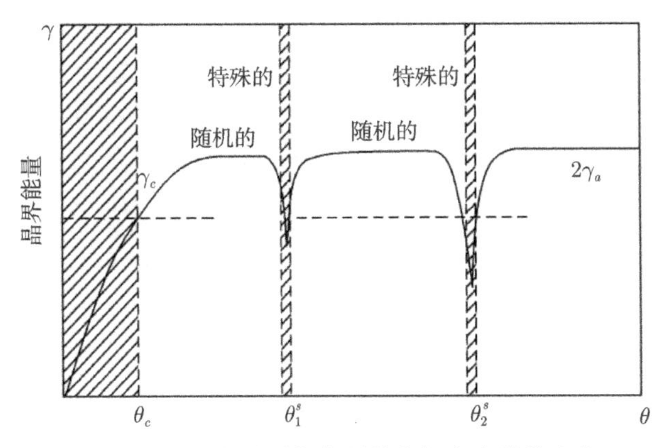

图 1-3 晶界能量随相邻晶体之间取向差的变化

1.1.2 结构

当两个原子相互接近时, 开始时它们之间的吸引力拉它们相互靠近, 可是当两者之间充分靠近时, 两个带正电荷的原子核之间的斥力就表现出来了. 这两个相反的力之间的相互平衡, 决定了两个原子之间最终的平衡间距, 以及原子在固体中所采取的 (晶体) 结构. 大多数材料中, 原子是依据特定的结合键形成规则排列的, 但也有某些情况, 比如玻璃, 在结构上是长程无序的, 称为非晶态. 晶体结构的规则性借助于对称元素来描述 (Kelly et al., 1970; Barrett et al., 1986), 而这些对称元素决定了晶体的物理性能具有方向性. 晶体可以用三个矢量 $\boldsymbol{a}, \boldsymbol{b}, \boldsymbol{c}$ 描述的单胞来定义, 这三个矢量给出了三个结晶学轴. 图 1-4 给出了晶体材料可能的 14 种 Bravais 点阵.

图 1-5 表示了五种不同的原子间的结合键. 它们是: ①离子键; ②共价键; ③金属键; ④分子键; ⑤氢键. 在离子键的情况, 每一个原子要么失去电子, 要么得到电子, 使他们的外层电子成为完全的壳层. 结果原子被电离, 要么带正电, 要么带负电, 正负离子相互吸引. 这就产生了很强的非方向性并具有高熔点的结构. 对于共价键, 原子对共同分享外层电子使它们的外层电子填满, 这种结构具有很强的方向性, 也具有高熔点. 对于金属键, 所有原子共同分享价电子, 结果产生高密度的非方向性的结构, 这些结构具有导电性, 且熔点在一个较宽的温度范围内. 分子键 (也称为 van der Waals 键) 产生于电中性的原子或分子的电荷位移, 形成了他们之间弱的吸引力. 它的熔点在一个较宽的温度范围内. 是低熔点的不牢固的软晶体, 好的绝缘体. 氢原子与电负性很大、半径很小的原子 X(F, O, N) 以共价键形成强极性

键 H—X, 这个氢原子还可以吸引另一个键上具有孤对电子、电负性大、半径小的原子 Y, 形成具有 X—H···Y 形式的物质. 这时氢原子与 Y 原子之间的定向吸引力叫做氢键.

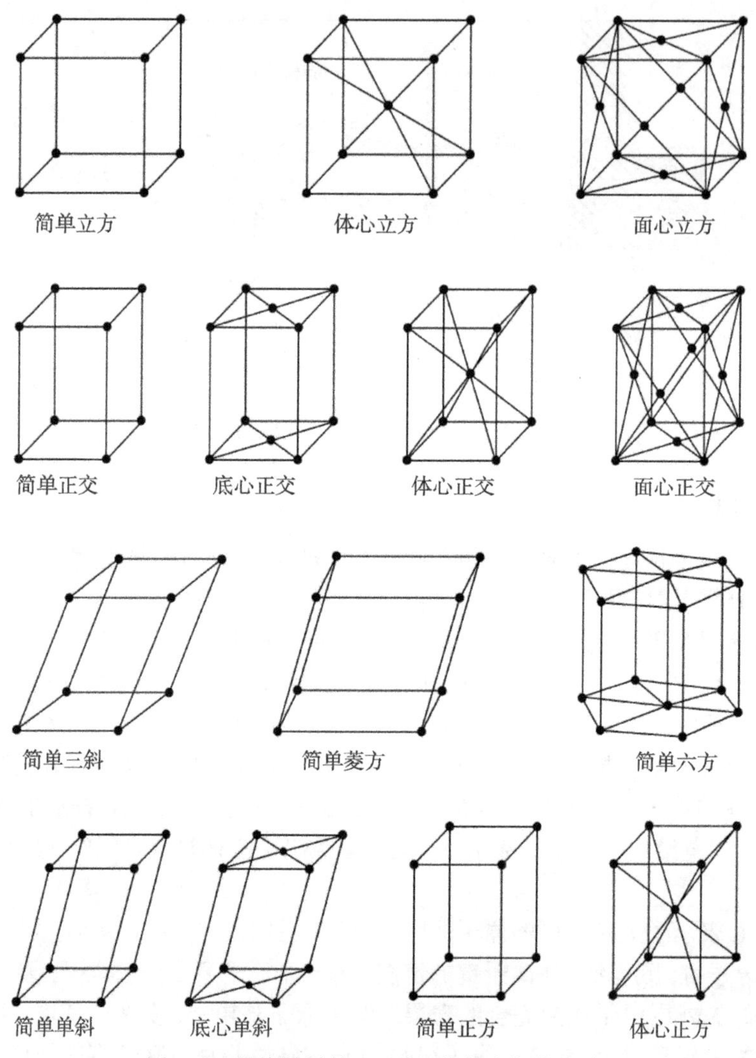

图 1-4 晶体材料的 14 种可能的布拉维点阵

晶界的位错模型. 晶体材料的平面内界面的晶体学方向, 由 6 个宏观参量和 4 个微观参量确定, 又称为自由度. 宏观参量: 三个参量描述一个晶体相对于另一个晶体的旋转, 两个参量描述晶界平面的取向, 一个参量描述从一个晶体向另一个晶体的倒移 (inversion); 微观参量: 三个参量描述一个晶体相对于另一个晶体的变换 (translation), 一个参量确定内界面的空间位置.

内界面上的原子由于松弛, 除了引入缺陷, 包括位错、空位以外, 还使原子的分布不同于晶体内部的结构, 这就给材料的性能带来极重要的影响. 比如, 各种陶瓷的导电性取决于偏聚到晶界上的带电缺陷在相邻晶体内产生的空间电荷. 在多晶材料的晶粒内部, 一些原子平面可以被排列和倾斜一个角度 θ(图 1-6 (a)), 它允许两个自由度, 称为倾斜晶界. 另外, 两晶体没有倾斜, 而是相对旋转一个角度 θ(图 1-6 (b)), 称为扭转晶界. 一般来说, 所有的晶界都有倾侧和扭转的成分. 假若晶界两侧的晶体之间角度很小, 晶界就可以视为包含了一排位错的连续晶体. 在简单的倾侧晶界的情况, 是一列刃型位错形成了晶界. 假若这些位错具有间距 d_{D}, α 是点阵常数, 那么倾侧角 θ 可由下式给出:

$$\theta = \alpha / d_{\mathrm{D}} \tag{1-1}$$

对于旋转晶界, 错配是由旋转引起的, 对于低角度晶界而言, 可以看作是完整晶体中包含了扭转位错的正方格子 (Weertman et al., 1964; Read, 1953).

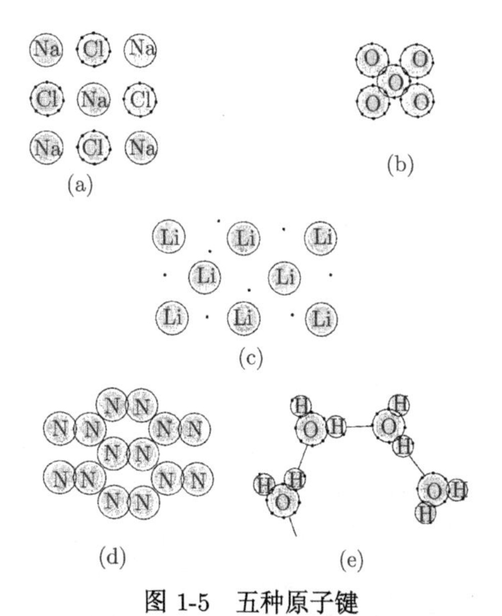

图 1-5 五种原子键

(a) 离子键; (b) 共价键; (c) 金属键; (d) 分子键; (e) 氢键

相邻晶体的晶面取向一般来说没有什么关系, 除非材料经某些专门的热处理, 使晶面以特殊的方式排列. 对于某些材料, 比如晶粒几乎完全被相互成行的排列, 相邻晶粒之间的角度 (错配度) 很小. 二次相在基体中沉淀的早期, 紧邻晶界或相界两侧的晶面之间往往具有极高的匹配度, 称为共格. 随着错配度的增加, 界面可以保持完全共格, 但是基体和沉淀相中的晶面发生畸变, 使应变增加以保持这种匹配关系. 然而, 当错配度进一步增加达到一定程度, 应变太大了, 以至于错配度要由混合位错来提供. 对于非对称倾侧晶界, 其错配度必须由伯格斯矢量沿晶界的刃型位错来提供. 在这种类型的晶界中, 存在晶面之间的明显的错配度, 但经过几个原子平面, 原子就达到完全匹配 (重合). 假若 a_1 和 a_2 是点阵常数, 且 $a_1 > a_2$, 那么共格度 (the degree of coherence), 或错合度 (disregistry) 定义为

$$\delta = (a_1 - a_2)/a_1 \tag{1-2}$$

这种界面将包括具有间距 d_{D} 的位错, d_{D} 由下式给出:

$$d_{\mathrm{D}} = a_1/\delta \tag{1-3}$$

在对称旋转晶界的情况, 晶界两旁两个晶体中相邻的两个晶面相互旋转 θ 角, 这样的界面是由共格单元构成, 在单元的边上有扭转位错.

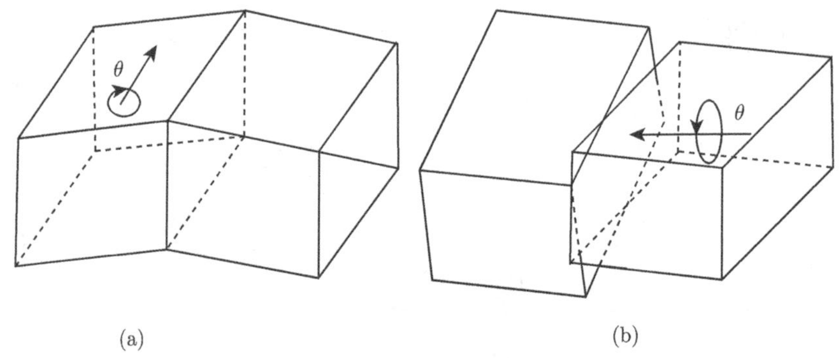

图 1-6　一般晶界都有倾侧和扭转晶界成分

(a) 倾侧晶界; (b) 扭转或旋转晶界

一般而言, 晶界和相界都是随机排列的, 在这些界面上不是所有的原子都是共格的. 如图 1-7 所示, 一些排列原子共格要经几个原子间距才发生. 这种情况, 界面临近 (重合) 的原子被认为是重复单元. 用这种方法描述晶界被称为重合位置点阵模型 (CSL). 此点阵模型由 $\sum$ 定义, 它总是奇数, $\sum^{-1}$ 表示两者共同的点阵位置. 在图 1-7 所示的例子中, 五分之一的点阵位置是共同的, 被表示为 $\sum 5$ CSL. CSL 模型确定了界面原子结构的基本周期性. 想象界面每一边的晶体 A 和 B 点阵扩展至整个空间形成两个点阵, 两个点阵相对移动使两个点阵的原子重合在一点, 称此点为原点. Bollmann (1970) 进一步发展了这一概念, 定义了所有点阵 B 相对于点阵 A 的位移矢量. 这被称为 DSC 点阵. DSC 点阵包括通过一个点阵矢量形成点阵 B 相对于点阵 A 的一个位移, 这个位移构成了一个完整的点阵图案 (pattern). DSC 点阵矢量可以通过连接点阵 A 和点阵 B 的原子矢量获得. 这两个概念是复杂的, 读者可以参考 Bollmann(1970) 的完整描述.

值得指出的是, 完全随机取向的晶界, 即一般大角度晶界, 可以是一层很薄的非晶膜. Ernst 等 (1999) 用高分辨率的透射电子显微镜观察 $SrTiO_3$ 陶瓷的随机取向晶界, 如图 1-8 所示, 观察到晶界是 0.8 nm 宽的非晶膜. 这对理解晶界的许多行为是非常重要的.

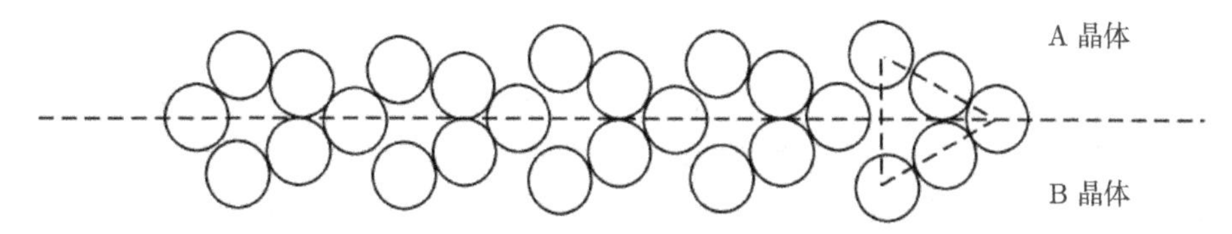

图 1-7 晶界上多原子空间的原子间的共格

这里是五个原子组成的重复单元, 称为 $\sum 5$ 重合位置点阵 (CSL)

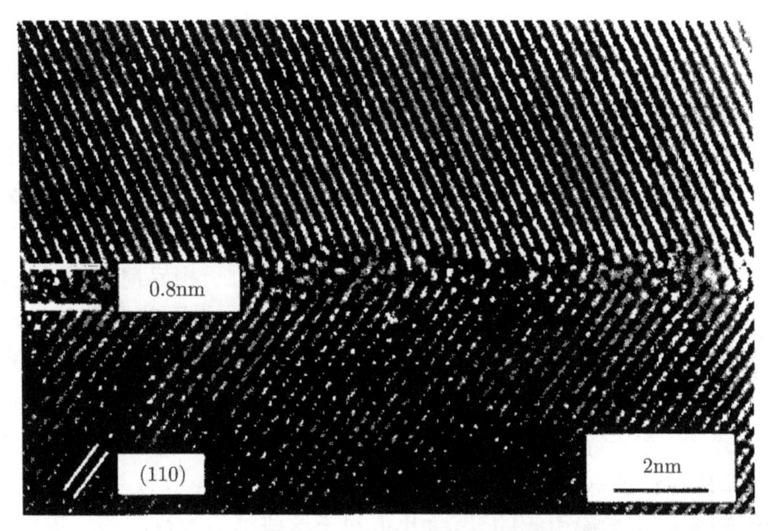

图 1-8 $SrTiO_3$ 陶瓷晶界的高分辨率电子显微镜成像 (Ernst et al., 1999)

实验已经表明, 晶界区比晶内基体有较低的质量密度. 6 nm 尺寸的纳米晶铁的质量密度是 6g·cm^{-3}, 而一般多晶铁的质量密度是 7.9 g·cm^{-3}(Zhu et al., 1987). 对纳米铁高温退火使其晶粒长大到一般多晶铁的晶粒尺寸, 即通过退火将大部分晶界移除掉, 其质量密度又回到 7.9 g·cm^{-3}(Herr et al., 1987). 这说明一般晶界区的平均原子间距大于基体点阵的原子间距. 这是晶界的一个非常重要的性质, 因为它是理解晶界某些性质的非常重要的基础. 比如同一多晶材料中, 是晶界区的空位平均体积大, 还是基体点阵中的空位体积大? 晶界区原子平均间距大于晶内, 大的原子间距的区域会产生较大体积的空位, 因此晶界区的空位体积要大于基体点阵中的空位体积. 晶界这样一个基本特征对研究晶界在弹性应力作用下的晶界行为是至关重要的, 这将在本书后面讨论.

1.1.3 能量

晶界可以看作是一个无序平面, 其无序度是由平面两侧晶体的错配角来确定的. 晶界能由错配的类型和大小来确定. 某些晶界, 像孪晶界, 原子完好有序地排列, 无位错密度的增加. 小角度晶界是位错的完整排列, 可是对于大角度晶界, 却存在一个完全的无序区. 结果所有这些晶界区的能量相对于完好单晶体而言都有所增加, 同时又可以通过不同类型的原子加入到或替代晶界上的原子使晶界能量降低. 这就是在某些热处理条件下或外部环境下, 溶质原子或杂质原子聚集在晶界处, 形成溶质平衡晶界偏聚的驱动力. 平衡晶界偏聚的驱动力是原子偏聚到晶界上会降低整个体系的自由能.

多晶材料的晶界可以看作是整个体系中原子的阱或源. 晶界附近具有一个驱动力, 在充分高的温度下可使原子向晶界扩散, 晶界吸收原子. 除此之外, 晶界还可以作为源放出原子. 作为这个过程的结果, 当晶界达到了平衡状态时, 吸收和放出原子的数目为常数. 在这个过程中晶界将移动, 结果使晶界消耗一边的晶粒而使另一边的晶粒长大. 晶界的取向差决定了它作为源、阱和迁移的方式. 小角度晶界的迁移, 只能通过晶界平面上一次位错的攀移, 这些攀移位错的伯格斯矢量又必须有垂直于晶界平面的分量 (Hirth et al., 1982). 大角度晶界是通过晶界平面内的二次位错的攀移来吸收或放出原子的 (Chan et al., 1986). 对于相界情况就更复杂了, 原子的移动依赖于各相的成分以及它们之间的相互作用. 界面能量等于界面区单位面积的能量减去无界面时该区单位面积的能量; 这就是说, 能量是相对于完整晶体来定义的. 界面能可以分为畸变能和化学能两种形式. 晶体的原子在平衡状态下处于点阵的阵点上. 当一个原子被某种力移离其点阵的阵点时, 就产生畸变能. 对于单向应力, 单位体积的这一能量可以用应力 σ 和应变 ε 表示为 $\sigma\varepsilon/2$. 化学能可以认为是由无畸变的化学键引起的, 其大小取决于这些键的数目和每根键的强度. 界面上的原子相对于晶内基体而言, 它们既可能偏离点阵的阵点, 引起畸变和化学键强度的改变, 又可以因割断了一些化学键, 使原子间键合的数目改变, 引起界面能.

对于任何界面, 可以确定三个有关的量, 即表面张力、表面自由能和表面应力. 现在依次讨论如下.

(1) 表面张力 (γ): 在 T, V 和 μ_i 不变的条件下, 形成 (创造) 单位面积新表面所需要的功

$$\gamma = (\mathrm{d}W/\mathrm{d}A)_{\gamma,T,\mu_i} \tag{1-4}$$

根据这一定义, 表面张力与破坏化学键以造成新界面所需的能量有关. 显然, 由于晶体中原子的排列是各向异性的, 因此界面的表面张力也是各向异性的, 这一点对于界面的黏合性 (adhesion) 有重要的影响. 原子密度最大的面有最低的 γ 值.

(2) 表面自由能: 形成单位面积界面时, 系统的亥姆霍兹自由能的变化, $\mathrm{d}A'/\mathrm{d}A$. 其中, $A' = U - TS$. Mullins (1963) 和 Trivedi (1975) 证明了纯金属中表面张力 γ 与表面自由能间的关系为

$$\gamma = \mathrm{d}A'/\mathrm{d}A \tag{1-5}$$

而对于合金, 在不变的温度、体积和应变的条件下有

$$\gamma = (\mathrm{d}A'/\mathrm{d}A) - \sum_i \mu_i(\mathrm{d}n_i/\mathrm{d}A) \tag{1-6}$$

这里 μ_i 是化学位, $\mathrm{d}n_i/\mathrm{d}A$ 是晶粒内 i 组元由于晶界面积 A 的变化引起的原子数目的改变. 方程 (1-5) 和方程 (1-6) 表明在纯金属中表面张力等于表面自由能, 而在合金中则不相等.

(3) 表面应力: 使表面变形 (伸长) 所需要的功. 为了描述表面上的一般应力状态, 必须定义两个正应力分量 σ_{xx} 和 σ_{yy} 以及一个切应力分量 σ_{xy}. Mullins (1963) 和 Trivedi (1975) 证明了这些表面应力分量与表面张力之间的关系是

$$\begin{aligned} \sigma_{xx} &= \gamma + \mathrm{d}\gamma/\mathrm{d}\varepsilon_{xx} \\ \sigma_{yy} &= \gamma + \mathrm{d}\gamma/\mathrm{d}\varepsilon_{yy} \\ \sigma_{xy} &= \mathrm{d}\gamma/\mathrm{d}\varepsilon_{xy} \end{aligned} \tag{1-7}$$

这里 ε_{ij} 是应变. 显然, 假若 $\mathrm{d}\gamma/\mathrm{d}\varepsilon_{ij}$ 项等于零, 界面应力 σ_{ij} 等于界面张力 γ. 这一条件要求 γ 不随表面被伸长而改变. 如上所述, γ 与表面原子的化学键强度有关. 因此, 如果表面原子能够在表面被伸长时, 通过迁移而保持其配置不变, 则 $\mathrm{d}\gamma/\mathrm{d}\varepsilon_{ij}$ 将为零, 并有 $\sigma = \gamma$. 在液体中这种表面张力与表面应力的相等性一般是存在的, 但在固体中, 它只在高温下发生的缓慢过程中才成立.

1.1.4 强度

许多不同类型的材料, 如金属、合金和难熔材料等, 都会发现沿晶界断裂的现象. 对于沿晶界开裂, 黏合性以及晶体开裂产生单位面积的界面所需的功和最大的力等物理参数, 在分析开裂相互作用过程时非常重要 (Rice et al., 1974). 晶界断裂倾向与晶界化学成分相关, 这又反过来影响材料的强度和韧性 (Lee et al., 1984; Komeda et al., 1981). 所以, 能够解释导致晶界结合强度变化的过程是重要的, 这一点因近些年来可以测量晶界和内界面上原子的成分和状态而得到加强和提高. 但是, 人们已经认识到在脆性断裂的情况, 当解理断裂占主导时, 由于纯粹几何因素的需要, 也有一定比例的沿晶界断裂发生. 肯定地说, 裂纹从一个晶粒传播到另一个晶粒时, 裂纹将在解理断裂和沿晶界断裂之间进行变换. 两个取向不同的解理面之间错配可以有许多不同的方式提供: ①它可以沿着几个平行的平面形成大量的小解理台阶; ②错配可以通过韧性撕裂连接来实现; ③在错配区发生的晶界开裂.

相邻晶体具有取向差的解理平面间的晶间断裂可以看作是几何因素的需要引起的. 而且这种类型的晶间断裂必须区别于因为结合能引起的沿晶间断裂. 如 Smith 等 (Smith et al., 1997) 的模型所表示的, 这样一个几何因素引起的晶间断裂存在一个最小比例, 这个比例可以随断裂发生的温度而变化. 人们主要从两个方面研究晶界结合力, 一个是基于热力学研究, 另一个是在原子和电子尺度上基于现代量子理论的研究. 热力学的研究对于吸附引起脆性断裂问题有很大帮助, 因为它专门考虑了溶质或杂质原子偏聚到内界面上对内界面结合力的影响, 以及偏聚过程动力学决定的偏聚程度的影响. 这里, 给出描述产生单位断裂面积 ϕ 的理想功的关系式:

$$\phi = 2\gamma_{\mathrm{s}} - \gamma_{\mathrm{p}} \tag{1-8}$$

式中, γ_{s} 是单位面积的断裂表面能, γ_{p} 断裂前单位面积的晶界能. 这是 Seah (1976, 1980), Rice 等 (Rice et al., 1974), Hirth(1980) 和 Asano(1980) 发展的下述理论的出发点. 对于快速低温断裂, γ 被假定不是平衡值, 对于单位晶界面积

$$d\gamma_{\mathrm{gb}} = V\mathrm{d}p - S\mathrm{d}T - \sum_i \Gamma_b^i \mathrm{d}\mu_i \tag{1-9}$$

这里 V 是比体积, S 是内界面区域的熵, P 是内界面的压强, T 是温度, Γ 是具有化学势 μ_i 的单位内界面上组元 i 的含量. 对于恒温恒压下 B 为溶质的 A-B 二元系, 根据 Gibbs-Duhem 关系, 有

$$\mathrm{d}\gamma_{\mathrm{gb}} = \{[X^{\mathrm{B}}/(1-X^{\mathrm{B}})]\Gamma_{\mathrm{gb}}^{\mathrm{A}} - \Gamma_{\mathrm{gb}}^{\mathrm{B}}\}\mathrm{d}\mu^{\mathrm{B}} \tag{1-10}$$

式中, X^{B} 是溶质摩尔分数, 而且假定遵循 Henry 定律, $\mathrm{d}\mu^{\mathrm{B}} = RT\mathrm{d}\ln\alpha$, 这里 α 是溶质活度, $\mathrm{d}\mu^{\mathrm{B}} = RT\mathrm{d}\ln X^{\mathrm{B}}$. 因此, 对于稀溶液, 代入式 (1-9) 得到

$$\gamma_{\mathrm{gb}}^{\mathrm{A}} = \gamma v_{\mathrm{gb}}^{\mathrm{A}_0} - RT\Gamma_{\mathrm{gb}}^{\mathrm{B}} \tag{1-11}$$

对于表面, 有

$$\gamma_{\mathrm{s}}^{\mathrm{A}} = \gamma_{\mathrm{s}}^{\mathrm{A}_0} - RT\Gamma_{\mathrm{s}}^{\mathrm{B}} \tag{1-12}$$

这里 $\gamma_{\mathrm{gb}}^{\mathrm{A}_0}$ 和 $\gamma_{\mathrm{s}}^{\mathrm{A}_0}$ 分别是纯组元 A 的晶界能和表面能, 在断裂情况, $\Gamma_{\mathrm{s}} = (1/2)\Gamma_{\mathrm{gb}}$, 所以, 由式 (1-8)、式 (1-11) 和式 (1-12) 可得

$$\phi = 2\gamma_{\mathrm{s}}^{\mathrm{A}_0} - 2\gamma_{\mathrm{gb}}^{\mathrm{A}_0} \tag{1-13}$$

此式是对于给定材料而言, 没有考虑偏聚量. 但是正如 Hirth(1980) 所考虑的, 一个附加项必须加到式 (1-13). 在 Γ 对 μ 的图 1-9 中, 曲线 a 表示晶界上作为化学势函数的 B 原子的平衡偏聚量 Γ_{gb}, 而曲线 b 表示断裂表面偏聚量, $2\Gamma_{\mathrm{s}}$. 在高温慢速断

裂的情况, 假若系统保持平衡状态, 开始系统在 a 曲线的 K 的位置上, 然后移动到 b 曲线的 L 位置. 因此, 偏聚水平在断裂过程中增加, 在化学势恒定的情况下, 由方程 (1-8) 给出

$$\phi = 2\gamma_{\mathrm{s}}^{\mathrm{L}} - \gamma_{\mathrm{gb}}^{\mathrm{K}} = 2\gamma_{\mathrm{s}}^{\mathrm{A_0}} - \gamma_{\mathrm{gb}}^{\mathrm{A_0}} - RT(2\Gamma_{\mathrm{s}}^{\mathrm{L}} - \Gamma_{\mathrm{gb}}^{\mathrm{K}}) \tag{1-14}$$

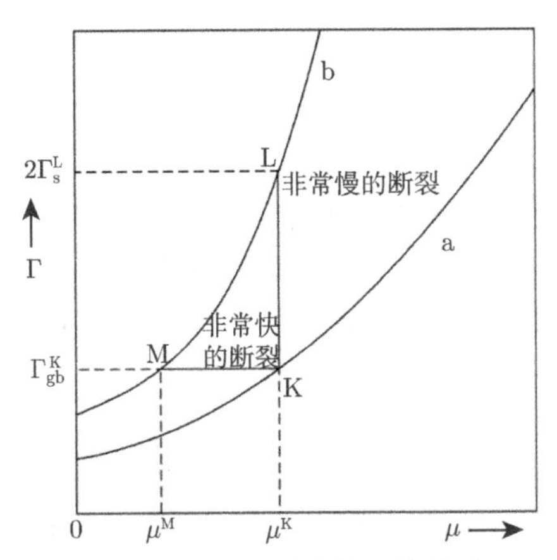

图 1-9 溶质原子 Γ 值对于 μ 值的依赖关系 (Seah, 1980)

a: 原子在晶界位置; b: 原子在断裂表面的位置

因此, 在缓慢的高温断裂过程中, 溶质偏聚到晶界上使 ϕ 增加. 在较低温情况, 快速断裂过程开始于 K 点, 移动至 M 点, 偏聚的原子总量保持不变, 所以

$$\begin{aligned}\phi &= 2\gamma_{\mathrm{s}}^{\mathrm{M}} - \gamma_{\mathrm{gb}}^{\mathrm{K}} \\ &= 2\gamma_{\mathrm{s}}^{\mathrm{A_0}} - \gamma_{\mathrm{gb}}^{\mathrm{A_0}} - RT(2\Gamma_{\mathrm{s}}^{\mathrm{M}} - \Gamma_{\mathrm{gb}}^{\mathrm{K}}) \\ &= 2\gamma_{\mathrm{s}}^{\mathrm{A_0}} - \gamma_{\mathrm{gb}}^{\mathrm{A_0}}(\mathrm{const}.\mu)\end{aligned} \tag{1-15}$$

但是, 在这个变化中, 偏聚原子释放能量:

$$\int_{\mu^{\mathrm{M}}}^{\mu^{\mathrm{K}}} \Gamma \mathrm{d}\mu$$

这样就有

$$\begin{aligned}\phi &= 2\gamma_{\mathrm{s}}^{\mathrm{A_0}} - \gamma_{\mathrm{gb}}^{\mathrm{A_0}} - \int_{\mu^{\mathrm{M}}}^{\mu^{\mathrm{K}}} (2\Gamma_{\mathrm{s}}^{\mathrm{M}} - \Gamma_{\mathrm{gb}}^{\mathrm{K}})\mathrm{d}\mu \\ &= 2\gamma_{\mathrm{s}}^{\mathrm{A_0}} - \gamma_{\mathrm{gb}}^{\mathrm{A_0}} - (\mu^{\mathrm{K}} - \mu^{\mathrm{M}})\Gamma_{\mathrm{gb}}\end{aligned} \tag{1-16}$$

这个结果首先由 Rise(1976) 观察到. 这表明晶界连续开裂它的一个完整的区域的最大黏合力与黏合能有直接的关系, 而与点阵捕获项 (the lattice trapping term) 的大小无关.

1.1.5 晶界滞弹性弛豫

如前所述, 晶界某些区域的原子排列是无规的, 存在许多缺陷, 如空位、空位对、空位链、空洞、位错等. 这样使多晶体在低于屈服极限的应力作用下, 在发生塑性形变之前, 晶界区优先弹性变形. 实验已表明弹性变形分为两类: 对于理想弹性体, 应力 (σ) 和应变 (ε) 符合胡克定律 (Hooke's Law)

$$\sigma = M\varepsilon \tag{1-17}$$

式中, M 是弹性模量. 理想弹性体必须满足下述三个条件:

(1) 线性关系: 应变对于每一个应力的响应是线性的, 反之亦然;

(2) 瞬时性: 上述响应总是瞬时达到的, 即应变总是和应力同位相;

(3) 唯一性: 应变是应力的单值函数, 即对应每一个外加应力, 都只有唯一的一个平衡应变值, 与形变和加载的历史无关.

但是, 晶界并非理想弹性体, 实验表明, 在外加弹性应力作用下晶界会发生另外一类弹性变形, 它的行为满足上述第 (1) 和第 (3) 条, 但不满足第 (2) 条的瞬时性条件. 应变对于外加应力的响应不是瞬时达到平衡值, 也就是说, 应变的位相总是落后于应力的位相. 此类弹性变形称为滞弹性 (葛庭燧, 2000).

既然晶界在外加应力作用下应变落后于应力, 晶界区随着时间的推移而调节到一个新的平衡状态的现象称为晶界应力弛豫 (stress relaxation). 这个新的平衡状态是应力和应变之间达到一一对应的线性关系, 即满足上述弹性变形条件的第 (1) 和第 (3) 条.

设当 $t<0$ 时, 应变 $\varepsilon=0$, 当 $t=0$ 或 $t>0$ 时, $\varepsilon=\varepsilon_0$, 定义应力弛豫函数为

$$M(t) = \sigma(t)/\varepsilon_0, \quad t \geqslant 0 \tag{1-18}$$

如图 1-10 所示.

$$M(0) = \sigma(0)/\varepsilon_0 = M_{\mathrm{U}} \tag{1-19}$$

$$M(\infty) = \sigma(\infty)/\varepsilon_0 = M_{\mathrm{R}} \tag{1-20}$$

M_{U} 和 M_{R} 分别为未弛豫和完全弛豫的弹性模量. 弹性模量的弛豫量为

$$\delta M = M_{\mathrm{U}} - M_{\mathrm{R}} > 0, \tag{1-21}$$

由图 1-10 和式 (1-21) 可知, $M_{\mathrm{U}} > M_{\mathrm{R}}$, 完全弛豫的弹性模量 (即实验所测得的模量)$M_{\mathrm{R}}$, 小于未弛豫弹性模量 M_{U}.

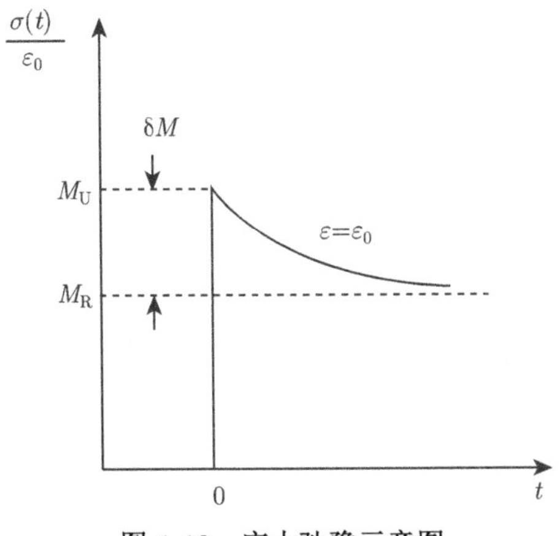

图 1-10 应力弛豫示意图

多晶材料在弹性应力作用下晶界区会优先发生弹性变形, 这种弹性变型是滞弹性变形, 并且晶界在滞弹性弛豫过程中发生晶界成分的变化, 这将是我们在第 9 章中要讨论的内容.

1.2 平衡晶界偏聚

1.2.1 概述

材料中的晶界是它的两边晶体之间的过渡区, 这两边晶体具有类似的晶体结构. 因此, 它们在结构和化学成分上与其两边的晶体有很大的不同. 内相界面这个概念是它的延伸, 因为相界面是将不同结构和成分的晶体分开. Gibbs(1957) 发展的液体和固体表面的经典热力学理论包括考虑了吸附, 热学、力学和表面效应, 外表面, 均匀和非均匀形核, 和内表面, 而且认识到合金和杂质元素通常在固体材料中重新分布到外表面、内表面 (如晶界)、特殊界面, 包括孪晶界、堆跺层错和内相界面 (Joshi, 1978). 有几种可能的驱动力使元素偏聚到表面和内界面上, Gibbs(1957) 描述的一种是吸附, 它引起表面、晶界或内界面自由能的降低. 在这一节中, 我们将基于平衡偏聚的热力学理论, 考虑溶质和杂质原子是如何平衡偏聚到表面、晶界和相界上的, 以及在固体材料中如何定量地估算这些偏聚.

为了弄清楚溶质原子偏聚的起源, 对于凝聚态材料原子的描述来说, 了解所讨论原子的周围环境、原子间距、最近邻和次近邻的原子的数目和种类是很必要的. 在一给定温度, 对于固溶体而言, 当原子的排列达到相互妥协使各种不同原子随机分布在点阵位置上, 体系将达到平衡状态. 因此, 一个特定的原子处于某一位置, 它周围的原子环境必然从能量的角度说是有利的. 但是, 当原子靠近表面、晶界或内界面时, 局部的原子环境不能像在基体点阵里一样是最佳的. 点阵缺陷的形成引起局部晶体结构的改变, 包括引起原子间距的改变, 它又导致局部成分的改变. 正是这种成分上的改变, 使多晶材料溶质原子的偏聚成为可能. 这种偏聚必然要求晶界乃至整个体系达到热力学平衡. 因此, 元素平衡偏聚到表面、晶界或内界面的驱动力是使体系自由能最小化.

1.2.2 理想二元系偏聚热力学——McLean 热力学模型

对于经受均匀压力并包含一个平面界面的宏观系统, 建立起一个模型既可以用来描述实验现象, 又可以用来理论计算是困难的. 图 1-11(a) 表示一个模型, 这个模型描述内界面的成分在各个方向上都是不均匀的. 当达到平衡态后, 在平行于内界面方向上的成分是不变的, 且内界面无厚度. 这样假设定义的区分面被 Gibbs(1957) 采用, 如图 1-11(b) 所示. 在这样一个内界面上的偏聚, 可以用 Gibbs 的热力学理论来描述, 这个理论基于恒温恒压多组元系统中内界面自由能的变化 (Gibbs, 1957). 对于包含 A 和 B 两类原子的二元系使用吸附理论, 界面能 γ 可以由下式给出

$$\mathrm{d}\gamma = -H_{\mathrm{s}}\mathrm{d}T - C_{\mathrm{A}}\mathrm{d}\mu_{\mathrm{A}} - C_{\mathrm{B}}\mathrm{d}\mu_{\mathrm{B}} \tag{1-22}$$

这里 H_{s} 是比界面的过量 (excess) 焓, C_{A} 和 C_{B} 是组元 A 和 B 的界面的过量 (excess) 浓度, μ_{A} 和 μ_{B} 是相应的基体中的化学位, T 是温度. 式 (1-22) 给出了界面成分 (间接地通过过量浓度), 基体成分 (通过化学位表示) 以及温度之间的关系. 但是, 式 (1-22) 用起来很困难, 因为必须预先知道所研究的合金系统的界面能, 以及界面能随温度和体积成分的变化.

McLean(1957) 用类似于吸附的研究, 发展了一个经典模型来描述二元合金中溶质原子的晶界偏聚. 这个模型将晶界或内界面和紊乱区视为如图 1-11(c) 所示. 这里晶界作为材料中的一个区域来表示, 这个区域里的原子位置的弹性畸变使溶质原子与临近基体点阵更协调和匹配. 模型认为 P 个溶质原子随机分布在 N 个点阵位置上, p 个原子分布在 n 个晶界位置上. 原子在点阵位置和晶界位置的作用能分别是 e_1 和 e. 由于溶质原子的存在, 体系总自由能可由下式给出

$$G = pe + Pe_1 - kT\ln\omega \tag{1-23}$$

式中, k 是 Boltzmann 常数, T 是温度, ω 是体系的热力学几率. 因此 $kT\ln\omega$ 是组态熵, 它产生于溶质原子在基体点阵和在晶界上引起的原子分布上的差别. 式 (1-24) 所表示的体系中原子分布可以使体系自由能取得极小值, 当取得极小值时有

$$p/(n-p) = P(N-P)\exp((e_1-e)/kT) \tag{1-24}$$

式 (1-24) 改用摩尔分数表示, 变为

$$X_{\mathrm{b}}/(X_{\mathrm{b0}} - X_{\mathrm{b}}) = [X_{\mathrm{c}}/(1-X_{\mathrm{c}})]\exp(-\gamma_1/RT) \tag{1-25}$$

这里 X_c 是基体浓度, X_b 是晶界浓度, X_{b0} 是晶界的饱和浓度, R 是气体常数, $\gamma_1[=(e_1-e)N_A]$ 是晶界吸附能, 这里 N_A 是阿佛伽德罗常数. 方程 (1-25) 称为 Langmuir-McLean 偏聚方程, 与描述固相和气相系统的吸附行为的饱和吸附方程具有相同的形式, 后者是由 Langmuir(1918) 发展的. 虽然两者形式相同, 但必须认识到它们之间的根本差别. 比如, 晶界上的原子周围的约束不同于自由表面, 自由表面有一半空的空间, 这样原子周围的等同原子数目不同于晶界上的原子, 晶界上的原子情况虽不同于基体点阵原子的情况, 但非常接近于基体点阵的情况. 从式 (1-25) 可以看出, 当基体溶质浓度增加时, 晶界偏聚浓度将增加; 固溶处理温度越低, 偏聚浓度越高; 充分慢的冷却过程, 也会引起平衡偏聚, 而且冷却速率越慢, 偏聚量越大. 但是, 模型假设在晶界上有给定数目的吸附位置, 偏聚浓度将趋近于饱和浓度 X_{b0}; 对于典型的二元系而言, 这变化将从平面上的一半原子到整个单层原子. 在低温的情况, 无论驱动力多大 (热力学因素), 偏聚原子都很难扩散到晶界上去, 达到晶界的平衡浓度. 因此动力学因素对整个过程的发展是重要的. 后面的叙述将会看到, McLean 解决了这一问题, 建立了偏聚过程对于时间的依存, 即平衡偏聚的动力学理论.

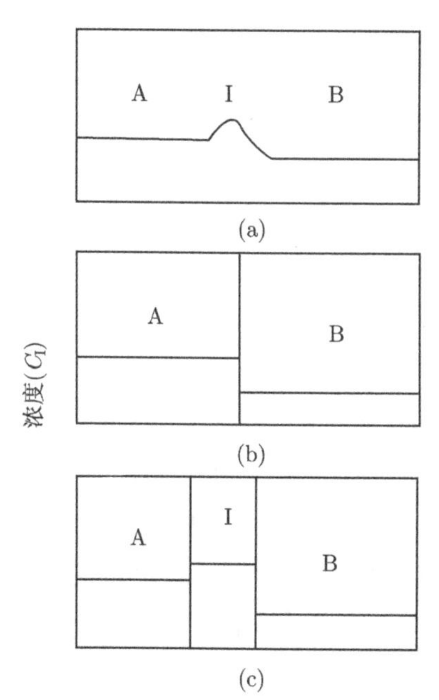

图 1-11 组元 A 和 B 在垂直于内界面 I 的 X 轴方向上浓度变化的内界面模型示意图
(a) 表示浓度的实际分布; (b) 假定的 Gibbs 热力学模型; (c) 而后假定的模型, 并被 McLean(1957) 所采用

1.2.3　多元系偏聚热力学——Guttmann 模型

当晶界区偏聚溶质的浓度和种类增加, 在晶界区就不能不考虑原子之间的化学相互作用. 此时简单的 Langmuir-McLean 模型显得不够用了. 因此一个包括晶界上合金元素之间相互作用的晶界偏聚理论是很必要的. 比如, 钢中的 Cr 和 Ni, 以及杂质元素 P, Sn, Sb, As 等, 就不能合并在一起用式 (1-25) 中的浓度 X_c 表示. 法国学者 Guttman (1980) 于 20 世纪 70 年代, 在 Mclean (1957) 发展的 Langmuir-McLean 方程 (1-25) 及其最新发展的基础上, 提出了规则三元溶体模型 (regular ternary solution model). 在这个模型中, 优先考虑合金元素之间在特定系统中的交互作用. 对于规则三元系, 既含有合金元素, 又含有杂质元素的 α-Fe, 晶界偏聚浓度 N_i^ϕ 可由下式描述

$$N_i^\phi = \{N_i^B \exp(\Delta G_i/RT)\}/\left\{1+\sum_j^{n-1}[N_j^B(\exp(\Delta G_j/RT)-1)]\right\}$$

$$i = 1,2,3,\cdots,n-1 \tag{1-26}$$

这里能量项 ΔG_i 由下式给出

$$\Delta G_1 = \Delta G_1^0 + \alpha' N_2^\phi \tag{1-27}$$

$$\Delta G_2 = \Delta G_2^0 + \alpha' N_1^\phi \tag{1-28}$$

其中,

$$\alpha' = \alpha_{12}^\phi - \alpha_{13}^\phi - \alpha_{23}^\phi \tag{1-29}$$

$$\alpha_{ij}^T = Z^T N_o\{\varepsilon_{ij}^T - [(\varepsilon_{ii}^T + \varepsilon_{jj}^T)/2]\} \tag{1-30}$$

$$T = \phi\text{或}B$$

ϕ 和 B 分别表示晶界相和基体相, ε_{ij} 是元素 i 和 j 的相互作用系数, N_i^ϕ 是杂质和合金元素在晶界上多层偏聚浓度, N_i^B 是在基体的浓度. ΔG_i^0 是相应的二元系中溶质的偏聚自由能, 亦即 McLean 偏聚自由能. Z^T 原子在 T 相的配位数 (coordination number). N_0 是阿佛伽德罗常数. 式 (1-26) 至式 (1-30) 模型化地表述了合金元素和杂质元素相互竞争的或无竞争的内界面 (相界和晶界) 偏聚过程. 对于表面活泼的杂质元素, 当 $\alpha' > 0$ 时, 其偏聚可以因为合金元素的存在得到加强. 类似地, 当合金元素的浓度增加, 也使两元素的晶界偏聚在温度不变的情况下增加. Guttmann 模型证实, 合金系统中一些相互吸引的元素, 将发生它们之间的相互促进的平衡晶界共偏聚.

1.2.4 偏聚动力学——McLean 动力学模型

如前所述, 溶质原子晶界或内界面的平衡偏聚的驱动力随温度的降低而增加. 但是, 随着温度的降低, 扩散速率降低, 结果晶界偏聚浓度的增加速率也将降低. 因此, 决定平衡晶界偏聚量的因素不仅仅是热力学的驱动力, 也还取决于与温度相关的扩散速率这一动力学因素. 英国著名材料学家 McLean(1957) 在他的经典著作中处理了这一问题, 即平衡晶界偏聚的 McLean 动力学模型. 对于在温度 T_i 处于热力学平衡的合金系统, 溶质晶界浓度 $C_{\rm gb}(T_i)$ 与晶内浓度 C_0 之比称为平衡浓度比例系数, 以 α_i 表示,$\alpha_i = C_{\rm gb}(T_i)/C_0$. 若此系统快速冷却至温度 T_{i+1}, 并在此温度恒温达到新的热力学平衡状态, 新的平衡浓度比例系数是 α_{i+1}, 且 $\alpha_{i+1} = C_{\rm gb}(T_{i+1})/C_0, (\alpha_{i+1} > \alpha_i)$. 假定晶界偏聚富集层的宽度相对于晶粒直径非常小, 以至于偏聚到晶界处的溶质原子几乎完全由晶界附近的狭窄区域供给, 晶粒内部的溶质浓度在整个偏聚过程中保持不变. 在这样的条件下, McLean 将平衡晶界偏聚过程简化为溶质原子在半无限介质里的线性流, 并用菲克 (Fick) 扩散方程来描述. 设想在晶界偏聚 (富集) 层和晶粒内部之间存在一个界面, 此界面在偏聚过程中的浓度 C 可由下式表示

$$C = C_{\rm b}(t)/\alpha_{i+1} \tag{1-31}$$

其中, $C_{\rm b}(t)$ 是晶界富集层的浓度, 显然富集层内的溶质浓度梯度忽略不计. 为演算方便, 取此界面处为 $X = 0$, 根据菲克扩散定律和物质守恒定律, 式 (1-31) 可表示为

$$\begin{aligned} &(C)_{x=0} = C_{\rm b}(t)/\alpha_{i+1} \\ &D(\partial C/\partial x)_{x=0} = (d/2)(\partial C_{\rm b}(t)/\partial t) = (1/2)\alpha_{i+1} d(\partial C/\partial t)_{x=0} \end{aligned} \tag{1-32}$$

这里 d 是晶界富集层的厚度, 因子 1/2 表示溶质原子从晶界两侧偏聚到晶界上去这一事实. 以式 (1-32) 为扩散方程的边界条件, 基于拉普拉斯变换, 使用标准的简化程序解扩散方程 (Carislaw et al., 1947), 给出误差解

$$\begin{aligned} &[C_{\rm b}(t) - C_{\rm gb}(T_i)]/[C_{\rm gb}(T_{i+1}) - C_{\rm gb}(T_i)] \\ =&1 - \exp[(4Dt)/(\alpha_{i+1}^2 d^2)]\mathrm{erfc}[2(Dt)^{1/2}/(\alpha_{i+1} d)] \end{aligned} \tag{1-33}$$

这里 $C_{\rm b}(t)$ 是在 T_{i+1} 恒温 t 时间的晶界平衡偏聚浓度. 式 (1-33) 表示平衡晶界偏聚浓度随恒温时间的变化规律, 称为恒温动力学方程.

图 1-12 表示用动力学方程预期从恒温开始到最终的平衡晶界浓度, 随恒温时间的变化. Mclean 的分析解假定比率 α 随晶界浓度的变化保持不变. 这在偏聚浓度极低时是成立的, 可是, 浓度较高时差别就会出现, 并影响预期结果. 最近, 基于对分析解的数值处理的计算方法已经发展起来. 一个例子是由 Beere (Beere et al.,

1994) 提出的有限差分程序 (finite difference procedure), 提供了一个可行的计算平衡偏聚的方法. 图 1-13 是计算的磷的晶界平衡偏聚, 所用试样是含 10^{-4}wt%磷的 α- 铁, 先在 665K 热处理 4.8×10^4h, 然后改变至 633K 再处理 4.8×10^4h. 图 1-13 也表示了用分析解式 (1-33) 计算得到 665K 的浓度 (图中虚线). 分析解和数值方法达到极好的一致. 但是, 值得指出的是, 迄今 Mclean 的动力学方程并没有得到试验的证实, 晶界偏聚的另一个不同的动力学方程, 却已被试验证实了. 这将是我们在第 4 章叙述的内容.

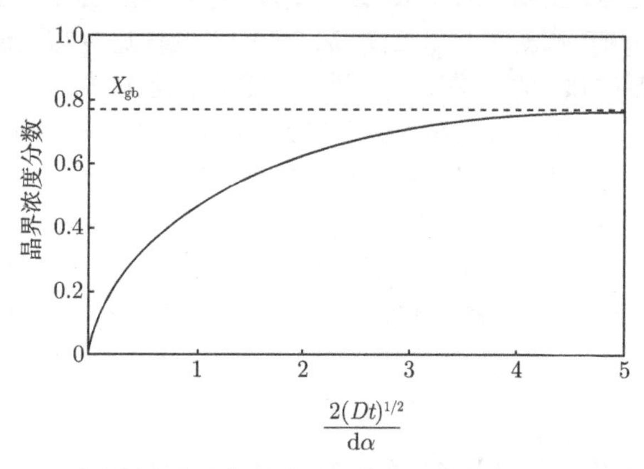

图 1-12　McLean 动力学方程预期平衡晶界偏聚浓度的变化 (Flewitt et al., 2001)

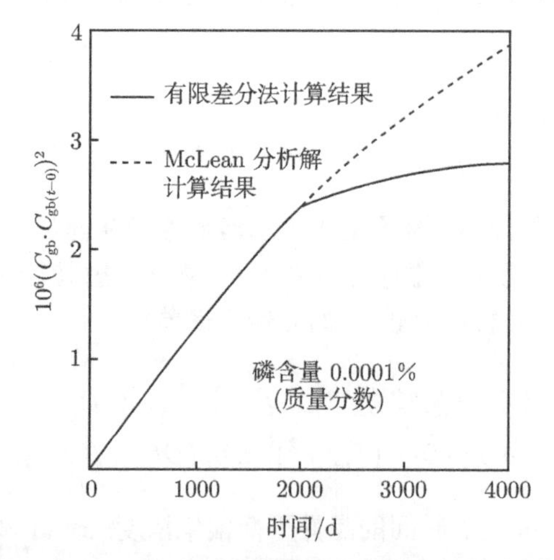

图 1-13　有限差分程序计算的含 10^{-4}wt%磷的 α-铁, 先在 665K 处理, 然后在 633K 恒温处理的晶界偏聚浓度的变化. 点划线表示在不变的 665K 温度用 McLean 的分析解计算的结果 (Flewitt et al., 2001)

1.3 晶间脆性断裂

金属材料的晶间脆性断裂种类很多，但历史最久对科学和技术影响最大的，要算是钢的回火脆性，不锈钢的晶间腐蚀脆性和金属与合金的中温脆性. 这三种晶界脆性的发生机理都是已经研究了一百多年的科学难题 (徐庭栋, 2009). 非平衡偏聚理论发展的最主要成就是给出这三种晶界脆性的统一的发生机理，这也是本书主要论述的内容之一. 为此，先在本节中简述一下提出这三种晶界脆性机理时的研究背景情况.

1.3.1 钢的回火脆性的平衡偏聚机理

钢铁材料的回火脆性既是一个重大的生产实际问题，因为它曾引起过严重的工程事故；又是一个重要的理论问题. 自 1885 年它被首次发现以来的一百多年的时间里，关于它的发生机制，亦经历了不同的历史发展阶段. 20 世纪 50 年代以前，曾认为是由于沿晶界析出的脆化相引起的. 高分辨率的电子显微镜发展起来，发现没有晶界脆性析出相的样品也有明显的回火脆性. 于是 McLean(1957) 于 20 世纪 50 年代提出溶质平衡晶界偏聚理论，Guttman(1975) 于 20 世纪 70 年代提出平衡共偏聚理论. Seah(1977) 在上述两人理论的基础上，提出了回火脆性的平衡偏聚机制，认为钢的回火脆性是由溶质原子的平衡晶界偏聚引起的，而且认为 McLean 和 Guttman 两人的理论结合起来可以说明回火脆性发生的机制，也就是说，回火脆性的变化规律应该与平衡晶界偏聚浓度的变化规律一致. Seah 工作的意义在于他明确指出，钢的回火脆性不是沿晶界析出的脆化相引起的，是处于原子态的杂质偏聚到晶界上引起的. 这当然是回火脆性认识上的一大进展. 但是，问题并非象 Seah 想得那么简单. 现在看来，平衡偏聚理论并不能解释当时已经发现的关于回火脆性的主要实验现象. 下面我们仅举几个例子，说明这个情况.

回火脆性的“过时效现象”. 自 20 世纪四五十年代以来有若干研究者报告 (Vidal, 1945; Jaffe et al., 1950; Preece et al., 1953; Woodfine, 1953)，钢在恒温回火过程中其脆性先随回火时间增加而增加，达到一极大值，然后脆性随回火时间的进一步延长而降低，这就是所谓的”过时效现象”. 依据平衡偏聚理论，杂质原子在恒温回火过程中逐步偏聚到晶界上，使晶界偏聚浓度不断增加，晶界脆性也不断增加，不会降低. 可见平衡偏聚理论解释不了过时效现象.

关于回火脆性的实验研究，历史上采用两种方式. 第一种，从高温固溶温度淬火至室温，然后直接在 350~550°C温度恒温脆化，称为一步回火脆化. 第二种，从高温固溶温度淬火至室温，在低温回火之前，先在中温 600~700°C恒温回火一定时间，然后在低温 350~550°C回火脆化，称为二步回火脆化. 实验发现二步回火脆化的样品具有比一步回火脆化的样品明显低的回火脆性. 也就是说, 加上一个中间温度的回火, 会降低回火脆性 (Austin, 1953; Woodfine, 1953; Ucisik et al., 1978; Wada et al., 1976). 平衡晶界偏聚随温度的降低, 偏聚浓度增加. 在中温增加恒温处理, 只能使晶界偏聚量增加, 脆性增加, 不会降低, 因此平衡晶界偏聚理论也不能解释这一问题.

另外, 经过二步回火脆化的样品, 有比一步回火脆化的样品明显低的屈服强度 (Briant et al., 1978). 位错脱离它附近的溶质柯垂耳气团的钉扎引起屈服现象. 根据平衡偏聚理论, 柯垂耳气团的浓度也会因在中温增加了恒温回火处理使其浓度增高, 使位错脱离这些高浓度的气团所需的应力也增加, 屈服强度也应增高. 可见, 二步回火脆化使材料屈服强度降低的现象也不能由平衡偏聚解释.

在钢铁材料回火脆性的平衡晶界偏聚机制基础上, 美国于 20 世纪 70 年代, 日本于 20 世纪 80 年代, 都曾先后集中人力和物力, 对钢的回火脆性从事攻关研究, 虽也取得一些结果, 但没有突破性进展, 都没有从根本上解决问题, 也引起了此后一段时间在这个问题研究上的低潮期. 直到 20 世纪 90 年代, Hickey 和 Bulloch (Hickey et al., 1992) 在综述当时回火脆性的研究时, 给了如下的评论: “如上所述, 虽然已经知道了大量的关于可逆回火脆性的实验现象, 并且为寻找一个合理的理论来解释这些实验现象的努力已经进行了 50 年, 但至今仍然没有出现关于可逆回火脆性的满意的理论”. 这是当时对钢的回火脆性研究的一个中肯的总结.

综上所述, 钢铁材料的回火脆性研究长期面临的困难, 预示着需要更深层次上的理论突破才可能获得彻底解决. 这个突破果然于 20 世纪 90 年代中期, 在 Hickey 和 Bulloch 发表上述评论之后不久就开始了, 这个突破根植于自 20 世纪 60 年代末即已开始的关于非平衡晶界偏聚的研究. 这方面的内容在详细讨论了非平衡晶界偏聚的理论发展之后, 将在本书的第 8 章讨论.

1.3.2　金属与合金的中温脆性

金属与合金普遍存在着在中温区, 大约在 0.5 至 0.8 熔点温度, 延伸率和断面收缩率降低, 同时呈现沿晶界断裂, 在温度——塑性曲线图上存在塑性极小值, 此现象称为金属和合金的中温脆性或中温低塑性现象 (intermediate temperature brittleness, ITB 或 intermediate temperature ductility minimum, ITDM)(Rhines et al., 1961; Ramirez et al., 2004), 如图 1-14 所示.

1877 年, 人们最先在铜合金中发现这一现象, 后来发现这一现象存在于镍基、铁基和钴基的高温合金中 (Dave et al., 2004), 存在于钛合金中 (Feng Tang et al., 2001), 存在于金属间化合物中 (Pike et al., 2000), 也发现存在于 Al-Mg 合金中 (Horikawa et al., 2001). 钢铁材料连续铸造胚多发生横向开裂 (transverse cracking), 一般认为也是由于钢的中温脆性引起的, 通常称为热韧性 (hot ductility)(Mintz et al., 1991). 由于这种现象在金属与合金中普遍存在，且低塑性发生的温度往往处在服役的温度范围内，引起韧性降低脆断 (ductility-dip cracking, DDC) (Dave et al., 2004; Collins et al., 2003)，从而限制了合金的生产、加工和使用. 因为中温脆性是金属与合金最普遍的特性，最初人们是从金属的最普遍性质研究这一问题，如 1912 年 Bengough 提出等强温度概念 (equi-cohesive temperature) 说明了这一现象 (Bengough., 1912)，后来发现这一机理不合理 (1961 年)(Rhines et al., 1961). 此后人们的研究出发点倒退了，提出的机理多与某一具体合金的特殊性质相关，如钢的铁素体机理，各种晶界析出相机理等. 这就出现了铁素体机理不能说明奥氏体合金，晶界析出相机理不能说明无晶界析出相的合金，使这一难题始终得不到解决 (Feng Tang et al., 2001; Horikawa et al., 2001; Lynch, 2002; Keitaro Horikawa et al., 2002). 从逻辑上讲，既然几乎所有的韧性金属都存在中温脆性现象，那么引起中温脆性的机制，必然与在各种金属中都最普遍存在的微观结构和过程相关，至于铁素体和析出相这些只有部分金属才有的组织结构，充其量是促使中温脆性加重的因素，不是金属中普遍引起中温脆性的根本原因 (徐庭栋, 2009). 自 20 世纪末，我们即开始寻求这样一个普适机理. 我们发现，由于金属或合金中存在着各种杂质，这些杂质原子与空位和晶界的交互作用，引起杂质的非平衡晶界偏聚，导致了金属与合金普遍存在的中温脆性. 在本书的第 8 章中将讨论这一普适机理.

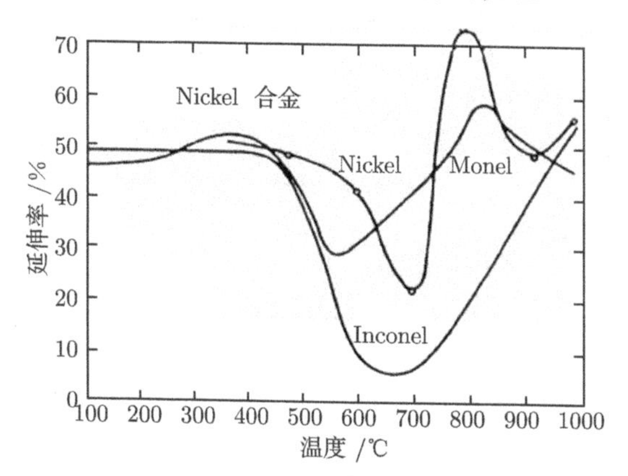

图 1-14 Nickel, Inconel 和 Monel 合金延伸率与温度的关系 (Rhines et al., 1961)

参 考 文 献

葛庭燧. 2000. 固体内耗理论基础: 晶界弛豫与晶界结构. 北京: 科学出版社

徐庭栋. 2009. 金属与合金的中温脆性//10000 个科学难题: 物理学卷. 北京: 科学出版社, 523-525

Asano R J. 1980. Phil.Trans. R. Soc. (lond.) A, 295: 151

Austin G W.1953. J. Iron Steel Inst., 173: 376

Barrett C S, Massalski T B. 1986. Structure of Metals. Third edition. New York: McGraw-Hill

Beere W, Buswell J T. 1994. Nuclear Electric Report TIGM/MEM/0039/94

Bengough G D. 1912. Journal of Institute of Metals, 7: 123-174

Bollmann W. 1970. Crystal Defects and Crystalline Interfaces: New York:Springer-Verlag

Briant C L, Banerji S K. 1978. Ins. Metall Rev., 4: 164

Brigham R J, Neumayer H, Kirkaldy J S. 1970. Canadian Metallurgical Quarterly, 9: 525-528

Carislaw H S, Jaeger J E. 1947. Conduction of Heat in Solids. Oxford: Clarendon Press

Chan S W, Balluffi R W. 1986. Acta Metall., 34: 2191

Collins M G, J C Lippold. 2003. Welding Research: 288-s—295-s

Dave V R, M J Cola, M Kumar,et al. 2004. Welding Research, 1-s–5-s

Ernst E, Kienzle O, Ruhle M.1999. J. Eur. Ceram. Soc., 19: 665

Feng Tang, Satoshi Emura , Masuo Hagiwara. 2001. Scr Mater., 44: 671-676

Flewitt P E J, Wild R K.1994. Physical Methods for Microstructural Charcterisation of Materials. Bristol:Institute of Physics Publishing

Flewitt P E J, Wild R K. 2001. Grain Boundaries, Their Microstructure and Chemistry. Baffins Lane: John Wiley & Sons, LTD

Floreen S, Westbrook J H. 1969. Acta metal. 17: 1175

Gavin S, A J Billingham, J P Chubb, et al. 1978. Met. Technol., 11: 397-401

Gibbs J W. 1957. Collected Works. New Haven: Yale University Press, 1: 219-233

Guttman M. 1975. Sufr. Sci., 53: 213

Hansson Karin, Mikhail Droujevski, Hasse Fredriksson. 2002. Scandinavian Journal of Metallurgy, 31: 256-267

Heo N H. 2004. Scr. Mater., 51: 339-342

Herr U, Jing J, Birringer R, et al. 1987. Appl. Phys. Lett., 50(8): 472-474

HickeyJ J, Bulloch J H. 1992. Int. J. Pre. Ves. Piping, 49:339

Hirth J P. 1980. Phil.Trans. R. Soc. (lond.) A, 295: 139

Hirth J P, Lothe J. 1982. Theory of Dislocations. 2 edition. New York: Wiley

Holt T, Wallance W. 1976. International Metals Reviews, 21:1-24

Horikawa K, Kuramoto S, Kanno M. 2001. Acta Mater., 49: 3981-3989

Horikawa K, Kuramoto S, Kanno M. 2002. Scri. Mater., 47:131-135

Jaffe L D, Buffum D C. 1950. Trans. ASM, 42: 604

Joshi A. 1978. Interfacial Segregation. OH: ASM

Keitaro Horikawa,Shigeru Kuramoto, Motohiro Kanno. 2002: Scr. Mater., 47: 131

Kelly A, Groves G W. 1970. Crystallography and Crystal Defects. London: Longmans

Komeda P J, McMahon C J. 1981. Metall. Trans. A, 12A: 31

Kraai D A, S Floreen. 1964. Trans. Met. Soc. AIME, 230: 833

Langmuir I. 1918. J. Am. Chem. Soc., 40: 1361
Laporte V, Mortensen A. 2009. Inter. Mater. Rev., 54(2): 94
Larere A, Guttmann M, Dumoulin P, et al. 1982. Acta metal, 30: 685-693
Lee D Y, Barrera E V, Stark W P, et al. 1984. Metall. Trans. A, 15A: 1415
Liu C M, Abiko K, Tanino M. 1999. Acta Metal. sinica (English Letters), 12(4): 637-644
Lomer W M, Nye J F. 1952. Proc. R. Sco., 212: 576
Lopez-chipres, I Mejia, C Maldonado, et al. 2007. Mater. Sci. Eng., A, 460-461: 464
Lynch S P. 2002. Scr Mater., 47:125-129
McLean D. 1957. Grain Boundaries in Metals. Oxford: Clarendon Press
Mintz B, S Yue, J J Jonas. 1991. Inter. Mater. Rev., 35(5):187-217
Mullins W W. 1963. Solid Surface Morophologies Governed by Capillarity. In: Metal Surfaces
Nachtrab W T, Chou Y T. 1984. J. Mater. Sci., 19: 2136-2144
Pike L M, C T Liu. 2000. Scr. Mater., 42: 265-270
Preece A, Carter R D. 1953. J. Iron Steel Inst., 173: 387
Ramirez A J, J C Lippold. 2004. Mater Sci Eng A, 380: 259
Read Jr W T. 1953. Dislocation in Crystals. New York: McGraw-Hill
Rhines F N, P J Wray. 1961. Trans ASM, 54: 117
Rice J R. 1976. Effect of Hydrogen on the Behaviour. Norfolk: AITM
Rice J R, Thomas R. 1974. Phil. Mag., 29: 73
Robertson W D, Gjostein N A. American Society of Metals. Chapter 2
Seah M P. 1976. Proc. R. Soc. (lond.), A,349: 535
Seah M P. 1977. Acta Metall., 25: 345
Seah M P. 1980. Acta Metall., 28: 955
Smith G E, Crocker A G, Flewitt P E J. 1997. Damage and Failure of Interfaces. Rotterdam: Balema Press, 229
Song S H, Yuan Z X, Jia J, et al. 2003. Metall Mater Trans A, 34:1611
Trivedi R K. 1975. Theory of Capillarity. In: Key Topics in the Theory of Phase Transformations. American Institute of Metallurgical Engineers. Chapter 2
Ucisik A H, McMahon Jr C J, Feng H C. 1978. Metall. Trans., 9A: 321
Vidal G. 1945. Rev Met., 42: 149
Wada T, Hagel W C. 1976. Metall. Trans., 7A: 1419
Weertman J, Weertman J R. 1964. Elementary Dislocation Theory. New York: Macmillan
Westbrook J H, Floreen S.1974. Canadian Metallurgical Quarterly. 13: 181-186
Woodfine B C. 1953. J. Iron Steel Inst., 173: 240
Zarandi F, Yue S. 2006a. Metall. Mater. Trans. A, 37: 2316-2320
Zarandi F, Yue S. 2006b. ISIJ International, 46(4): 591-598
Zhu X, Birringer R, Herr U, et al. 1987. Phys. Rev. B, 35: 9085

第 2 章　临界时间: 非平衡晶界偏聚的特征之一

2.1　引　　言

溶质非平衡晶界偏聚现象是 20 世纪 60 年代 Aust 等 (Westbrook et al., 1963; Aust et al., 1966 ,1968) 和 Anthony (1969) 通过研究淬火引起晶界区硬度的变化发现的. 当时, Aust 等实验发现, 对于没有溶质加入的精练的铅, 淬火后其晶界附近相对于晶粒内部的硬度要低, 而加入某些溶质元素, 如锡和金等, 淬火会引起晶界处的硬度高于晶粒内部, 即所谓晶界的过量硬化 (excess grain boundary hardening). 他们实验发现, 这种过量硬化有以下两个特征: ①硬度随淬火温度的升高和淬火速率的加快而增加; ②硬化发生在沿晶界几个微米宽的范围内 (Aust et al., 1968). 他们的这些实验结果表明, 晶界硬化是由于溶质富集在晶界上引起的. 但这种溶质富集引起的硬化, 又与当时已知的溶质平衡晶界偏聚规律明显不符. 按照平衡晶界偏聚规律, 晶界的过量硬化的硬度, 应随淬火温度升高而降低, 随淬火速率加快而降低, 沿晶界硬化的宽度不应该达到几个微米之宽, 而一般只有几个原子直径的宽度. 于是, 他们基于溶质原子和空位的交互作用, 提出了晶界过量硬化的溶质集团机制 (solute clustering mechanism). 由于淬火引起的基体中的过饱和空位趋向于消失于晶界处, 基体中的空位和溶质原子形成空位—溶质原子复合体 (vacancy-solute complexes), 并向晶界扩散, 在靠近晶界处分解, 在晶界处产生溶质原子集团 (clusters), 引起了晶界的过量硬化 (Aust et al., 1965). 现在看来, Aust 等的工作对非平衡晶界偏聚的研究具有开创性的意义, 这一方面是因为他们首次明确地实验观察到溶质非平衡晶界偏聚引起的效应; 另一方面, 他们提出的空位—溶质复合体机制, 不仅找到了空位这一缺陷对材料的过程和性能的重要影响, 也构成了后来研究非平衡偏聚的重要基础.

1972 年, Williams (Williams, 1972; Williams et al., 1976) 等报告的实验结果, 进一步确证了非平衡晶界偏聚现象的存在. 他们将 316 不锈钢在 1050℃固溶处理, 然后用氩气冷却 (~50℃/s) 至室温, 用中子活化的方法 (particle tracking autoradiography, PTA), 观察到硼在晶界上的偏聚; 他们发现当钢样用水淬 (~500℃/s) 时, 没有观察到硼的晶界偏聚, 因此观察到的硼的晶界偏聚不是在固溶处理过程中发生, 是在 50℃/s 的氩气冷却过程中发生, 应是非平衡晶界偏聚. 这一结论还被他们的如下更确凿的实验结果所证实: 他们还发现, 用氩气冷却的试样, 固溶处理温度越高, 硼的晶界偏聚量越高; 固溶处理温度越低, 硼的晶界偏聚量越低. 这一实验结果与平衡晶界偏聚规律相反, 不能用平衡晶界偏聚理论解释. 因为 Williams 等是直接观察硼在晶界上的偏聚浓度变化, 比 Aust 等通过测量晶界的硬度变化来得直接, 从而他们的实验观察进一步确立了非平衡偏聚现象的存在. 自此以后, 国际上有许多学者参与了非平衡晶界偏聚的研究, 形成了自 20 世纪 70 年代以来材料科学研究领域的热点之一.

2.2 临界时间概念和解析表述

可以想象, 如果淬火引起的基体中的过饱和空位, 与溶质原子形成的复合体向晶界扩散, 引起晶界溶质浓度的增加没有超过晶界的平衡浓度, Aust 等是不会观察到晶界的过量硬化现象的, 也不能称其为非平衡晶界偏聚. 可见非平衡偏聚的一个最基本特征就是其偏聚量要超过平衡偏聚量. 只有超过晶界平衡偏聚浓度, 非平衡偏聚的效应才能显示出来.

从理论上讲, Aust 等和 Anthony 提出空位和溶质原子形成复合体引起非平衡晶界偏聚, 就隐含着下述临界时间概念的存在. Faulkner 于 1981 年的一篇论文中 (Faulkner, 1981), 明确阐述了临界时间概念. 他认为既然是超过平衡偏聚浓度的溶质原子富集在晶界上, 这些溶质原子是不稳定的, 要从晶界扩散回晶粒内部. 他将复合体向晶界的扩散流, 与溶质原子从晶界返回的扩散流相等的时刻, 称为临界时间, 并以此推导出了临界时间的解析公式. Faulkner 是从微观机制的角度定义了临界时间, 给出了建立临界时间解析公式的物理基础, 使临界时间公式成为 Aust 空位复合体扩散机制的解析表述. 这在理论上是很重要的.

但是, Faulkner 当时并没有认识到, 临界时间与晶界偏聚浓度峰值 (最大值) 有关, 更不知道与什么条件下出现的浓度峰值有关. Faulkner 在文献 (Faulkner, 1981) 中说, 导致最大非平衡偏聚 (即我们所说的浓度峰值) 的一种热处理是: 淬火后不时效处理. 可见 Faulkner 在 1981 年的文献中没有认识到会在淬火后的时效过程中出现浓度峰值, 自然不可能 "将此峰值时间称为临界时间". 如果临界时间概念仅停留在当时 Faulkner 的这个水平上, 即复合体和溶质原子扩散流相等的时刻, 显然这一概念就无法实验验证, 无法应用于材料科学和工程, 解决实际问题.

Xu (徐庭栋)(Xu, 1988) 在 Faulkner 工作的基础上, 于 1988 年最先提出并实验证实, 从高温淬火后在低温的恒温时效过程中, 溶质晶界浓度峰值出现的时间, 是复合体和溶质原子扩散流相等的时刻, 就是临界时间. 首次将 Faulkner 定义的临界时间与晶界偏聚浓度峰值联系起来. 从表象的角度给出临界时间概念: 金属高温固溶处理后以充分快的速率淬火, 然后在较低温度恒温时效, 时效过程中出现溶质晶界浓度峰值的恒温时间, 是该溶质的非平衡偏聚的临界时间 (Xu, 1988). 恒温时效时间短于临界时间, 复合体向晶界扩散为主, 晶界溶质浓度随时效时间延长而升高;

恒温时效时间长于临界时间, 溶质原子离开晶界的扩散为主, 晶界溶质浓度随时效时间延长而降低. 自 Xu 提出这一表象概念后, 国内外文献都是在此表象意义上引用和应用临界时间概念. 临界时间表象概念构成了几乎所有非平衡偏聚理论应用的基础, 使之成为该领域的核心概念.

下面将叙述 Faulkner 和 Xu 所建立的临界时间公式 (Faulkner, 1981, 1989; Xu, 1987, 1988). 当一个试样从固溶处理的高温快速淬火至某一低温, 然后在此低温恒温. 依据非平衡偏聚机制, 在远离晶界的基体中, 过饱和空位将与溶质原子形成复合体; 但在晶界附近, 由于空位消失于晶界, 破坏了空位、溶质原子和复合体三者之间的热力学平衡, 使复合体分解为单个溶质原子和空位. 这样在晶内和晶界之间形成了复合体的浓度梯度, 此梯度驱动复合体向晶界扩散, 引起超过平衡偏聚浓度的溶质原子富集在晶界处, 形成非平衡晶界偏聚. 由于是超过平衡偏聚浓度的溶质原子富集在晶界上, 这些溶质原子是不稳定的, 它们会沿着自己的浓度梯度, 从晶界返回晶内. 在恒温开始阶段, 复合体向晶界扩散是主要的, 并随恒温时间的延长而减弱; 而溶质的反向扩散将随恒温时间的延长而增加. 因此, 存在这样一个恒温时间, 在此时刻复合体的扩散流等于反向的溶质原子的扩散流, 此时晶界偏聚浓度达到极大值. 此恒温时刻称为临界时间 (critical time). 恒温时间超过临界时间, 由于溶质扩散流大于复合体扩散流, 晶界偏聚浓度将随恒温时间的延长而降低, 最后趋近于平衡晶界浓度.

如前所述, 临界时间是恒温过程中复合体向晶界的扩散流, 与溶质原子返回晶内的扩散流相等的时刻. 用下式表示这一时刻的瞬态平衡过程:

$$D_i \Delta C_i / r = D_c \Delta C_c / r \tag{2-1}$$

这里 D_i 和 D_c 分别是溶质原子和复合体在基体里的扩散系数, ΔC_i 是晶界区和晶粒内部之间的溶质浓度差, $\Delta \mathrm{C}_c$ 是晶粒内部和晶界区之间的复合体浓度差, r 是晶粒半径.

ΔC_i 和 ΔC_c 是随时间而变的, 当复合体和溶质原子扩散的平均距离达到晶粒半径时, 这些浓度将降低, 假设它们与恒温时间的关系有

$$\Delta C_i = \exp(-t/\tau_i) \tag{2-2}$$

和

$$\Delta C_c = \exp(-t/\tau_c) \tag{2-3}$$

这里 t 是时间, τ_i 和 τ_c, 分别表示溶质原子和复合体扩散的平均距离达到晶粒半径所需的恒温时间, 亦即晶界溶质浓度和晶内复合体浓度开始急剧降低的时间, 因此根据扩散的基本关系式, 可定义为

$$\tau_i = r^2 / \delta D_i \tag{2-4}$$

和

$$\tau_c = r^2/\delta D_c \tag{2-5}$$

这里 δ 是数值常数.

将式 (2-2) 至式 (2-5) 代入式 (2-1), 解出时间 t, 即为临界时间 t_c 的表达式, 其中 δ= 6 (冯端, 2000).

$$t_c = [r^2 \ln(D_c/D_i)]/[6(D_c - D_i)] \tag{2-6*}$$

获得公式 (2-6*) 是基于如下两个重要假设: ①当平均扩散距离达到晶粒半径时, 溶质晶界浓度达到极大值, 而后随恒温时间的延长单调减小; ②假定溶质原子和复合体的扩散, 是在临界时间 t_c 的稳态扩散流, 它们分别由它们的浓度梯度 $\Delta C_i/r$ 和 $\Delta C_c\ /r$ 引起.

在公式 (2-6*) 的推导过程中, 假定 τ_i 和 τ_c, 分别表示溶质原子和复合体扩散的平均距离 L 达到晶粒半径 r 所需的恒温时间 ($L = r$). 但是, 对于一般的多晶金属, 临界时间对应的扩散平均距离 L 不一定等于晶粒半径 r. 定义晶粒半径比扩散平均距离 $r/L = K$, 以此代入式 (2-4) 和式 (2-5), 最后得到临界时间公式是

$$t_c = [r^2 \ln(D_c/D_i)]/[6K^2(D_c - D_i)] \tag{2-6}$$

当扩散距离等于晶粒半径时, $K = 1$, 式 (2-6) 变为式 (2-6*). 通过这样对临界时间公式的分析, 我们就不难理解, 在以往诸多应用临界时间公式 (2-6) 计算实验测量结果的文献中, 临界时间常数 $6K^2$ 的值在不同实验中变化很大, 反映了不同实验材料的晶粒尺寸不同.

Faulkner (1981) 最初推导出的临界时间公式的形式是

$$t_c = [r^2 \delta \ln(D_c/D_i)]/[(D_c - D_i)] \tag{2-7}$$

正如 Xu(1987) 所指出的, Faulkner 的关于临界时间公式的这一结果是错误的 (Faulkner, 1981), 后来由 Xu (1987) 给予纠正, 并在他的工作基础上, 给出现在普遍接受的临界时间的解析表达式 (2-6) 和式 (2-6*). 在式 (2-6) 中 $\delta = 6K$ 是无量纲物理量, 与爱因斯坦无规行走公式中的比例常数有关, 有明确的物理意义, 而在 Faulkner 的式 (2-7) 中已没有这个意义了. 不仅如此, 正如 Xu 所指出的, 由于 Faulkner 公式的错误, 使本来的偏聚过程, 被他错误地判断为反偏聚过程 (Xu, 1987, 1988). 后来, Faulkner 本人也不再以式 (2-7), 而是以式 (2-6) 作为临界时间的公式了 (Faulkner, 1995, 1996). 临界时间公式是从空位复合体扩散机制推导出来的解析式, 不是经验公式, 因此, 根据推导, $\delta = 6K$ 该在分母, 就必须在分母上, 在分子上就是错误的. Faulkner 为建立临界时间公式所提出的基本思路是正确的, 为公式的获得提供了重要的基础, 这一点是不容置疑的.

当 Faulkner(1981) 提出临界时间概念并推导出临界时间公式 (2-7) 时, 没有将临界时间与淬火后时效过程中的晶界溶质浓度峰值联系起来, 临界时间概念还无法从实验上进行验证. 直至 1988 年, Xu(1988) 最先将临界时间与淬火后时效过程中的晶界溶质浓度峰值出现的时间联系起来, 才使临界时间概念可以实验观察和验证. 这应该是临界时间认识上的突破性进展.

临界时间的晶界溶质浓度峰的存在, 使恒温时间超过临界时间后, 晶界浓度必然下降, 趋近于晶界的平衡浓度, 引起晶界浓度的恢复. 这就是非平衡偏聚的恢复效应. 在后面的章节中将看到, 这种效应所引起的力学性能的恢复效应.

2.3 节将叙述 Xu 以及其他工作者对临界时间现象的实验观测.

2.3 实验证实

如前所述, 淬火引起的晶界偏聚浓度只有超过平衡偏聚浓度, 非平衡晶界偏聚现象才会显现出来, 才会被人们认识和感知到. 而临界时间现象的存在, 说明偏聚浓度超过了平衡偏聚浓度, 从而最确切地说明发生了非平衡晶界偏聚. 可见, 只有观察到临界时间现象, 才最直接和最确凿地证实非平衡晶界偏聚现象的存在.

2.3.1 硼偏聚的临界时间

Xu (1988) 的实验结果第一次证实临界时间现象的存在. 他采用的 Fe-30%Ni(B) 合金的成分是 (wt%) 0.008C, 0.03Si, 0.042Mn, 0.006S, 0.009P, 29.10Ni, 0.0010B, 其余是 Fe. 所有试样首先在 1250℃固溶处理 0.5h, 以得到相同的晶粒尺寸, 平均直径大约是 45μm. 然后淬火到 1050℃的盐浴炉中分别恒温 3s, 7s, 11s, 15s, 19s, 23s, 27s, 30s, 35s, 40s, 50s, 60s, 70s 和 80s, 然后盐水淬火至室温. 在这一工作中, 硼的晶界偏聚水平使用粒子径迹显微照相技术 (particle tracking autoradiography, PTA) (Xu, 1988; He et al., 1982) 来显示.

三醋酸纤维膜作为探测膜覆盖在处理过的试样的抛光面上, 探测膜对硼的探测灵敏度和空间分辨率分别是 1ppm 和 2μm (Xu, 1988; He et al., 1982). 然后试样以积分通量为 $1.3\times10^{19}/\mathrm{m}^2$ 的热中子辐照. 热中子辐照后取下探测膜, 以 7.5N 的氢氧化钠水溶液浸蚀 20min, 喷附一层铬增加衬度, 用光学显微镜观察. B^{10} 同位素与热中子发生核反应放出一个 α 粒子, 此 α 粒子会损伤探测膜, 经氢氧化钠水溶液侵蚀后, 在探测膜上形成空洞, 这些空洞在探测膜上的分布, 表示了试样表面硼原子的分布 (图 2-1). 硼的晶界偏聚程度用比值 L/L_0 表示, 其中 L 是探测膜上某一区域显示出的晶界总长度, 这也是此区域内有硼偏聚的晶界总长度; L_0 是与上述探测膜上区域对应的试样表面区域内的晶界总长度.

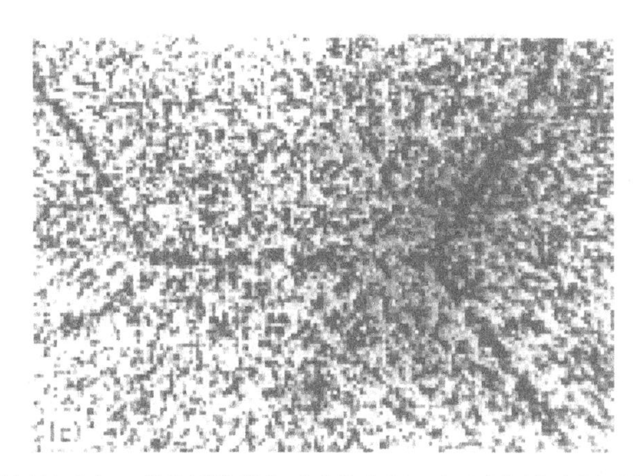

图 2-1 热中子辐照后在三醋酸纤维膜上形成的空洞, 以及空洞分布显示的硼的晶界偏聚 (Xu, 1988)

图 2-2 表示硼的晶界偏聚程度随试样在 1050℃恒温时间的变化. 显然, 当样品在 1050℃恒温至 11s 至 15s 之间, 硼的晶界偏聚程度 L/L_0 达到最大值, $L/L_0 \approx 1$. 当恒温时间短于 11s 时, 硼的晶界偏聚程度随恒温时间的延长而增加; 当恒温时间长于 15s 时, 偏聚程度随恒温时间的延长而降低. 因此, 我们可以断定, 获得偏聚最大值的恒温时间, 在 11s 至 15s 之间, 是硼在 Fe-30%Ni(B) 铁镍合金在 1050℃非平衡晶界偏聚的临界时间.

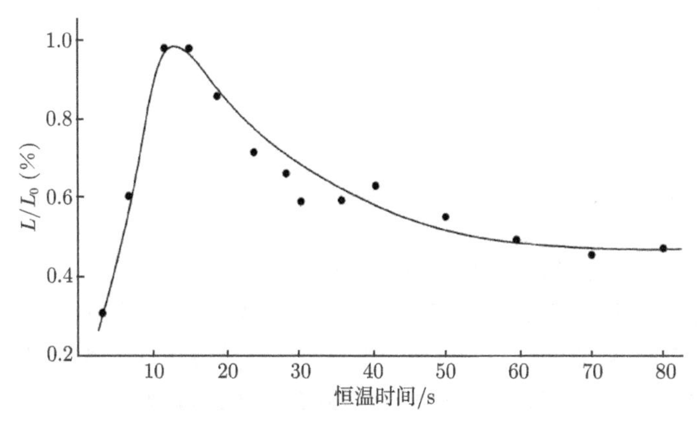

图 2-2 用中子活化方法 (PTA) 测量的 Fe-30Ni(B) 合金中硼晶界偏聚随在 1050℃恒温时间的变化

纵坐标是视区内发生硼偏聚的晶界总长 L 与同一视区内晶界总长度 L_0 之比 (Xu, 1988)

Xu(1988) 还用临界时间公式 (2-6) 估算了该合金在 1050℃的临界时间, 所用的计算参数是: $D_i = 2.0 \times 10^{-7} \exp(-0.91\text{eV}/kT)\text{m}^2/\text{s}$(Williams et al., 1976), δ=4.8

(Xu, et al., 1991), $D_c = 1.0 \times 10^{-5} \exp(-0.94\text{eV}/kT)\text{m}^2/\text{s}$, (Xu et al., 1991). 计算结果是 11s. 可见与实验结果符合得很好 (Xu, 1988). 这是首次实验证实临界时间现象的存在, 也最确切地证实非平衡偏聚现象的存在.

1989 年, He(贺信莱) 等也用中子活化方法, 在含硼碳钢和 Mn-Mo-B 钢中, 观察到硼在时效过程中的晶界浓度峰值现象, 如图 2-3(He et al., 1989), He 等指出: 经淬火后恒温时效, 其偏聚量一恒温时间曲线上都出现一个 (偏聚浓度的) 峰值. 并指出这是非平衡晶界偏聚独特的特征 (He et al., 1989). 遗憾的是, He 等当时并没有认识到这是硼的非平衡偏聚的临界时间现象. 任何测出时效过程中偏聚浓度峰值, 自然就说明这是非平衡偏聚现象. 指出峰值现象是非平衡偏聚现象, 当时已没有重要意义, 重要的是能将这一现象与当时国际上已出现的临界时间概念联系起来, He 等 (1989) 没有能达到这一点.

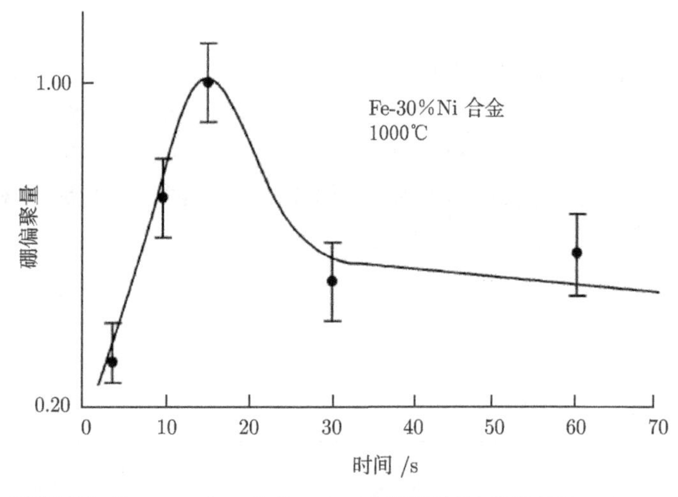

图 2-3 硼偏聚程度 $R = L/L_0$ 对在 1000℃恒温时间的依赖关系 (He et al., 1989)

He 等 (1989) 还比较了样品经塑性变形后和淬火冷却后, 在 1000℃的恒温时效过程中硼的晶界偏聚情况, 结果分别列于图 2-4 和图 2-5. 比较两者可以发现, 两者偏聚和反偏聚对时效时间的依存关系是相同的. 都存在一个硼偏聚浓度取得极大值的恒温时刻. 材料经塑性变形后, 基体里残存大量的过饱和空位, 这些空位在而后的时效过程中, 通过与溶质原子结合为复合体, 向晶界扩散并消失于晶界, 同样引起溶质的非平衡偏聚. 因此 He 等的这一工作从塑性变形的实验角度, 提供了空位一溶质原子复合体引起非平衡晶界偏聚的证据. He 等 (1989) 当时没有认识到这些峰值现象是临界时间现象是很自然的, 在 He 等发表这篇论文的前一年, Xu(Xu, 1988) 才首次提出并实验证实这种峰值现象是 Faulkner 提出的非平衡偏聚的临界时间现象, He 等当时不一定知悉或认同此观点. 现在看来 He 等的这些实验结果是硼的非平衡偏聚的临界时间现象是无疑的.

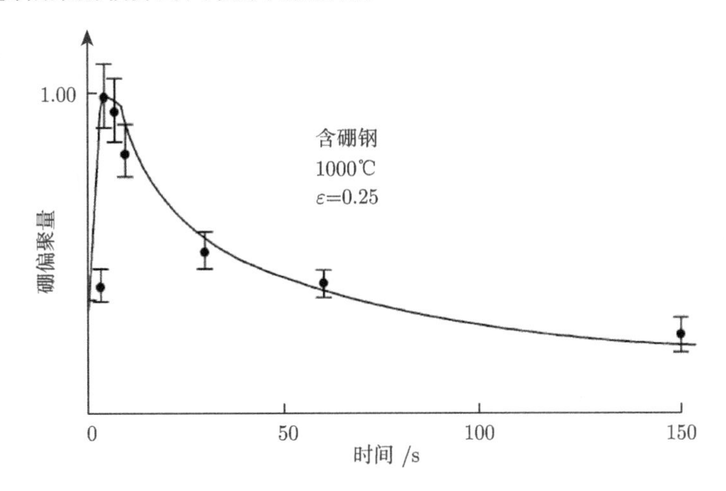

图 2-4 变型后硼偏聚程度 $R = L/L_0$ 对在 1000℃恒温时间的依赖关系 (He et al., 1989)

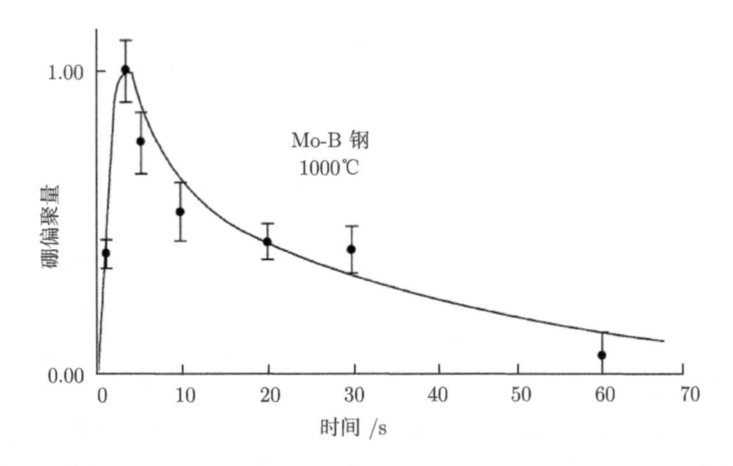

图 2-5 淬火后硼偏聚程度 $R = L/L_0$ 对在 1000℃恒温时间的依赖关系 (He et al., 1989)

在 Xu 观察到硼的临界时间 11 年之后, 即 1999 年, 法国学者 Fraczkiewicz 等用俄歇谱直接测量晶界硼浓度, 再次发现硼的非平衡偏聚的临界时间现象, 如图 2-6 所示, 再次证实了上述发现 (Fraczkiewicz et al., 1998; Gay et al., 1999). 图 2-6 表示了 Fe40Al-200B 合金中硼的晶界浓度随 400 ℃退火时间的变化. 在淬火过程中 (即退火的 0 时刻) 已有明显的晶界偏聚发生. 然后, 在退火的前 24h 浓度水平略有上升; 但更长时间的退火产生明显的偏聚浓度的降低. Fraczkiewicz 由此得出结论说: 这些数据表明非平衡偏聚机制的存在. 这一假设由长时间的低温退火过程中的反偏聚 (解聚) 证实 (Fraczkiewicz et al., 1998; Gay et al., 1999). 可见 Fraczkiewicz 和

A-S Gay 等不仅测量出了临界时间现象, 也指出了它的非平衡晶界偏聚实质.

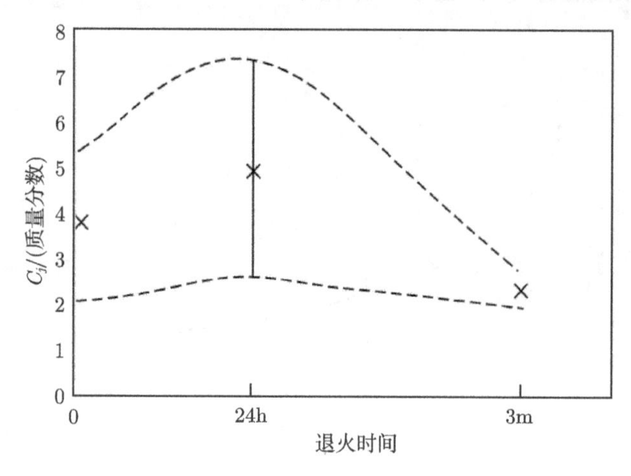

图 2-6　Fe40Al-200appmB 合金 400℃退火时间对硼晶界浓度的影响

(Fraczkiewicz et al., 1998)

2.3.2　磷偏聚的临界时间

发现钢中的磷具有非平衡偏聚现象, 应该是 20 世纪 90 年代在晶界偏聚研究领域里最重要的进展之一. 这是因为, 磷是钢中最普遍的杂质元素之一, 磷又是公认的引起晶界脆性的元素. 最先认识到磷可能有非平衡晶界偏聚特征的是 Faulkner (1989), 他指出, 非平衡偏聚机制对含微量铌的 C-Mn 钢磷的晶界偏聚起主要作用. 他用场发射枪扫描透射电子显微镜 (FEGSTEM) 观察到少量的磷偏聚到板条状晶界上, 使材料获得最低的韧性. Vorlicek 和 Flewitt (1994) 观察到 Fe-3wt%Ni-P 合金和 2wt%Cr-1wt%Mo-P 钢中, 不同的冷却速率都引起磷的晶界偏聚, 他们认为是非平衡晶界偏聚. Sevc 等 (Sevc et al., 1995) 研究了含 0.004%, 0.014%和 0.027%磷的 2.7Cr-0.7Mo-0.3V 钢, 在 680℃回火和在 500℃时效过程中磷晶界偏聚动力学, Xu 的非平衡晶界偏聚动力学模型和 McLean 的平衡偏聚动力学模型分别用于分析他们的实验结果, 发现在 680℃回火过程中产生的较高磷晶界偏聚, 与 Xu 模型的预测结果符合得很好, 因此认为磷的偏聚主要是非平衡晶界偏聚. 既然多个研究者都发现, 钢中的磷可以发生非平衡晶界偏聚, 那么是否也会有磷晶界偏聚的临界时间现象呢? 徐庭栋研究和分析了自 20 世纪 50 年代以来的关于磷晶界偏聚的实验数据, 发现一些实验结果已明确表明磷的晶界偏聚确有临界时间现象, 只是研究者在发表这些结果时没有认识到, 没能阐明其非平衡偏聚本质而已 (Xu, 1999 a, b; Xu et al., 2004).

早在 1978 年, Briant 等 (Briant et al., 1978) 在 480℃恒温脆化 HY130 钢最长达 3000h. 在恒温脆化之前, 所有试样都首先在 1200℃奥氏体均匀化, 以达到所需的晶粒尺寸 (ASTM No.5), 然后油淬并在 625℃回火 2h, 然后水淬. HY130 钢的化学成分列于表 2-1. 俄歇谱测量的晶界化学成分随 480℃恒温脆化时间的延长的变化列于表 2-2.

表 2-1 研究用钢的化学成分 (%质量百分数)

合金	Ni	Cr	C	P	S	Mo	Mn	Si	Sb	Ti	O	V	Al
HY130	4.88	0.57	0.11	0.003	0.005	0.49	0.88	0.34	—	—	—	0.07	0.02
5140	0.10	0.84	0.43	0.02	0.019	0.06	0.86	0.27	—	—	—	—	—

Xu 对 Briant 等的实验结果作了如下的分析 (Xu, 1999 a, b; Xu et al., 2004). 表 2-2 的结果最有趣的一点是随着恒温时间的延长, 磷的晶界浓度先增加, 在恒温 100h 至 400h 之间达到一个极大值, 然后随恒温时间的延长而降低. Xu 用临界时间公式 (2-6) 估算了钢中磷在 480℃的临界时间, 估算所用数据列于表 2-3. 估算结果表明钢中磷在 480℃的临界时间是 840h, 在 625℃的临界时间是 8.48h. 在 Briant 等的实验中, 所有试样在从 1200℃油淬后在 480℃恒温时效之前, 都在 625℃先恒温回火 2h. 因此, 在 625℃恒温 2h 所发生的偏聚将被保留下来, 加到在 480℃恒温测量的偏聚中. 这就表明在 480℃恒温时效过程中观察到的磷的晶界偏聚, 是在 625℃和 480℃恒温发生的两部分偏聚的总和. 依据等效时间概念, 和文献 (Xu, 1988) 中的公式,

$$t_e = t_i \exp[-E_A(T - T_i)/kTT_i] \tag{2-8}$$

通过式 (2-8) 计算表明, 试样在 625 ℃恒温时效 2h, 其扩散效果相当于在 480 ℃恒温 176h 的扩散效果. 因此, 在 480 ℃恒温时效, 最大磷偏聚浓度应发生在 664h, 即 840h 减去 176h 所得的恒温时间. 正如 Vorlicek 和 Flewitt(1994) 所报道的, 磷甚至可以在钢的水淬过程中偏聚到晶界上去. 这样, 在 Briant 等的实验中, 从 1200℃的油淬和从 625℃的水淬都会使在 480℃观察的出现峰值时间比通过式 (2-6) 计算的结果要短. 这是因为, 在建立式 (2-6) 时, 假定在恒温之前从高温冷却时的速率要充分地快, 以至于冷却过程中没有任何物质迁移发生. 因此可以得出结论, 通过式 (2-6) 和式 (2-8) 计算的偏聚最大值发生的时间, 与表 2-2 中观察的时间达到合理的一致. 可见表 2-2 观察到的磷偏聚达到极大值的现象, 是钢中磷的非平衡偏聚的临界时间现象. 可惜的是, 在这里磷的这种晶界偏聚变化效应, 并没有影响到钢的回火脆性. 这是因为正如 Briant 等 (Briant et al., 1978) 自己指出的, Si 和 Si 在晶界的沉淀相可能是 HY130 钢的主要脆化者.

表 2-2　HY130 钢俄歇谱测量结果 (Briant et al., 1978)

在 480°C的时间	平均峰高				加权峰高				估算的晶界成份 (at%)			
	p	Ni	N	Si	p	Ni	N	Si	P	Ni	N	Si
0	0.83	4.27	0.46	16.63	0.83	4.72	0.46	16.63	—	—	—	—
20	3.22	6.75	1.82	19.32	5.36	8.65	2.72	21.10	2.1	10.20	0.99	2.80
100	5.66	11.2	2.52	18.58	7.64	13.7	3.24	19.20	2.3	15.05	1.17	2.75
400	5.09	12.04	3.22	21.99	6.13	13.7	3.78	23.09	2.0	15.05	1.37	3.25
1000	4.11	12.48	3.57	24.94	4.53	13.49	3.98	26.04	1.4	14.95	1.45	4.25
3000	1.60	16.92	3.28	32.50	1.60	16.92	3.28	32.50	0.5	19.65	1.19	5.60

Misra 等 (Misra et al., 2000) 的实验表明, 钢中的固溶 C 可以通过在晶界处与 P 的位置竞争而替代晶界上的 P. 诚然, 对钢的化学成分做适当的控制, 以促进通过 C-P 在晶界的位置竞争, 降低晶界上 P 的含量是可能的 (见文献 Misra et al., 2000 的图 4), 但并没有证据表明这样的位置竞争引起的偏聚, 会使 P 在偏聚恒温过程中出现浓度的峰值. 表 2-2 还表明, 其他合金元素, 如 Ni 和 Si, 其偏聚都是单调的增加, 它们与 P 既没有相互抵消的偏聚, 也没有相互促进伴随的偏聚. 因此 P 的晶界偏聚峰值不是由于其他元素与 P 的位置竞争和化学相互作用引起的. 可以想象, 假设高 P 浓度的区域已经在晶界区形成, 高含 P 的第二相粒子应该优先在晶界区形成, 不太可能通过降低晶界区的 P 浓度, 再在基体中形成含高浓度 P 的第二相粒子. 因此, 在基体中形成第二相粒子, 不会是 P 在恒温回火过程中晶界偏聚浓度出现峰值的原因.

Seah (1977) 和 Ohtani 等 (1976) 曾提出, 作为晶界碳化物长大的结果, 也会发生类似于我们上面所讨论的溶质晶界偏聚瞬态的增强, 出现偏聚的峰值. 对于这个理论模型, 有下述两种情况发生: 首先, 生长的碳化物取代晶界上的杂质原子, 使杂质原子聚集在碳化物/基体之间的内界面上 (Guttmann, 1975; Seah, 1977); 其次, 生长的碳化物通过与杂质的化学相互作用转移杂质原子, 使碳化物/基体界面上以及碳化物附近的晶界上的杂质浓度增加 (Seah, 1977; Ohtani et al., 1976). 但是, 实验证实碳化物只有长大到相当大的尺寸时才会对偏聚浓度有明显影响 (Seah, 1977), 而且, 当这种效应产生时, 它也是瞬态的, 长时间退火使碳化物粗化速率降低, 这效应也消失 (Seah, 1977; Ohtani et al., 1976; Rellick et al., 1974). 根据上述讨论, 以及我们注意到, 在 Briant 等的实验中没有发现相当大的碳化物集聚在实验钢 HY130 的晶界上. 因此我们认为, 晶界上形成碳化物, 即使存在一些, 也不是引起 Briant 等实验中 P 的晶界偏聚出现浓度峰值的原因. 俄歇谱测量结果是晶界成分和晶界上细小沉淀粒子成分的平均, 因此晶界上的细小沉淀相可以增加用俄歇谱测量的溶质晶界成分, 但不能引起溶质偏聚的峰值.

表 2-2 的实验结果还表明, N 在恒温的 1000 小时也出现一个偏聚浓度极大值. Misra 等 (Misra et al., 1989) 最近用俄歇谱测量了 Ni-Cr-Mo-V 钢在 700 − 900K

回火晶界偏聚随回火时间的变化. 他们的结果清楚地表明, 存在着 N 和 Cr 相互平行的晶界偏聚动力学曲线. 这就是说, 两者的晶界浓度随回火时间的延长, 同时增加达到一个最大值, 然后同时随回火时间的延长而降低 (见文献 Misra et al., 1989 中的图 2, 3, 4, 7, 9, 10). Briant 等所用的 HY130 钢中也含有 0.57wt%的 Cr. 因此 N 的峰值可以是由于 Cr 的非平衡晶界偏聚的临界时间引起的, 这一现象涉及到非平衡偏聚的一个新概念, Xu 和 Zheng 专门讨论了这一问题 (Xu, 1997; Zheng et al., 2005). 这一问题将在本书的第 6 章详细讨论. 值得指出的是, P 和 N 的晶界偏聚峰值出现在不同的恒温回火时间, Misra 等的实验结果也表明了这一点 (Misra et al., 1989). 因此, P 的峰值不是 N 的峰值引起的.

其实, 随着冶炼技术的不断改善和提高, 磷作为钢中的杂质元素的含量也越来越低, 其非平衡晶界偏聚的特征越来越易于显现出来 (这一点的原因我们将在后面讨论). 再加上俄歇谱技术的普及和提高, 使越来越多的磷晶界偏聚浓度的测量结果, 表现出明显的临界时间现象. 可惜的是, 发表这些结果的研究者, 往往没有认识到它的非平衡晶界偏聚本质, 对这类现象的认识具有盲目性. 图 2-7 所表示的 Misra

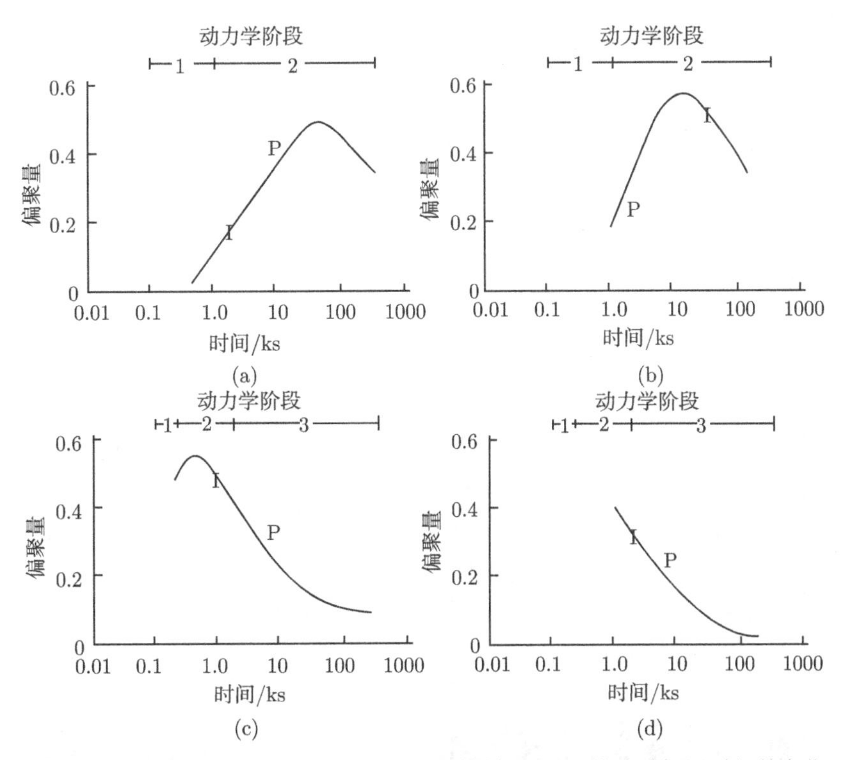

图 2-7 俄歇谱测量的 2.6Ni-Cr-Mo-V 钢磷的恒温晶界偏聚随恒温时间的变化 (Misra et al., 1997)

(a) 773K; (b) 823K; (c) 853K; (d) 883K

表 2-3　计算所用数据及其出处

系数	铁素体中磷的数据		奥氏体中磷的数据	
$D_i/\text{m}^2\cdot\text{s}^{-1}$	$2.9\times10^{-4}\exp(-2.39/kT)$	(Seibel, 1964)	$2.83\times10^{-3}\exp(-3.03/kT)$	(Seibel, 1964)
$D_c/\text{m}^2\cdot\text{s}^{-1}$	$5\times10^{-5}\exp(-1.80/kT)$	(Faulkner, 1981)	$5\times10^{-5}\exp(-2.11/kT)$	(Faulkner, 1981)
E_f/eV	1.6	(Chapman et al., 1983)	1.6	(Buffincton et al., 1961)
E_b/eV			0.36	(Faulkner, 1981)
E_A/eV	1.8	(Faulkner, 1981)	2.11	(Faulkner, 1981)
E_m/eV	1.2	(Buffincton et al., 1961)	1.2	(Buffincton et al., 1961)
R/m	3×10^{-5}		3×10^{-5}	
A	0.775	(Oguro, 1981)		
Q/eV	0.397	(Oguro, 1981)		
C_g	0.11		0.11	

的实验结果又是一个例子. Misra 提倡在恒温时效过程中研究溶质晶界偏聚的变化, 这使他易于发现溶质偏聚的临界时间现象. 如图 2-7 所示, 对于 2.6Ni-Cr-Mo-V 钢, 他在 773K, 823K, 853K, 883K 四个温度下长时间恒温, 俄歇谱观察磷的晶界浓度随恒温时间的变化, 发现四个温度下均出现磷的偏聚峰值, 只是在高温 883K, 由于峰值出现得太早了, 没有能测量出来而已. Msira 的实验结果还揭示了这样一个重要的实验事实, 即随着恒温温度的升高, 峰值出现得越早, 即临界时间越短, 反偏聚发生的时间越早. 这一实验结果与临界时间公式 (2-6) 所揭示的规律完全一致, 证实了 Misra 观察的磷晶界偏聚的非平衡性质. Misra 在发表这些实验结果时并没有认识到它们的非平衡偏聚性质 (Misra et al., 1989). 徐庭栋曾与 Misra 通信讨论上述实验结果, Misra 认可了徐庭栋的非平衡偏聚分析, 并用 Xu 等在文献 (Xu et al., 1991) 中的方法, 用临界时间公式和上述数据, 编制程序计算了磷与空位形成的复合体的扩散系数. 其实, 随着非平衡偏聚理论的发展和被越来越多的人认识, 国内外都有关于非平衡晶界偏聚临界时间现象的新报道, 它们的共同特点是, 已没有以前报道者在这个问题上具有的盲目性, 都明确指出了它们的非平衡偏聚性质.

我国的 Zaoli (张灶利) 等 (Zaoli et al., 2001), 将中碳 Cr 钢的试样, 先在 870℃奥氏体均匀化 1h, 然后水淬, 再在 538℃分别恒温 80h, 114h 和 1000h, 得到晶界上磷的俄歇谱峰如图 2-8 所示. 可以看出, 随着恒温时间的延长, 磷的晶界浓度降低, 至 1000h 几乎完全消失, 显现磷的临界时间要小于 80h. 它们用临界时间

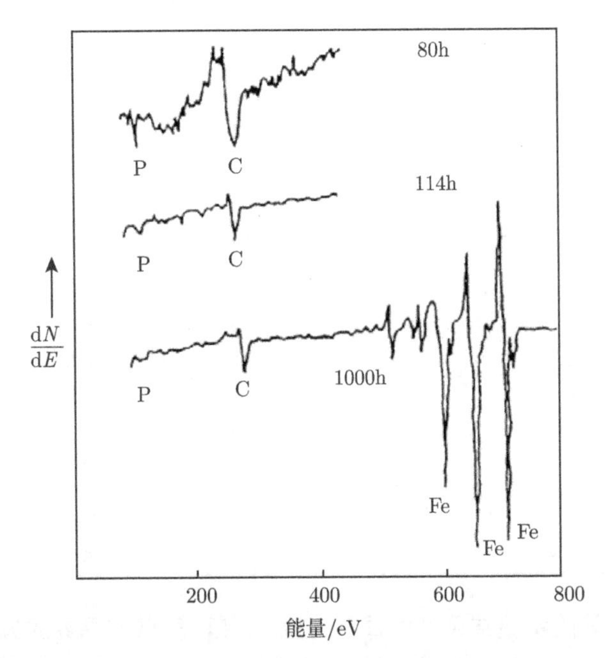

图 2-8 在 538℃恒温 80h, 114h, 1000h 的断裂表面俄歇谱 (Zaoli et al., 2001)

公式 (2-6) 计算了他们实验条件下的临界时间, 约为 21h, 与实验结果符合. 他们明确指出, 发现的磷的晶界偏聚现象, 是非平衡晶界偏聚. 张灶利等 (Zhang et al., 2000 a, b) 还实验证实: 超低碳钢中磷和硫在 600℃的偏聚动力学在恒温的最初几小时都呈现一个 (极大值) 峰值, 并可以用 (非平衡偏聚的) 空位与磷、硫形成的复合体的扩散来说明. 随着在 600℃恒温时间的延长, 晶界浓度趋于硫和磷的平衡晶界浓度. 这就证实了超低碳钢中的磷和硫均具有非平衡偏聚的临界时间特征.

Qingfen (李庆芬) 等 (Qingfen et al., 2002), 采用 12Cr1MoV 工业用钢, 其化学成分列于表 2-4. 进行如下热处理: 1050℃固溶处理 2h, 水淬; 再在 200℃回火 2h 然后空冷. 然后在 540℃恒温时效, 恒温时间分别为 0h, 5h, 10h, 100h, 150h, 300h, 400h, 500h, 800h, 900h, 1000h, 1200h, 1500h 和 1800h, 恒温时效后都水淬至室温. 对上述各恒温时间的试样, 通过俄歇电子能谱分析 (AES), 对磷在恒温过程中的非平衡晶界偏聚浓度进行了测试, 其结果列于表 2-5 和图 2-9.

表 2-4 试验用 12Cr1MoV 钢的化学成分 (wt%)

C	P	Mn	Si	Cr	Mo	V	S	Ni	Cu
0.14	0.019	0.62	0.22	1.05	0.27	0.17	0.015	0.02	0.008

表 2-5 俄歇谱测量 12Cr1MoV 钢磷晶界偏聚浓度 (Qingfen et al., 2002)

540℃恒温时间/h	C_X 平均值 (at %)				
	C_{P} /120eV $S_{\mathrm{P}}=0.53$	C_{Cr} /529eV $S_{\mathrm{Cr}}=0.32$	C_{Mo} /186eV $S_{\mathrm{Mo}}=0.34$	C_{Fe} /651eV $S_{\mathrm{Fe}}=0.182$	C'_{P}(at %)
0	0.9	6.9	0.8	91.5	3.15
5	3.2	4.2	1.7	90.9	11.20
10	3.4	5.9	2.3	88.4	11.90
100	4.1	7.2	1.2	87.5	14.35
150	4.4	6.4	2.1	87.1	15.40
300	4.6	6.6	1.5	87.4	16.10
400	5.6	5.2	2.1	87.1	19.60
500	6.1	4.5	2.0	87.5	21.35
800	5.7	6.3	1.6	86.4	19.95
900	5.6	6.2	1.9	86.3	19.60
1000	5.4	7.4	1.9	85.3	18.90
1200	4.9	7.4	1.9	85.8	17.15
1500	3.9	6.3	1.6	88.3	13.65
1800	3.8	7.3	1.8	87.1	13.30

从 Qingfen 等的实验结果可以看出, 恒温开始阶段磷在晶界的偏聚量随恒温时效时间的延长而持续增加, 当恒温时间达到大约 500h, 偏聚量达到最大值. 之后, 磷

的偏聚量又会随恒温时间的增加而逐渐减少, 1500h 之后达到平衡浓度. 可见他们实验中磷的临界时间是 500h 左右. 用临界时间公式 (2-6) 计算了他们实验条件下的临界时间 $t_c(T)$, 计算所用参数列于表 2-6. 恒温时效温度为 540℃, 即 813K; 测量所得的晶粒尺寸平均值为 66.67μm. 由公式 (2-6) 计算出的临界时间为 516h, 与实验结果十分接近. 最确切地证实钢中磷存在非平衡偏聚的临界时间现象.

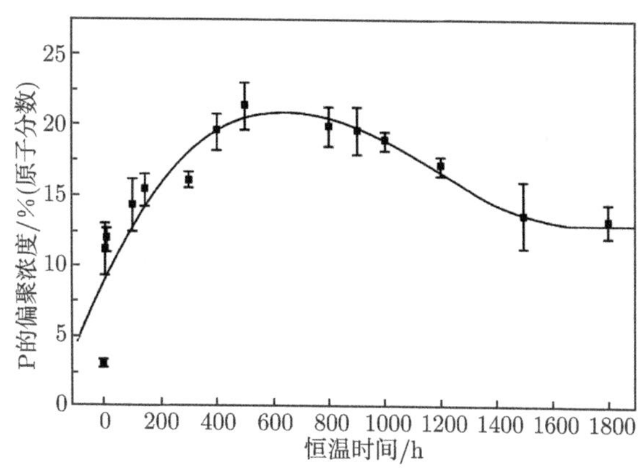

图 2-9 磷在 540℃恒温保持过程中的非平衡晶界偏聚动力学曲线 (Qingfen et al., 2002)

表 2-6 动力学计算参数

计算参数	α 中取值	引用文献
$D_c/\text{m}^2\cdot\text{s}^{-1}$	$5\times10^{-5}\exp(-1.8/kT)$	(Seve et al., 1994)
$D_i/\text{m}^2\cdot\text{s}^{-1}$	$2.9\times10^{-4}\exp(-2.39/kT)$	(Seibel, 1964)
δ	11.5	(Song et al., 1989)

2005 年, 材料学家 Knott 领导的研究组 (Ding et al., 2005), 对于含 0.013%P 的 2.25Cr-1Mo 钢, 900℃淬火然后在 520℃恒温回火脆化, 用俄歇谱 (AES) 和 X 射线能色散谱 (EDX) 分析晶界上磷的浓度随回火时间的变化. 结果发现, 在恒温 210h 附近晶界磷浓度达到极大值. 用本文的非平衡晶界偏聚的临界时间公式 (2-6) 和参数, 计算磷偏聚的临界时间是 208h, 与实验结果符合得很好 (图 2-10), 又一次证实了临界时间公式.

但是, Liu(2005) 等也报告, 2.25Cr1Mo 钢在 1050℃奥氏体化处理 2h 后水淬, 获得平均晶粒直径是 101.11μm 的样品, 然后在 540℃恒温回火不同时间, AES 测量其晶界磷的成分, 恒温 1100h 获得磷的最高浓度, 再延长恒温回火时间, 晶界浓度降低并趋近于其平衡晶界浓度. 他们根据自己的实验条件用临界时间公式 (2-6) 估算临界时间是 1187h, 与测量结果复合良好.

Wang 等 (Wang et al., 2011a) 实验证实镍基高温合金中也有磷的临界时间现象. 他们采用 Ni-Cr-Fe 合金, 先在 1180℃固溶处理 45min, 淬火后在 500℃时效不同的时间, 俄歇谱测量不同时效时间晶界上磷的浓度, 测量结果列于表 2-7. 从表中可以看出, 在恒温 180min 处, 磷的晶界浓度达到极大值. Wang 等通过计算证实, 磷在此合金中 500℃的临界时间在 180min 左右.

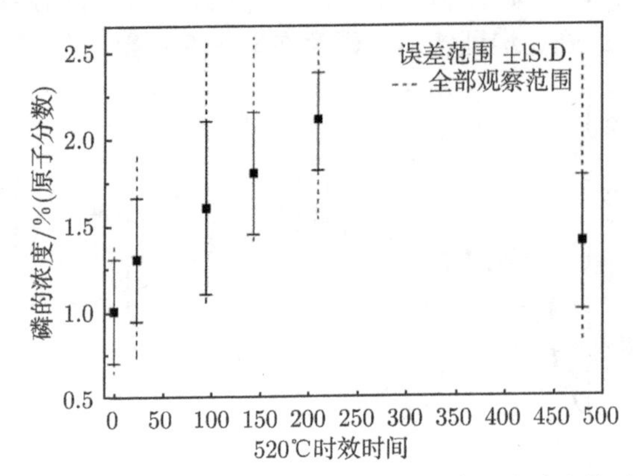

图 2-10　在 900℃奥氏体化后 520℃脆化晶界磷成分随脆化时间的变化

(Ding et al., 2005)

表 2-7　Ni-Cr-Fe 合金磷晶界浓度随 500℃时效时间的变化 (Wang et al., 2011a)

时效时间/分	0*	20	180	6000	60000
磷晶界浓度/%(原子分数)	1.80	1.73	2.06	1.17	1.42

Wang 等 (Wang et al., 2001b) 对于一种 Ni-Cr 钢, 在 1000℃固溶处理后淬火, 然后在 600℃时效不同的时间, 俄歇谱测量晶界磷浓度, 发现在 60min, 磷的晶界浓度达到极大值, 他们计算的磷在 600℃的临界时间是 68min 左右, 与实验结果复合.

从纯粹非平衡偏聚的扩散过程讲, 当空位—溶质原子复合体向晶界扩散, 引起的浓度一旦超过溶质的平衡晶界浓度, 溶质就会自晶界扩散回晶内. 在这种情况下, 溶质如何会聚集在晶界上而达到一个充分高的浓度呢? 从表 2-3 的数据计算可以得到, 在 450℃空位—磷原子复合体在铁基体的扩散系数是 $1.39\times10^{-17}\mathrm{m^2{\cdot}s^{-1}}$, 磷原子在基体的扩散系数是 $6.18\times10^{-21}\ \mathrm{m^2{\cdot}s^{-1}}$. 这就意味着空位—磷原子复合体的向晶界的扩散速率, 比磷原子自晶界返回晶内的扩散速率高 4 个数量级. 这就是为什么会有充足量的磷原子聚集在晶界处, 引起非平衡偏聚的临界时间现象. Zong-sen (余宗森) 等 (Zong-sen et al., 1993; Ning et al., 1995) 讨论了发生在非平衡偏聚过程的溶质异常快速扩散的机理, 他们的结论是由于空位—溶质原子复合体的扩散引起的. 值得指出的是, 空位—溶质原子复合体的快速扩散是非平衡晶界偏聚发生的必要条件, 但并不充分. 至于非平衡晶界偏聚发生的充分条件, 我们将在下章讨论.

非平衡偏聚的另外一个特点是,它的溶质晶界富集层的宽度大于平衡偏聚的宽度,一般在纳米和微米之间. Vorlicek 和 Flewitt (1994) 用场发射枪投射电子显微镜 (FEG-STEM) 测量了磷非平衡偏聚层的厚度,在 5nm 至 10nm. 而且,在这个厚度层里,随着远离晶界,浓度急剧下降.

2.3.3 硫偏聚的临界时间

Joshi 等 (Joshi et al., 1972) 将商用 304 奥氏体不锈钢,先在 1050℃固溶处理 2h 后水淬,再在 650℃分别恒温时效 2h 和 72h,然后俄歇谱测量晶界硫的浓度. 他们发现,1050℃固溶处理 2h 后水淬的样品 (相当于淬火后在 650℃时效 0h),硫的晶界浓度 (S 和 Fe 的俄歇谱峰高比,以下同) 是 1.230,650℃时效 2h 硫晶界浓度是 0.920,时效 72h 硫晶界浓度是 0.850. 从 1050℃淬火后,在 650℃时效时间越长,硫晶界浓度越低. Joshi 等在这个实验中虽然不可能测出硫的临界时间,但从他们的实验结果中可以预期,如果他们从 1050℃淬火的速度充分快,能抑制住淬火过程中的任何物质迁移,再在 650℃恒温时效,会出现使硫的晶界浓度达到极大值的临界时间现象. 这应该是最早证实硫的非平衡偏聚的临界时间存在的实验. Joshi 等是为了研究不锈钢的晶间腐蚀,测量硫的晶界浓度的,后面将讨论硫的这种偏聚性质对晶间腐蚀的影响.

1999 年,美国 Ames 实验室的 Kameda 和 Bloomer(1999) 在加入铜的铁合金中发现幅照退火和 (单纯) 退火过程中,硫的晶界偏聚均出现临界时间现象. 他们指出:在加铜铁合金中 (如文献 Kameda et al., 1999 的图 1 和 2 所示),增加幅照退火和 (单纯) 退火的温度和时间会促进硫的晶界偏聚. 而且硫的偏聚在幅照退火和 (单纯) 退火过程中,由于它的反偏聚而出现峰值,在 958K 两种退火的峰值均在 1h,在 873K 幅照退火的峰值在 10h. Kameda 等用 Xu (Xu,1987; Xu et al., 1989) 提出的非平衡偏聚恒温动力学理论分析这一实验结果,他们也认为实验中发现的硫偏聚量峰值,和硫的反偏聚现象,是非平衡偏聚的临界时间现象 (Kameda et al., 1999).

Wang 等 (Wang et al., 2009) 实验证实镍基高温合金中也有硫的临界时间现象. 他们采用 Ni-Cr-Fe 合金,先在 1180℃固溶处理 45min,淬火后在 500℃时效不同的时间,俄歇谱测量不同时效时间晶界上硫的浓度,测量结果如图 2-11 所示. 在 500℃时效 20min,晶界硫浓度达到极大值. 此时的断面收缩率最低. 在 500℃时效超过 20min,随着时效时间的进一步延长,硫的晶界浓度降低,断面收缩率也上升. 从而证实此合金在 500℃硫的非平衡偏聚的临界时间在 20min 左右. 他们通过临界时间公式 (2-6) 计算,硫在此合金中的临界时间在 20min 左右,证实了图 2-11 中的浓度峰值现象是硫的临界时间现象.

2.3.4 镍基高温合金中镁偏聚的临界时间

微量镁对提高镍基高温合金的力学性能有显著的影响, 这已是材料学界公认的事实. 但它的机理却至今不清楚, 有各种不同的看法. 早在 1987 年, 文献 (朱强等, 1987) 就报道, 成分如表 2-8 所示的镍–铬–钴高温合金, 先在 1220℃固溶处理 4h, 水冷后分别在 800℃, 900℃, 1000℃恒温时效 0.5h, 1h, 5h, 20h, 50h, 100h 和在 800℃时效处理 200h. 然后试样在液氮中打断获得沿晶断口, 用俄歇谱 (AES) 分析镁在晶界上的成分. 同时, 用透射电镜 (TEM) 进行微区能谱分析. 采用宽度仅有 20Å 的椭圆形电子束斑, 分析晶界区域的成分.

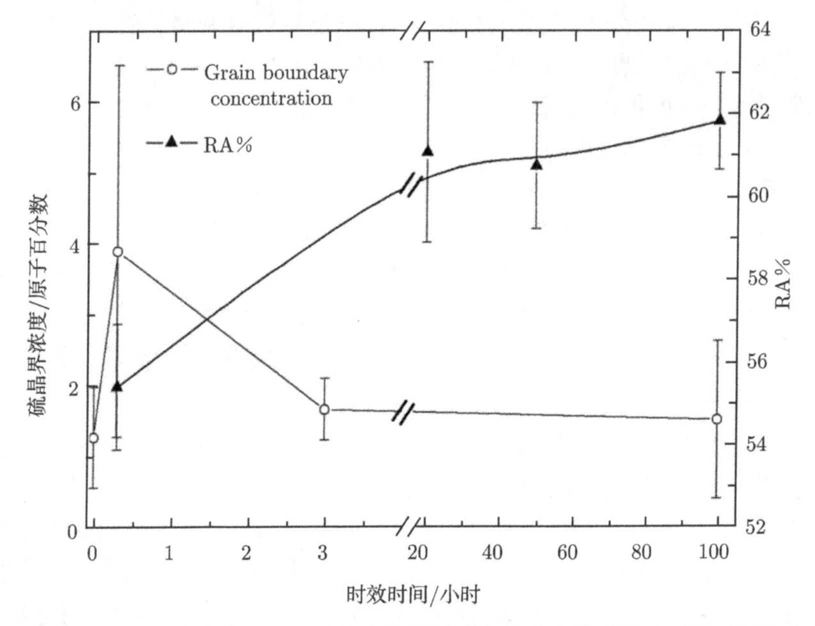

图 2-11 Ni-Cr-Fe 合金在 500℃时效硫的晶界浓度和合金的脆性随时效时间的变化

表 2-8 试验合金的化学成分 (wt%)

C	Mn	Si	P	S	Cr	Ni	W	V	Al	Ti	Mo	Co	Fe	B	Mg
0.057	0.02	0.06	0.004	0.007	10.05	60.1	5.40	0.29	4.10	2.32	5.37	14.53	0.71	0.014	0.019

朱强等 (1987) 用 AES 测定的实验合金在 900℃经不同时效时间后镁在晶界面上的偏聚浓度列于表 2-9. 图 2-12 表示相应的浓度—时间动力学曲线. 图 2-12 中同时给出了 TEM 在相同试样上测得的结果, 与 AES 测量结果一致. 从图 2-12 可以看出, 在 900℃温度下, 随着时效时间的延长, 镁在晶界上的偏聚量先是增加, 在大约 70h 出现一个浓度峰值, 然后随时间延长而降低. TEM 和 AES 测量均表明了这样一个相同的规律.

表 2-9 AES 测量的 900°C时效时晶界镁浓度随时效时间的变化规律

时效时间/h	0.5	1	5	20	50	100
晶界成分/%原子百分数	0	1.8	2.1	10.4	11.9	6.7

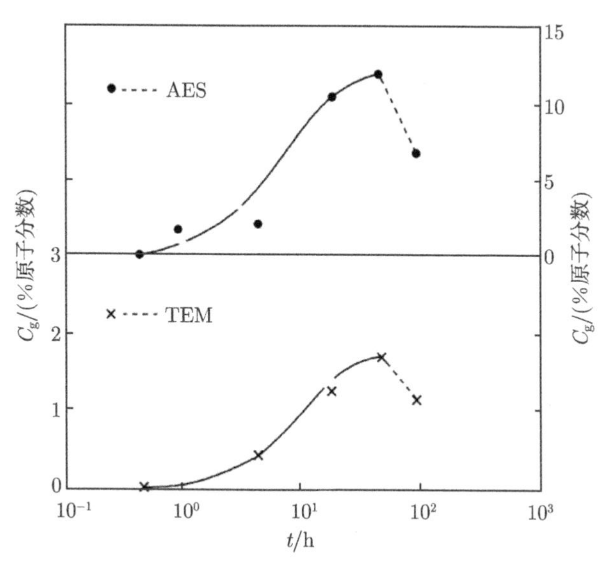

图 2-12 900°C时效时晶界镁浓度随时效时间的变化规律 (朱强等,1987)

文献 (朱强等, 1987) 还考察了在 800°C, 900°C和 1000°C下, 都时效 100h, 镁晶界偏聚随时效温度的变化规律, 如图 2-13 所示. 此实验条件下, AES 测量的镁的晶界偏聚浓度, 在 800°C是 0(wt%), 在 900°C是 6.7 (wt%), 在 1000°C是 6.2 (wt%). TEM 和 AES 的测量也得到相同的规律, 即在 900°C附近出现一个偏聚浓度峰值.

为什么在两种实验条件下均出现了镁的晶界偏聚浓度的峰值呢? 2006 年 Xu 在文献 (Xu, 2006) 中对上述数据给出了如下分析, 指出了这是镁在此合金中发生了非平衡晶界偏聚的证据. 从非平衡晶界偏聚的观点看, 图 2-12 和表 2-9 所表现的晶界浓度峰值, 是非平衡偏聚的临界时间现象. 如我们在文献 (Xu et al., 2004) 中的分析, 在晶界区已经形成了高浓度镁的区域, 则应该易于在晶界区形成高含镁的析出物, 不太可能通过降低已形成的晶界区的高含镁区域的镁浓度, 在晶粒内部再形成高含镁的析出物. 因此晶粒内部析出镁化物不可能是晶界镁浓度出现峰值的原因.

如前所述, 有文献 Seah(1977), Ohtani et al., (1976) 中报道, 晶界碳化物长大过程也可以引起晶界偏聚的暂时 (瞬态) 增加. 在这一机制中, 有两个情况要发生, 第一, 长大的碳化物排斥某些溶质 (镁), 结果使这些溶质 (镁) 富集在碳化物和基体之间的内界面处 (Seah, 1977; Guttmann, 1975). 其次, 生长的碳化物能够转移某些溶质, 由于溶质与杂质 (镁) 之间的化学相互作用, 增加杂质 (镁) 在碳化物和基体界面上以及碳化物附近晶界的浓度 (Seah, 1977; Ohtani et al., 1976). 但是, 实验已经证明 (Seah,1977), 碳化物需要长大到相当大的程度, 才会产生这种偏聚效应. 而且这种效应即使有也是瞬时现象, 随着晶界上碳化物粗化速率的降低, 这种效应也会消失 (Rellick et al., 1974; Seah, 1977). 综上所述, 以及由于本实验用的 Ni-Cr-Co 合金极低的含碳量 (0.057wt%), 并没有发现晶界上的大块碳化物, 因此这种机制也不是引起本实验中镁在晶界上出现峰值的原因 (Xu, 2006).

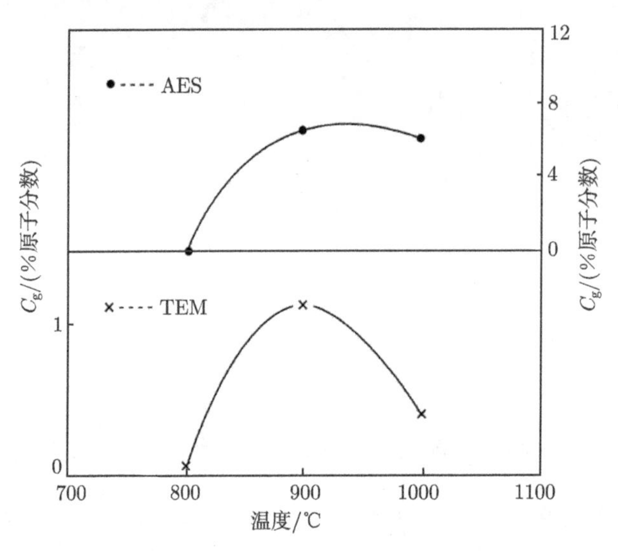

图 2-13 时效时间为 100h 晶界镁浓度随时效温度的变化规律 (朱强等,1987)

镁在镍中的扩散系数 (Swalin et al., 1957) 是

$$4.4 \times 10^{-5} \exp[-2.43\text{eV}/kT](\text{m}^2 \cdot \text{s}^{-1}) \tag{2-9}$$

镍的自扩散系数 (Lazarus, 1960) 是

$$1.27 \times 10^{-4} \exp[-2.90\text{eV}/kT](\text{m}^2 \cdot \text{s}^{-1}) \tag{2-10}$$

镍的自扩散最可能的机制是空位扩散. 因此, 镍自扩散的扩散系数可表示为

$$D = D_0 \exp[-(E_\text{f} + E_\text{m})/kT] \tag{2-11}$$

其中, D_0 是包含原子振动频率 (亦即空位振动频率) 的扩散常数, E_f 是空位形成能, E_m 是迁移能, 两个能量的和 $Q = E_\text{f} + E_\text{m}$, 是自扩散激活能 (Smallman, 1963). 因此镍在纯镍中的扩散系数可以认为是镍中空位的扩散系数 (Lazarus, 1960; Smallman, 1963).

现在还没有关于镁原子—空位复合体的扩散系数的数据. 根据 Faulkner(1981) 提出的假设, 复合体的扩散系数是由空位扩散的频率因子和包含有溶质原子基体扩散激活能的指数项的乘积构成. 因此, 镁原子—空位复合体在镍基合金中的扩散系数可由式 (2-9) 和式 (2-10) 得到

$$1.27 \times 10^{-4} \exp[-2.43\text{eV}/kT](\text{m}^2 \cdot \text{s}^{-1}). \tag{2-12}$$

实验合金的平均晶粒直径是 20μm, 合金在 900℃的临界时间是 70h. 应用这些数据, 用临界时间公式 (2-6), 可计算出实验合金的临界时间常数 δ=0.14.

有了合金的临界时间常数 δ=0.14 后, 便可以用公式 (2-6) 和上述数据计算出合金在 800℃和 1000℃的临界时间, 它们分别是 669.8h 和 10.7h. 对于在 800℃时效 100h 的样品, 由于此温度合金的临界时间是 669.8h, 100h 的时效时间太短, 因此, 镁的晶界偏聚浓度很低. 由此可以推测, 如果在此温度延长时效时间, 晶界偏聚浓度会增加. 这一点已被文献 (朱强等, 1987) 的实验所证实: 在 800℃时效 200h, 镁晶界偏聚浓度达到 10.9(wt%). 对于在 1000℃时效 100h 的样品, 此温度的临界时间是 10.7h, 100h 的时效时间太长了, 镁会发生反偏聚使镁的晶界浓度也很低. 100h 的时效时间, 最接近于镁在此合金中 900℃的临界时间 70h. 三个温度下时效 100h 的样品, 只在 900℃镁的晶界偏聚浓度最高. 所以, 图 2-13 所表示的镁晶界浓度峰值也是由于镁偏聚的临界时间引起的. 因此, 我们可以断定镁在此合金中发生了非平衡晶界偏聚. 从我们的分析可以看出, 通过图 2-12 计算出临界时间常数, 又用此常数计算其他两个温度的临界时间, 并很好的说明了图 2-13 所示的实验结果. 这说明图 2-12 和图 2-13 两套实验结果之间的自洽性. 这种自洽性本身就说明实验结果的可靠性, 提高了证实镁发生了非平衡偏聚, 具有临界时间现象的确凿性 (Xu, 2006).

朱强等人在 800℃, 900℃和 1000℃三个温度都恒温 100h, 测得在 900℃镁晶界浓度, 高于其他两个温度, 达到极大值. 这一试验结果启发在这里提出的临界时间分析方法, 后来逐渐形成了一个新的概念, 这就是非平衡偏聚峰温度概念.

2.3.5 Guttmann 测量结果的启示

1977 年 Guttmann(1977) 研究了 Cr-Ni-Mo 钢高温固溶处理后淬火, 然后分别在 450℃, 500℃, 550℃, 600℃恒温时效, 俄歇谱测量 P, Mo, Ni, Sn, Mn, Cr 和 Cu 等的晶界偏聚浓度随时效时间的变化, 结果如图 2-14 所示.

Guttmann 测量的最重要特点是, 在 600℃恒温的样品, P, Ni, Cr, Mn, Cu 的晶界偏聚浓度都表现出首先随恒温时间增加, 达到一个浓度峰值, 然后降低. 其中 P 的峰值出现在恒温 2h 左右, 其他各元素都大体在 8 至 10h 左右. 对于在 550℃恒温的样品, 虽然没有 600℃恒温那样表现出明显的晶界浓度峰值, 但对于 Mo, Mn

和 Cr, 已有随恒温时间延长浓度降低的现象, 这只要比较一下这个温度和 450℃温度恒温浓度的变化趋势就可以看出来了. 尤其是 Cr 在 550℃恒温至 240h, 已表现出明显的晶界浓度峰值的存在. 在更低的温度 450℃和 500℃就完全没有这种峰值现象了. 为什么会有这种现象呢? Guttmann 在晶界平衡偏聚理论建立上作出了重要的贡献, 这正如在第 1 章中所述的, 提出了平衡共偏聚的理论模型. 但他没有能给上述实验现象以合理的解释. Cr-Ni-Mo 钢中 5 种元素 P, Ni, Cr, Mn, Cu, 在较高温度恒温时效过程中均存在晶界浓度峰值现象, 而在较低温度恒温就没有这种现象, 这难于用析出相的概念解释这些现象. 这些实验现象符合非平衡偏聚的临界时间的特征.

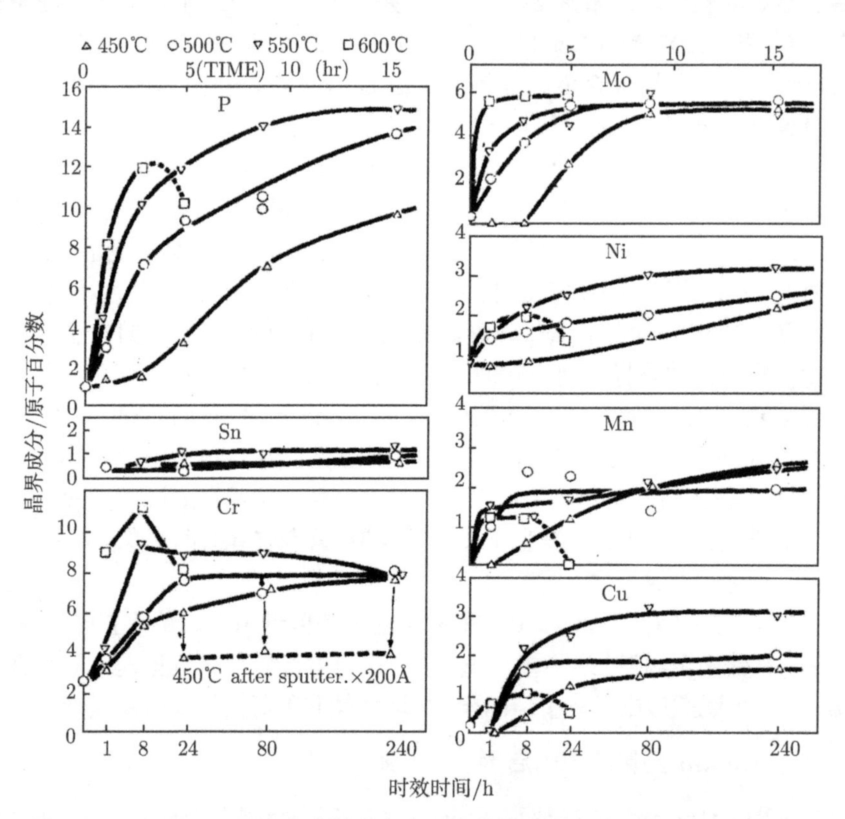

图 2-14 Cr-Ni-Mo 钢在各个温度各个元素的偏聚动力学 (Guttmann, 1977)

从图 2-14 可以看出, 对于所有 7 种元素, 在偏聚的初期, 高温时效的偏聚速率都高于低温时效的偏聚速率, 这是由扩散动力学随温度的变化规律决定的, 不论是平衡偏聚还是非平衡偏聚, 都是如此. 从 Guttmann 的实验结果还可以看到, 由于 600℃偏聚浓度极大值的存在, 使 P, Cr 在 600℃恒温时效的初期, 其偏聚浓度高于低温恒温的偏聚浓度, 超过极大值后, 600℃的偏聚浓度又低于低温 550℃的偏聚浓度. 对于 Ni, Mn, Cu, 超过极大值后不但 600℃的偏聚浓度低于 550℃, 还低于 500℃, 450℃的偏聚浓度. 总结 Guttmann 的上述实验结果, 可以得出结论, 样品在高温固溶处理后在不同的低温恒温时效, 在恒温时效开始阶段, 元素在高温的偏聚浓度高于低温的偏聚浓度, 这是符合偏聚动力学规律的; 当超过极大值后, 随恒温时间的延长, 元素的高温偏聚浓度又最终要低于低温的相同时效时间的偏聚浓度, 从而符合热平衡晶界偏聚浓度随温度的变化规律, 达到偏聚动力学和热力学的一致. 这是以往偏聚理论没有能达到的, 是非平衡晶界偏聚的重要特征. 这个问题将在后面的章节中给出解析的定量表述.

2.4 临界时间计算

2.4.1 临界时间与温度的关系

临界时间公式 (2-6) 中虽没有显含温度, 但复合体扩散系数和溶质原子扩散系数均与温度有关, 因此临界时间公式隐含着温度的影响. 临界时间是复合体扩散与反向的溶质原子扩散流平衡的结果. 不同温度下两者的扩散速率不同, 达到两者扩散流平衡所需的时间也不同, 临界时间也不同. 因此, 临界时间必然随恒温温度的变化而变化. Xu(Xu et al., 2004) 用临界时间公式 (2-6) 计算了钢中磷和硼的非平衡偏聚的临界时间随恒温温度的变化, 如图 2-15 和图 2-16 所示. 从图中可以看出, 临界时间随温度的升高而缩短 (变小), 随温度的降低变长 (增加). 比较图 2-15 和图 2-16 可以发现, 在同一恒温温度, 钢中磷的临界时间要远长于硼的临界时间. 比如在 450℃, 磷的临界时间大约在 10000h 左右, 而硼的临界时间只有几小时, 这是由磷、硼及其形成的复合体自身扩散性质决定的. 由此我们也可以认识到, 由于硼具有短的临界时间, 从而使它的非平衡偏聚性质易于在通常的冶金和热处理操作中显现出来. 相反的, 磷的临界时间较长, 在中低温范围内, 其非平衡偏聚特征在通常的冶金和热处理操作中不易显示出来. 这可能是为什么钢中硼的非平衡偏聚特征在 20 世纪 70 年代就发现了, 而磷的非平衡偏聚特征至 90 年代才被发现的原因.

比较图 2-7 和图 2-15 可以发现, Misra 俄歇谱测量的四个温度下磷出现最大值的时间, 随恒温温度的降低而延长, 这与图 2-15 表示的随温度的降低临界时间变长的趋势是一致的. 进一步证实了 Misra 观察到的现象是非平衡偏聚的临界时间现象. 美国 Ames 实验室的 Kameda 等 (Kameda et al., 1999) 在加入铜的铁合金中发现幅照退火和 (单纯) 退火过程中, 硫的晶界偏聚均出现临界时间现象. 在 958K 幅照退火和 (单纯) 退火的峰值均在 1h, 在 873K 幅照退火的峰值在 10h. 可见硫的非平衡偏聚的临界时间也同样随恒温温度降低而延长.

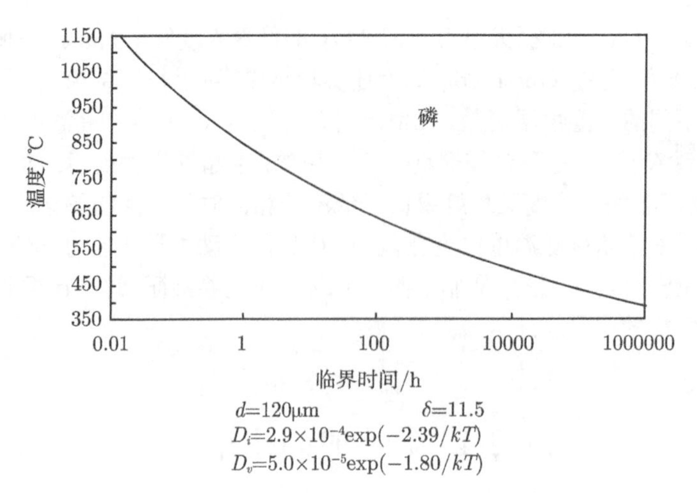

图 2-15　以钢中磷为例用式 (2-6) 计算的临界时间随恒温温度的变化 (Xu et al., 2004)

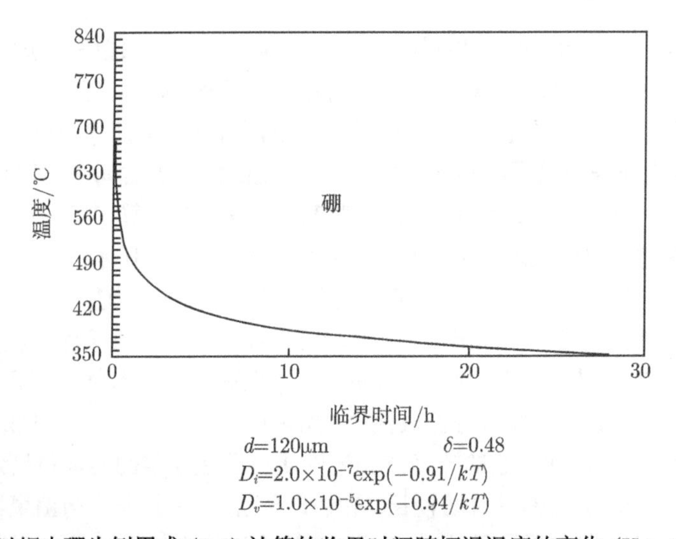

图 2-16　以钢中硼为例用式 (2-6) 计算的临界时间随恒温温度的变化 (Xu et al., 2004)

2.4.2　复合体扩散的微观机制

如前所述, 非平衡偏聚的产生是由于基体的过饱和空位与溶质原子结合形成复合体快速向晶界扩散, 以及过量溶质原子由晶界扩散回晶内, 两者平衡的结果在晶界处产生超过平衡偏聚浓度的溶质原子, 即为非平衡晶界偏聚. 关于空位一溶质复合体向晶界扩散引起非平衡晶界偏聚的假设, 近年来已经获得一些实验的证实. Tacikowski 等 (1986) 和 Liu 等 (1999) 关于 Fe-S 合金的研究, 都证实随着 S 含量的降低, 中温脆性 (hot ductility, 热韧性) 降低, 硫含量低于 2 ppm, 合金的中温脆性完全消失. 他们都发现由于硫的晶界偏聚引起的沿晶界断裂, 都伴随有沿晶界空洞的形核和长大, 很显然, 这些空洞是由于空位和硫原子的复合体扩散到晶界上, 既形成硫的晶界偏聚, 又因空位在晶界处的集结形成空洞.

显然, 复合体向晶界的扩散速率要超过溶质原子返回的速率, 才产生非平衡晶界偏聚, 这就需要溶质原子与空位形成的复合体有较快的扩散速率. 那么, 符合体在金属中呈现怎样的结构呢? 是什么样的扩散机制使复合体获得快的扩散速率呢? Song 在文献 (Song et al., 2005) 中回答了这些问题, 并仔细地讨论了间隙式原子或替代式原子和空位形成的复合体, 在体心立方和面心立方晶体中的结构和扩散机制.

晶体点阵中一个孤立的空位和一个孤立的替代式溶质原子被置于最近邻位置, 就形成一个空位—替代式溶质原子复合体. 其结合能就是这两种状态的点阵自由能差. 对于面心立方晶体, 空位—替代式溶质原子复合体如图 2-17 所示. 在这个情况下, 复合体扩散 (迁移) 有两个可能的机制. 第一个机制如图 2-17(a) 所示, 复合体的空位首先从 A 位置跳到 B 位置, 然后从 B 位置跳到 C 位置, 最后与复合体中的溶质原子交换位置. 第二个机制如图 2-17(b) 所示, 复合体的空位先从 A 位置跳到 D 位置, 然后从 D 位置跳到 C 位置, 最后与复合体中的溶质原子交换位置. 在通过上述两个机制跳跃后, 复合体都达到了如图 2-17(c) 所示的新位置. 显然, 上述第一个机制复合体迁移需要复合体部分地分解和再组合, 然后空位和溶质原子交换位置, 称为分解机制. 对应这种机制的迁移能近似等于复合体形成能和空位迁移能之和, 或等于空位跳跃到复合体的溶质原子的位置所需的能量 (此能量称为溶质迁移能). 究竟选择前者还是后者, 取决于哪个能量更高. 第二个机制只需要空位迁移和空位与溶质原子交换位置, 因此称为非分解机制. 其迁移能是空位迁移能或溶质原子迁移能. 究竟选择前者还是后者, 取决于哪个能量更高. 与分解机制相比, 非分解机制是更可行的, 因为它不需要部分的分解复合体, 即复合体的迁移不需要克服空位和溶质原子之间的结合能. 一般而言, 溶质扩散激活能等于空位形成能加上溶质迁移能. 在计算中, 溶质迁移能通过空位形成能和溶质扩散激活能的差来估算. 应该指出, 空位一溶质原子结合能等于复合体完全分解需要的能量, 它多少高于复合体部分分解所需要的能量.

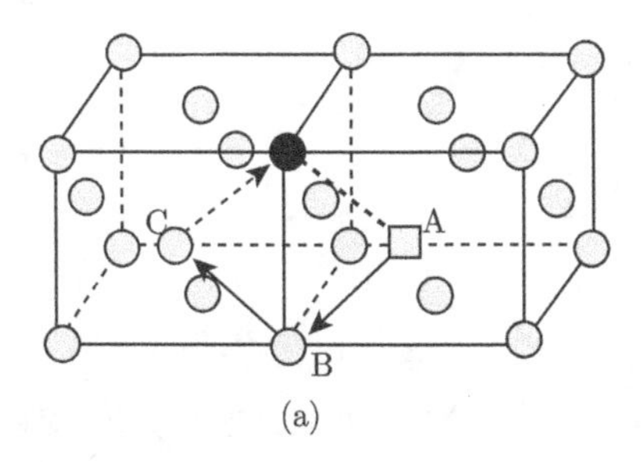

(a)

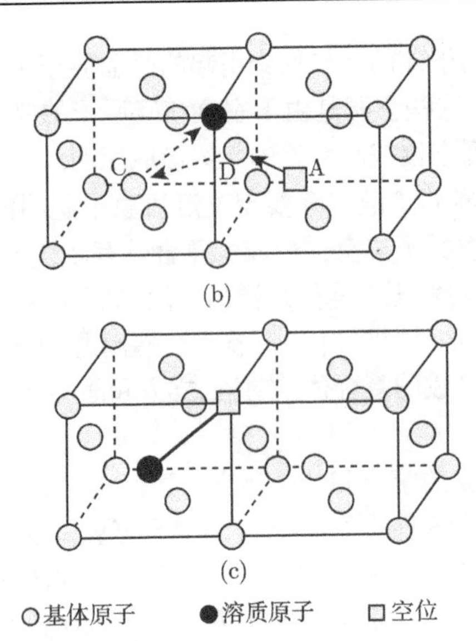

图 2-17　空位—替代式原子复合体在面心立方晶体移动示意图 (Song et al., 2005)

对于体心立方晶体, 复合体中的空位跃迁的典型过程如图 2-18 所示. 经图 2-18(a) 所示的跳跃过程后, 复合体的新位置如图 2-18(b) 所示. 显然地, 复合体迁移过程在溶质原子与空位交换位置的过程需要复合体的部分分解和再组合, 因此, 迁移能近似等于空位一溶质结合能和空位迁移能之和, 或者等于溶质迁移能. 究竟选择前者还是后者, 也取决于哪个能量更高.

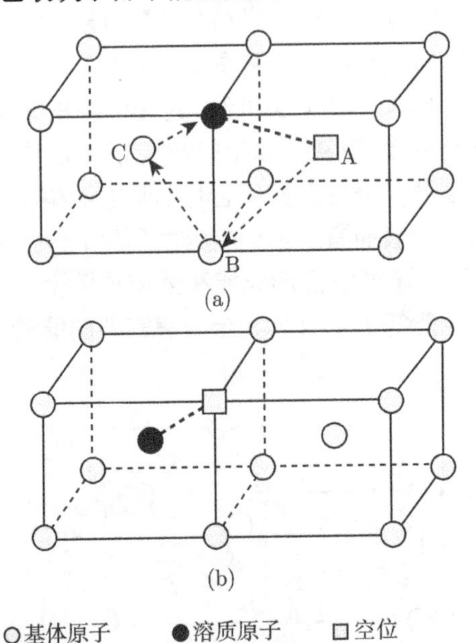

图 2-18　空位—替代式原子复合体在体心立方晶体移动示意图 (Song et al., 2005)

对于空位–间隙原子复合体的情况. 此类复合体的形成可以认为是孤立空位和孤立间隙原子的结合. 如图 2-19 和图 2-20 所示, 间隙原子位于八面体间隙位置, 空位位于溶质原子最近邻的点阵位置. 值得指出的是, 对于体心立方晶体, 间隙原子优先占据八面体位置, 而不是四面体位置, 虽然四面体的尺寸更大一些. 这是因为体心立方晶体的八面体不是规则多面体, 在 ⟨100⟩ 方向八面体间隙尺寸是 0.153 d_m, d_m 是基体原子直径. 而在 ⟨110⟩ 方向它的尺寸是 0.663 d_m. 体心立方的四面体间隙是规则多面体, 它的间隙尺寸是 0.291 d_m. 一个溶质原子进入八面体间隙时, 它只需推开 ⟨100⟩ 方向上的两个原子, 就可以获得最大间隙空间, 而要进入四面体间隙位置, 必须推开四周所有原子才能获得最大间隙空间. 前者引起的畸变能要低于后者.

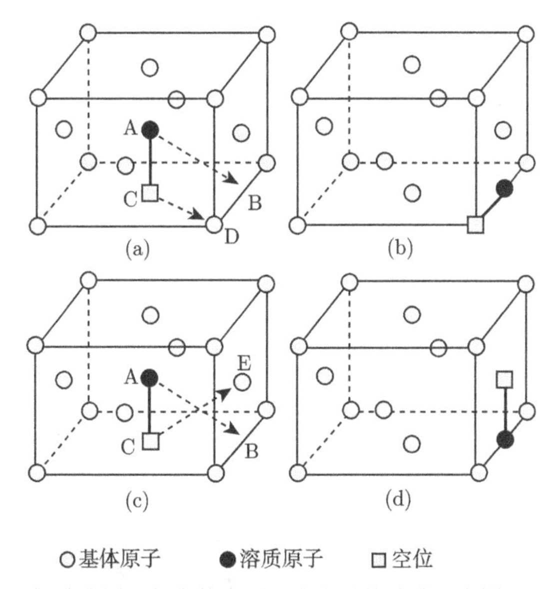

图 2-19 空位—间隙式原子复合体在面心立方晶体移动示意图 (Song et al., 2005)

由于在空位–间隙原子复合体中, 间隙原子和空位的迁移是相互独立的, 下面我们给出此类复合体在面心立方和体心立方晶体中的扩散机制和典型的跃迁序列. 对于面心立方晶体, 有两种跃迁形式导致复合体长距离的迁移. 第一, 如图 2-19(a) 所示, 复合体的溶质原子从 A 位置跳到 B 位置, 然后复合体的空位从 C 位置跳到 D 位置. 完成上述跳跃后, 复合体到了如图 2-19(b) 所示的新位置. 第二, 如图 2-19(c) 所示, 复合体的溶质原子从位置 A 跳到位置 B, 然后复合体的空位从 C 位置跳到 E 位置. 完成上述跳跃后, 复合体到了如图 2-19(d) 所示的新位置. 显然, 复合体的迁移不需要部分的分解. 结果复合体的迁移能近似地等于空位或溶质原子的迁移能. 选择空位的迁移能或溶质原子的迁移能, 决定于何者更高.

对于体心立方晶体, 首先如图 2-20 所示, 复合体的溶质原子从 A 位置跳到 B 位置, 然后复合体的空位从 C 位置跳到 D 位置, 或者复合体的空位先从 C 位置跳到 D 位置, 然后复合体的溶质原子从 A 位置跳到 B 位置. 显然, 两者都需要复合体的部分分解和重组获得相同的结果, 但它们需要不同的能量. 对于前一个机制, 复合体迁移能近似地等于溶质原子迁移能加上空位−溶质结合能, 或者等于空位迁移能. 究竟选择前者还是后者, 取决于哪个能量更高. 对于后一个机制, 复合体迁移能近似地等于空位迁移能加上空位−溶质结合能, 或者等于溶质原子迁移能. 究竟选择前者还是后者, 也取决于哪个能量更高. 因为空位迁移能一般高于间隙原子迁移能, 前一个机制比后一个机制更可能发生.

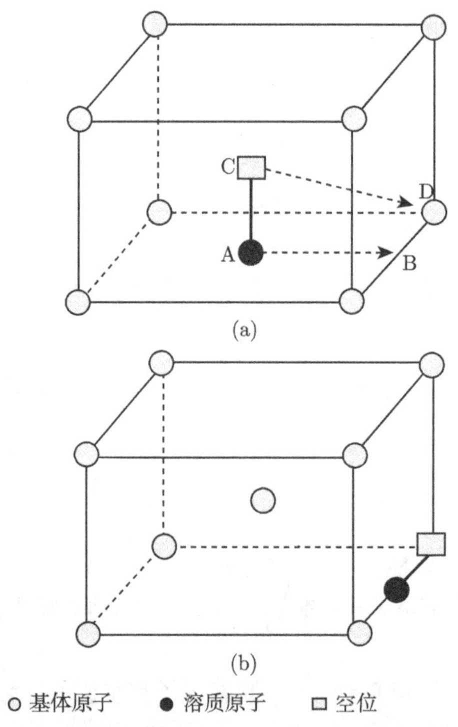

图 2-20　空位—间隙式原子复合体在体心立方晶体移动示意图 (Song et al., 2005)

基于上述复合体迁移机制, Song 在文献 (Song et al., 2005) 中还讨论了复合体扩散系数的指数项前常数的确定. 对于前面讨论的机制, 复合体的每一步迁移, 空位需要三次跳跃, 其中两次跳向基体原子占据的最近邻点阵位置, 另一次跳向溶质原子占据的位置. 因此, 假设复合体扩散系数的指数项前常数是空位扩散系数的指数项前常数的三分之一是合理的.

我们虽然不能说 Song 在文献 (Song et al., 2005) 中提出的空位−溶质原子复合体的扩散机制是尽善尽美的, 但它确实令人信服地从复合体迁移的原子过程建立起复合体扩散激活能和前指数项与空位扩散或溶质原子扩散的数据之间的关系. 人们可以从这些关系中, 有根据地获得复合体的扩散系数. Song 在文献 (Song et al., 2005) 中, 还根据他们在这里提出的机制, 评估了 B, S, P, Si, Cr, Mo, Sn 在 α-Fe 中, B, S, P, Cr, Mo 在 γ-Fe 中与空位形成复合体的迁移能以及 P 的扩散系数, 并通过计算与实验结果符合, 这里就不再赘述了.

2.4.3 复合体扩散系数的实验测定

自 Aust 和 Anthony 于 20 世纪 60 年代末提出空位一溶质原子复合体扩散引起非平衡偏聚以来, 这个假设已逐步被广泛接受, 并且从一些偏聚现象中人们逐步猜测到, 复合体具有比单个溶质原子更快的扩散速率 (Faulkner, 1981; Zong-sen Ning et al., 1993). 直到 20 世纪 90 年代初, 对于复合体的扩散系数, 人们还仍然停留在猜想阶段. Xu 等于 1991 年首次通过临界时间公式 (2-6) 从实验上求得空位一硼原子复合体在钢中的扩散系数 (Xu et al., 1991). 在文献 (Xu et al., 1991) 中, Xu 等用图 2-2 中使用的相同成分的 Fe-28 at.%Ni(B) 合金和相同方法制备试样. 所有试样先在 1523K 氩气保护气氛固溶处理 0.5h, 以获得平均直径大约为 90μm 的晶粒. 然后, 分别直接快速淬火至 1373K, 1323K 和 1273K 的盐浴炉内恒温. 恒温时间在 3s 至 80s 之间每隔 3s 抽样水淬至室温. 这里需要说明的是, 这里最低采用 1273K 温度恒温, 是为减少硼的平衡晶界偏聚发生, 因为文献 (Xu et al., 1990) 的实验已证实, 在低于 1273K, 此合金已有明显硼的平衡晶界偏聚量发生. 对于所有试样, 用与 2.3.1 节相同的 PTA 方法测量硼的晶界偏聚, 同样, 用 L/L_0 表示硼的晶界偏聚程度. 结果列于图 2-21 和表 2-10. 图 2-21 表明该合金在 1323K 恒温, 硼的临界时间是 11s, 在 1273K 恒温, 临界时间是 15s. 从表 2-10 可知, 在 1373K 恒温, 临界时间是 8s.

表 2-10 测量的各恒温温度下的临界时间 (Xu et al., 1991)

T/K	1273	1323	1373
t_c/s	15 ± 1.5	11 ± 1.5	8 ± 1.5

将复合体扩散系数的表达式

$$D_c = D_0 \exp(-Q_{vi}/kT) \tag{2-13}$$

代入到临界时间表达式 (2-6) 中, 得

$$t_c = r^2(\ln D_0 - Q_{vi}/kT - \ln D_i)/\delta[D_0 \exp(-Q_{vi}/kT) - D_i] \tag{2-14}$$

其中, D_0 是复合体扩散系数的频率因子, Q_{vi} 是复合体的扩散激活能, D_i 是硼在基

体中的扩散系数, 均是已知量, 根据文献 (Williams et al., 1976) 可表示为

$$D_i = 2.0 \times 10^{-7} \exp(-0.91\text{eV}/kT)\text{m}^2 \cdot \text{s}^{-1} \tag{2-15}$$

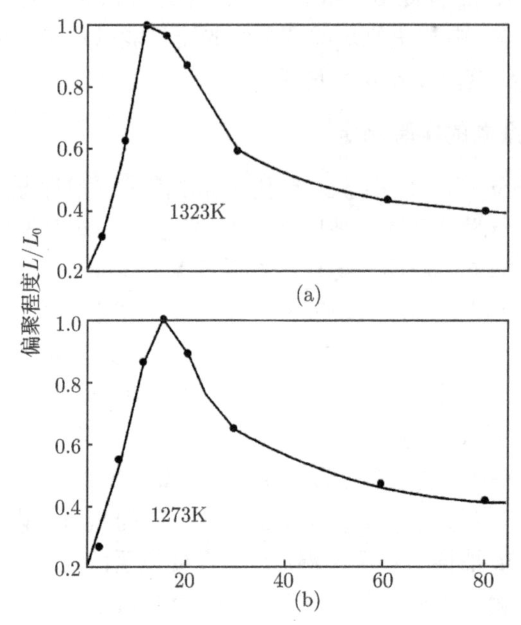

图 2-21 加硼 Fe-28 at.%Ni(B) 合金中硼偏聚程度 L/L_0 随恒温时间的变化

(a) 在 1323 K 恒温; (b) 在 1273 K 恒温 (Xu et al., 1991)

平均晶粒直径是 90μm, r = 45μm. 因此将 D_i, t_c 和 r 三个已知量代入式 (2-14), 分别在三个恒温温度, 获得含有三个未知量是 D_0, Q_{vi} 和 δ 的三个非线性联立方程组:

$$15 = r^2(\ln D_0 - Q_{vi}/k \cdot 1273) - \ln D_i/\delta[D_0 \exp(-Q_{vi}/k \cdot 1273) - D_i] \tag{2-16}$$

$$11 = r^2(\ln D_0 - Q_{vi}/k \cdot 1323) - \ln D_i/\delta[D_0 \exp(-Q_{vi}/k \cdot 1323) - D_i] \tag{2-17}$$

$$8 = r^2(\ln D_0 - Q_{vi}/k \cdot 1373) - \ln D_i/\delta[D_0 \exp(-Q_{vi}/k \cdot 1373) - D_i] \tag{2-18}$$

计算机解此联立方程组, 计算所用数据及其文献来源列于表 2-11, 获得数值解:

$$D_0 = 1.0 \times 10^{-5}\text{m}^2 \cdot \text{s}^{-1}$$

$$Q_{vi} = 0.94\text{eV}$$

$$\delta = 0.48$$

因此, 此合金中空位–硼原子复合体的扩散系数是

$$D_c = 1.0 \times 10^{-5} \exp(-0.94\text{eV}/kT)\text{m}^2 \cdot \text{s}^{-1} \tag{2-19}$$

这是首次通过实验求得的空位一溶质原子复合体扩散系数. 这里所表述的求复合体扩散系数的方法, 显然也是一种从实验上求复合体扩散系数的普遍方法. 其限制条件是不能在晶界上形成沉淀相.

表 2-11 计算中所用数据及其文献来源

硼浓度 (C_i)	52 at%ppm	(Xu et al., 1991)
晶粒半径 (r)	60 μm	(Xu et al., 1991)
空位形成能 (E_f)	1.4eV	(Williams et al., 1976)
空位一硼复合体形成能	0.5eV	(Williams et al., 1976)
K_v	4	(Damask et al., 1963)
K_c	12	(Williams et al., 1976)
硼扩散系数 (D^*)	$2.0\times10^{-7}\exp(-0.91\text{eV}/kT)\text{m}^2\cdot\text{s}^{-1}$	(Williams et al., 1976)

由于缺乏复合体扩散系数的实验测定, 人们在研究工作中不得不进行一些假定. Williams 等 (1976) 和 Faulkner(1981) 曾建议空位一硼原子扩散系数是

$$D_c = 5.0 \times 10^{-5} \exp(-0.91\text{eV}/kT)\text{m}^2 \cdot \text{s}^{-1} \tag{2-20}$$

比较式 (2-19) 和式 (2-20) 可以发现, Williams 等和 Faulkner 假设的复合体扩散系数, 与我们测量的数据符合良好 (Xu et al., 1991).

关于测量误差的讨论 (Xu et al., 1991). 微分式 (2-6) 并考虑到 $D_c \gg D_i$, 有

$$\text{d}D_c/D_c = \delta D_c/[r^2(1-\ln(D_c/D_i))]\text{d}t_c \tag{2-21}$$

因为 δ, D_{vi}, 和 $\ln(D_c/D_i)$ 是已知的, 可求出

$$\text{d}D_c/D_c = -0.015\text{d}t_c\text{s}^{-1} \tag{2-22}$$

由表 2-10 可知, Δt_c 的实验误差是 ±1.5s, 因此 D_c 的实验相对误差是

$$\text{d}D_c/D_c = 0.03 \tag{2-23}$$

可见, 用此方法测量复合体的扩散系数, 其测量的相对误差是较小的.

测量结果的可靠性分析 (Xu et al., 1991). 基于不可逆热力学和空位的原子无规行走的 5 频率模型 (Allnatt et al., 1987), 当 $C_v \gg C_c$ 时, Anthony (1975) 获得下述方程

$$C_cD_c = C_iD^* \tag{2-24}$$

其中, D_c 是复合体扩散系数, C_c 是复合体原子分数, C_i 是极稀溶质 i 的原子分数, D^* 是溶质 i 在纯溶剂中的扩散系数.

基体中空位, 溶质原子和复合体之间处于热力学平衡状态, 用质量作用定律, 基体中复合体的原子分数 C_c 可表示为 (Williams et al., 1976):

$$C_c/C_v = K_c C_i \exp(E_b/kT) \tag{2-25}$$

其中, C_v 和 C_i 分别是基体中空位和溶质的原子分数, E_b 是复合体形成能, D^*/D_c 可以由式 (2-24) 和式 (2-25) 得到:

$$D^*/D_c = K_c C_v \exp(E_b/kT) \tag{2-26}$$

空位的原子分数由下式给出:

$$C_v = K_v \exp(-E_f/kT) \tag{2-27}$$

将式 (2-27) 代入式 (2-26), 得

$$D^*/D_c = K_c K_v \exp[(E_b - E_f)/kT] \tag{2-28}$$

由式 (2-25) 计算的在 1373K, $C_v/C_c = 23.4$, 表明符合 $C_v \gg C_c$ 的条件. 使用本文实验获得的结果 D_c 以及表 2-10 所列的参数, 计算式 (2-28) 的左边得

$$D^*/D_c = 2.6 \times 10^{-2} \tag{2-29}$$

通过式 (2-28) 右边计算得

$$D^*/D_c = 2.4 \times 10^{-2} \tag{2-30}$$

计算式 (2-29) 和式 (2-30), 两者非常接近, 表明本文实验获得的空位一硼复合体扩散系数, 与用不可逆热力学和空位的原子无规行走的 5 频率模型获得的结果非常一致, 证实了关于复合体扩散系数测量结果的可靠性.

Anthony (1975) 获得下述方程, 将复合体扩散系数与不可逆热力学的表象系数联系起来

$$D_c = kTL_{ii}/NC_c \tag{2-31}$$

L_{ii} 即为不可逆热力学中的表象系数, N 是单位体积内的原子总数目. 显然, 实验求出了复合体扩散系数 D_c 后, 通过式 (2-31) 可以求出表象系数 L_{ii}, 可以解决许多物理和数学上难于解决的问题, 并可以预报各种过程中原子的迁移行为 (Anthony, 1975).

参 考 文 献

朱强, 王迪, 陈国良, 等. 1987. 镍–铬–钴高温合金中微量元素镁分布规律的研究//徐志超. 马培立. 高温合金中微量元素的作用与控制. 北京: 冶金工业出版社, 33-39

冯端. 2000. 金属物理学. 第一卷, 结构与缺陷. 北京: 科学出版社
Allnatt A R, Lidiard A B. 1987. Rep. Progr. Phys., 50: 373
Anthony T R. 1969. Acta Metall., 17(5): 603
Anthony T R. 1975. In Diffusion in Solids–Recent Developments. New York: Academic Press, 353
Aust K T, et al. 1968. Acta Metall., 16(3): 291
Aust K T, Peat A J, Westbrook J H. 1966. Acta Met., 14:1469
Aust K T, Westbrook J H. 1965. Lattice Deffects in Quenched Metals. Academic Press: 771
Briant C L, Feng H C, McMahon C, et al. 1978. Metal. Trans., 9A: 625
Buffincton F S, Hirano K, Cohen M. 1961. Acta metall., 9: 434
Chapman M A V, Faulkner R G. 1983. Acta Metall., 31: 667
Chen. 2011b. Mater. Lett., 65: 1639
Damask A C, Dienes G H. 1963. Point Defects in Metals. New York: Gordon & Breach
Ding R G, Rong T S, Knott J F. 2005. Mater. Sci. Technol., 21(1): 85
Faulkner R G. 1981. J Mater Sci., 16: 373
Faulkner R G. 1989. Mater. sci. tech., 5: 1095
Faulkner R G. 1995. Mater. Sci. Forum, 189-190: 81
Faulkner R G. 1996. Inter. Mater. Rev., 41 (5): 198
Fraczkiewicz A, Gay A S, Biscondi M. 1998. Mater. Sci. Eng. A, 258:108
Gay A S, Fraczkiewicz A, Biscondi M. 1999. Mater. Sci. Forum, 294-296: 453
Guttmann M. 1975. Surf Sci., 53: 213
Guttmann M. 1977. Ph. Dumoulin, Mrs. M. P. Le Biscondi, Mem. Sci. Rev. Wet., Vol.74: 337 From Interfacial segregation paper presented at a seminar of the Materials Science Division of the American Society for Metals October 22 and 23, 1977, Edited by W. C. Johnson and J. M. Blakely
He X L, Chu Y Y. 1982. J. Phys D, 16: 1145
He X L, Chu Y Y, Jonas J J. 1989. Acta metall., 37 (11): 2905
Joshi A, D F Stein. 1972. Corrosion, 28(9): 321
Kameda J, Bloomer T E. 1999. Acta Mater., 47 (3): 893
Lazarus D. 1960. Diffusion in Metals, Solid State Physics. Academic Press, 10:71
Liu C M, Abiko K, Tanino M. 1999. ACTA Metall. Sin. (English Letters), 12(4): 637
Liu D, Li Qingfen, Jin Guo. 2005. Advances in Fracture and Damage Mechanics IV, 89
Misra R D K, Balasubramanian T V. 1989. Acta metall., 37 (5): 1475
Misra R D K, Rama Rao P. 1997. Mater. Sci. Technol.,13: 277
Misra R D K, Weatherly G, Embury D. 2000. Mater. Sci. Technol., 16: 9
Ning C, Zong-sen Y. 1995. J. Mater. Sci. Lett., 14: 557
Oguro T. 1981. Trans Jap Inst Met., 22(2): 109

Ohtani H, Feng H C, McMahon C J JR, et al. 1976. Metall. Trans, 7A: 87
Qingfen L, Shanglin Y, Li L, et al. 2002. Scr. Mater., 47: 389
Rellick J R, McMahon C J. 1974. Metall. Trans., 5: 2439
Seah M P. 1977. Acta metall., 25: 345
Seibel G. 1964. Mem. Sci. Rev. Met., 61: 413
Seve P, Janvec J, Katana V. 1994. Sripta. Metall. Mater., 31:1673
Sevc P, Janovec J, Lucas M, et al. 1995. Steel Res., 66: 537
Smallman R E. 1963. Modern Physical Metallurgy. Second Edition. Butterworth & Co.(Publishers) Limited, 109
Song S H, Weng L Q. 2005. Mater. Sci. Technol., 21(3): 305
Song S H, Xu T D, Yuan Z X. 1989. Acta Metall., 37:319
Swalin R A, Allan Martin, R Olson. 1957.Trans. AIME, 209: 936
Tacikowski M, Osinkolu G A, Kobylanski A. 1986. Mater. Sci. Tech., 2: 154
Vorlicek V, Flewitt P E J. 1994. Acta Metall. Mater., 42: 3309
Wang K, Xu T D, Wang Y Q, et al. 2009. Philo. Mag. Lett., 89(11):725
Wang K, Si H, Y ang C, et al. 2011a. J. Iron Steel Res.,Inter., 18(1): 61
Wang K, Hong S, Chun Y, et al. 2011b. Mater. Lett., 65: 1639
Westbrook J H, Aust K T. 1963. Acta Metall., 11: 1151
Williams T M. 1972. Metal Sci Journal, 6: 68
Williams T M, Stoneham A M, Harries D R. 1976. Metal Sci., 10: 14
Xu T. 1987. J. Mater. Sci., 22: 337
Xu T.1988. J. Mater. Sci. Lett., 7: 241
Xu T. 1997. Scr Mater., 37 (11): 1643
Xu T. 1999a. Mater. Sci. Technol., 15: 659
Xu T. 1999b. J. Mater Sci., 34: 3177
Xu T. 2006. Philo. Mag. Lett., 86(8): 501
Xu T, Cheng B. 2004. Prog. Mater Sci., 49: 109
Xu T, Song S H. 1989. Acta Metall., 37: 2499
Xu T, Song S H, Shi H Z, et al. 1991. Acta Metall. Mater., 33:3119
Xu T, Song S H, Yuan Z X, et al. 1990. J. Mater. Sci., 25: 1739
Zaoli Z, Tingdong X, Qingying L, et al. 2001. J. Mater. Sci., 36: 2055
Zhang Z L, Lin Q Y, Yu Z S. 2000 a. Mater. Sci. Eng., A291: 22
Zhang Z L, Lin Q Y, Yu Z S. 2000b. Mater. Sci. Technol., 16: 305
Zheng L, Xu T. 2005. Metall. Mater. Trans., 36 A: 3311
Zong-sen Y, Ning C. 1993. Science in China, 36(7): 888

第 3 章　非平衡晶界偏聚热力学关系式

非平衡偏聚发生的热力学基础是什么? 这在 20 世纪 80 年代是不清楚的. 从非平衡晶界偏聚的实验结果看, 偏聚发生的量、冷却的温度差、冷却速率, 以及冷却后在某一温度恒温的时间长短有关. 冷却速率和在低温恒温的时间长短都是动力学因素, 只有温度差是由两个温度之间的热力学状态决定, 是热力学因素. 本章将讨论温度差与发生的偏聚量之间的关系, 给出两个温度之间可能产生的最大非平衡晶界偏聚浓度, 即热力学关系式. 它给出了非平衡偏聚发生的热力学根据, 并为非平衡偏聚理论的进一步发展给出了一个基础框架.

3.1　热力学关系式

如前所述, 假设基体固溶体中溶质原子 I、空位 V 和两者形成的复合体 C 之间处于热力学平衡状态, 如式 (0-1) 所示. 这里假设一个复合体 (统计的) 由一个溶质原子和一个空位组成. 在平衡条件下, 由式 (2-25) 和式 (2-27) 结合可得式 (3-1)

$$C_c/C_i = K_cK_v\exp[(E_b - E_f)/kT] \tag{3-1}$$

当材料从高温 T_i 冷至一个较低温度 T_{i+1} 时, 复合体将沿着它的浓度梯度从晶粒内部扩散到晶界处. 这里假设晶界处和晶粒内部均分别处于局部的瞬态的平衡状态, 尽管并不要求整个系统处于平衡状态. 这个假设被证明是合理的, 因为这样的平衡只与物质的小范围内的扩散有关 (Anthony, 1975). 这样, 在温度 T_{i+1} 平衡的状态下, 晶界区复合体和溶质的浓度比可表示为

$$[C_c]_{gb}/[C_i]_{gb} = K_cK_v\exp[(E_b - E_f)/kT_{i+1}] \tag{3-2}$$

而晶粒内部两者的浓度比仍保持在温度 T_i 的平衡状态, 有

$$[C_c]_g/[C_i]_g = K_cK_v\exp[(E_b - E_f)/kT_i] \tag{3-3}$$

复合体在晶界和晶粒内部的浓度比保持在 T_{i+1} 温度平衡时的浓度比, 即

$$[C_c]_{g(T=T_{i+1})} = K[C_c]_{gb(T=T_{i+1})}$$

由于晶粒内部相对于晶界可被看作是一个半无限介质, 晶粒内部的空位浓度可以被认为在冷却前后是保持不变的. 这就意味着

$$[C_c]_{g(T=T_{i+1})} = [C_c]_{g(T=T_i)}$$

因此有

$$[C_c]_{g(T=T_i)} = K[C_c]_{gb(T=T_{i+1})}$$

和

$$[C_i]_{gb}/[C_i]_g = K\exp\{[(E_b - E_f)/kT_i] - [(E_b - E_f)/kT_{i+1}]\} \tag{3-4}$$

这里 $[C_i]_{gb}$ 是试样从温度 T_i 冷至 T_{i+1} 产生的最大晶界偏聚浓度. 式 (3-4) 表明偏聚浓度将随复合体形成能 E_b 的降低单调增加, 这显然与实验事实不符. 一个表示 $[C_i]_{gb}$ 与基体中复合体绝对浓度有关的项应该被包括在关系式中. 复合体的浓度必然与复合体的形成能 E_b 有关, E_b 一般小于空位的形成能 E_f. 因此, 比率项 E_b/E_f 加到式 (3-4) 得

$$C_m(T_{i+1}) = K[C_i]_g(E_b/E_f)\exp\{[(E_b - E_f)/kT_i] - [(E_b - E_f)/kT_{i+1}]\} \tag{3-5}$$

这里, $C_m(T_{i+1}) = [C_i]_{gb}$. 显然, 由式 (3-5) 可以看出, $C_m(T_{i+1})$ 只依赖于高温和低温之间的温度差, 而与冷却速率无关. 因此式 (3-5) 是描述非平衡晶界偏聚水平的重要热力学关系式 (Xu, 1987; Xu et al., 1989). 值得指出的是式 (3-5) 的建立过程中采用了一些假设, 如比率项 E_b/E_f 的引入, 这些假设的实验基础将在下节讨论.

Faulkner (1981) 给出下述关系式, 近似估算非平衡晶界偏聚浓度

$$[C_i]_{gb}/[C_i]_g = K(E_b/E_f)\exp\{[(E_b - E_f)/kT_o] - [(E_b - E_f)/kT_{0.5Tm}]\} \tag{3-6}$$

这里, T_o 是固溶处理温度, $T_{0.5Tm}$ 是熔点温度 T_m 的一半. 虽然式 (3-5) 与式 (3-6) 在形式上差别不大, 但两者在物理意义上是很不相同的. 正如文献 (Xu et al., 2004) 指出的, 只有式 (3-5) 具有非平衡偏聚热力学关系式的意义. 式 (3-5) 表示两个不同的温度对应的热力学状态之间的差别, 是引起非平衡偏聚的根本原因. 在某一温度的最大非平衡偏聚浓度, 依赖于冷却前后的温度差, 即取决于冷却前后的温度所决定的热力学状态差, 温度差越大, 热力学状态差也越大, 所产生的非平衡晶界偏聚最大浓度也越大. 这是非平衡晶界偏聚的基本规律之一. 值得指出的是, Faulkner 的式 (3-6) 完全不具有这样的物理意义. 式 (3-6) 必须经过 Xu Tingdong 赋予新的物理意义和相应的形式改造后才成为式 (3-5), 才可以当作温度的函数用于非平衡偏聚, 已完全不是对原来 Faulkner 公式的应用了. 从下一章可以看出, 只有在式 (3-5) 的基础上, 才能建立起非平衡偏聚的恒温动力学关系式. 式 (1-25) 和式 (3-5) 将分别在 McLean 和 Xu 的动力学模型中, 用以构筑适当的边界条件, 求解 Fick 扩散方程, 分别建立起平衡偏聚和非平衡偏聚的恒温动力学方程 (McLean, 1957; Xu et al., 1989).

Song 等 (Song et al., 2003) 通过恒温偏聚动力学实验, 并用式 (3-5) 计算, 证实了磷在 2.25Cr1Mo 钢中发生了非平衡晶界偏聚, 也证实了式 (3-5) 的正确性. Zheng

等 (Zheng et al., 2005) 证实, Misra(1989) 对 NiCrMoV 钢在相同温度固溶处理, 然后分别在 773K, 823K, 853K 和 883K 恒温回火处理, 测量的相应温度下表示 Cr 和 N 最高偏聚浓度的俄歇谱峰高比, 对于 Cr 是 0.35, 0.38, 0.31 和 0.15, 对于 N 是 0.43, 0.47, 0.34 和 0.20, 除 773K 温度外, 其他三个温度 Cr 和 N 的最高偏聚浓度随回火温度的变化, 与式 (3-5) 的预期在趋势上是一致的, 从而证实了式 (3-5).

Li 等 (Li et al., 2004) 对磷在 12Cr1MoV 钢中晶界偏聚的实验研究, 分别在 1300℃和 1050℃温度固溶处理后淬火, 然后都在 540℃恒温相同的时间, 发现 1300℃固溶处理的试样比在 1050℃固溶处理的试样有更高的磷晶界偏聚浓度. 这与式 (3-5) 的预期是一致的, 也证实了磷的非平衡偏聚性质.

3.2 基于热力学关系式的计算

3.2.1 晶界偏聚浓度与温度差的关系——温差效应

如前所述, 非平衡偏聚的最大浓度取决于冷却的温度差, 即取决于冷却前后的温度决定的热力学状态差, 冷却的温度差越大, 热力学状态差也越大, 引起的非平衡偏聚浓度越高, 这是非平衡偏聚的基本特征之一. 那么上节得到的关系式 (3-5) 是否反映了非平衡偏聚的这一特征? 图 3-1 是通过式 (3-5) 计算的钢中硼非平衡晶界偏聚浓度随冷却温度差的变化 (Xu et al., 2004). 这里硼一空位结合能 E_b 采用 0.5eV, 空位的形成能 E_f 为 1.4eV, 硼基体浓度为 0.0001(wt%). 从图 3-1 中可以看出随着冷却温度差的增加, 非平衡晶界偏聚浓度将增加. 值得指出的是, 这里虽然是以硼在钢中的偏聚为例进行计算, 但所得的结论具有普遍性, 因为决定结论的是式 (3-5) 的结构, 而不是计算时所采用的实际参数. 文献上也称此为温差效应 (effect of temperature difference) (Xu et al., 2013).

如前所述, Willians 等 (Williams et al., 1976) 曾实验证实, 从不同的固溶处理温度冷却到相同的低温, 固溶处理温度越高, 晶界偏聚浓度越高. 显然这一点与 McLean 的平衡偏聚热力学关系式 (1-25) 预期正相反: 温度越低, 晶界偏聚浓度越高. 在 Williams 等人的实验中, 由于试样都冷至相同的温度, 因此固溶温度越高, 冷却的温度差越大, 晶界偏聚浓度越高, 这正符合式 (3-5) 的预期. 因此, Williams 等人的上式实验结果, 曾经是证实非平衡晶界偏聚确实存在的最有力的证据. 热力学关系式 (3-5) 是 Williams 等人试验结果的解析表述.

He 等 (He et al., 1989) 用图 3-2 示意的表述硼偏聚随恒温温度和时间的变化. 这个示意图表述了较低温度的晶界平衡偏聚浓度要高于较高温度的偏聚浓度, 这符合晶界偏聚的热力学原则, 但是忽视了满足动力学的要求. 此图表示在偏聚的初期, 恒温时间短于临界时间, 低温的偏聚速率高于高温的偏聚速率, 这一点从扩散动力学的角度看是不可能的. 同样的扩散过程, 不会低温的扩散速率和相应的偏聚速率, 高于高温的速率, 这违背物质传输的基本规律, 因此图 3-2 是错误的. 这也与 Guttmann 在 2. 3. 4 节的实验结果 (Guttmann, 1977) 以及 Briant 的实验结果 (Briant, 1985, 1987) 相违背. 本书在第 4 章中将解析的表述和分析这一问题, 实现动力学和热力学的统一.

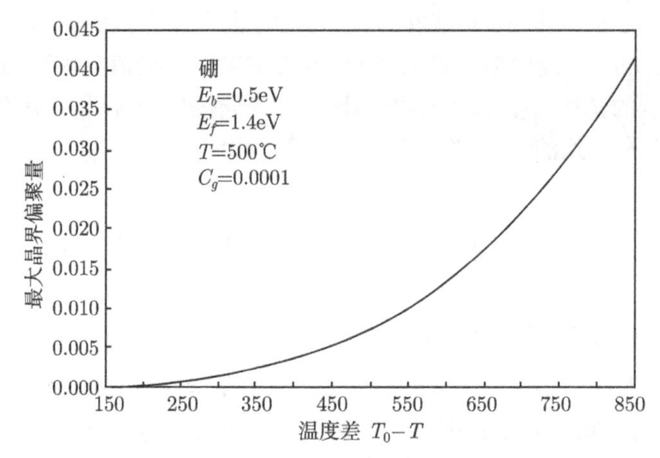

图 3-1　用式 (3-5) 计算的硼在钢中最大偏聚浓度与冷却的温度差之间的关系 (Xu T et al., 2004)

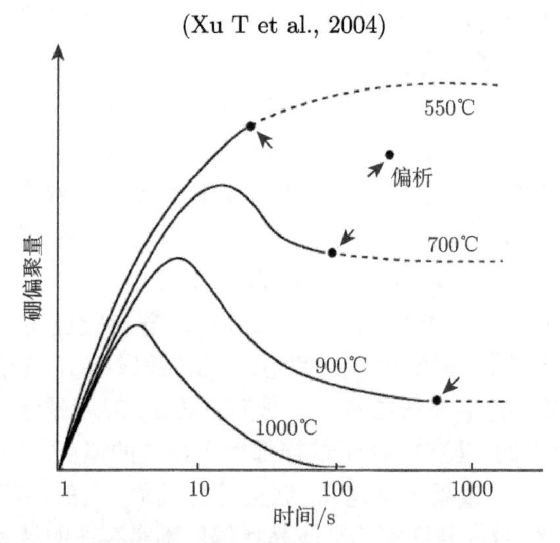

图 3-2　硼偏聚程度随恒温温度和恒温时间的变化 (He et al., 1989)

3.2.2　复合体结合能对偏聚浓度的影响

正如 Faulkner 所指出的 (Faulkner, 1981), 溶质原子一空位形成能 E_b 对非平衡晶界偏聚有显著地影响, 而且在最通常的实际过程中, 发生非平衡偏聚的溶质, 与空位形成复合体的结合能, 都在 0.15eV 至 0.6eV 之间. 并没有过高和过低的复合体结合能的元素发生非平衡晶界偏聚, 因此, 式 (3-5) 也必须能从总体上表述这样一个事实.

图 3-3 表示用式 (3-5) 计算的不同的复合体结合能, 对于从不同的固溶处理温度, 都冷却至 500℃, 引起的钢中硼的非平衡晶界偏聚浓度的变化. 这里空位的形成能 E_f 为 1.4eV, 硼基体浓度为 0.0001(wt%). 从图 3-3 可以看出, 溶质一空位复合体形成能在 0.15eV 至 0.45eV 之间, 溶质的最大偏聚浓度较高, 而超出这个结合能的范围, 即高于和低于此范围, 非平衡偏聚浓度都将很低, 这是与实际情况符合的. 文献 Ohtani 等 (1976a, b) 的实验结果也与此一致. 同样需要指出的是, 这里虽然是以硼在钢中的偏聚为例进行计算, 但所得的结论具有普遍性, 因为决定结论的是式 (3-5) 的基本结构, 而不是计算时所采用的实际参数. 式 (3-5) 的基本结构又是由我们在建立该式时所采用的基本假设决定的, 尤其是引入比率项 E_b/E_f. 这样, 计算结果与实际情况的一致也证实了我们的基本假设的合理性.

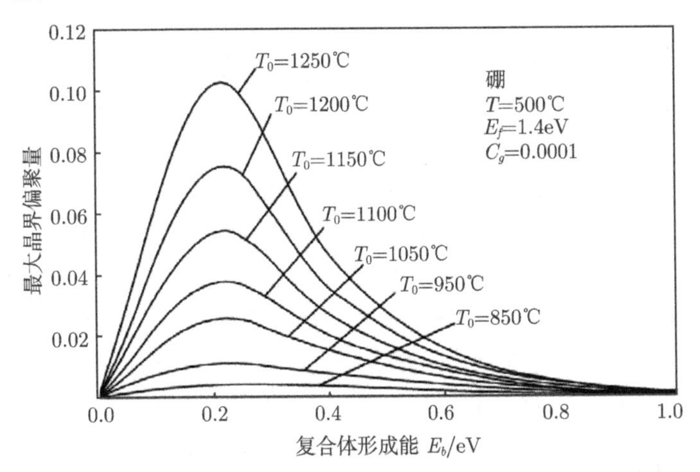

图 3-3 用式 (3-5) 计算的空位一硼溶质原子结合能对晶界最大偏聚浓度的影响 (Xu et al., 2004)

3.3 热力学关系式的应用

当样品在不同固溶处理温度充分固溶处理, 然后冷至相同的低温, 时效相同的一段时间 (这段时间不应很长, 以免使晶界偏聚浓度达到此温度的平衡浓度). 这样的一个热处理过程, 按照平衡晶界偏聚热力学关系式和动力学关系式, 即式 (1-25) 和式 (1-33), 固溶处理温度越低, 晶界偏聚浓度越高; 但是, 按照非平衡偏聚的热力学关系式 (3-5), 固溶处理温度越高, 与低温时效温度的温度差越大, 产生的晶界偏聚浓度越高. 显然, 平衡偏聚与非平衡偏聚在这里所表现出的相反的趋势, 为我们判别两种偏聚提供了判据. 其实, 历史上非平衡偏聚的发现就是基于这一判据的. 如前所述, Aust 等 (Aust et al., 1968) 于 20 世纪 60 年代, 因为发现铅的晶界过量硬化随淬火温度升高而增高, 不符合平衡晶界偏聚的规律, 提出了非平衡晶界偏聚的观念. 后来, Williams 等 (1976, 1972) 发现用氩气冷却的样品, 固溶处理温度越高, 硼的晶界偏聚量越高, 不符合平衡晶界偏聚的规律, 判定硼发生了非平衡晶界偏聚. 这里的低温是室温, 从固溶处理温度到室温的淬火冷却速率相同, 因此, 可以说他们实际上都是依据本节的热力学关系式为判据.

最近, Zheng 等 (郑磊等, 2007; Zheng et al.,2008) 用此判据发现 Inconel 718 合金中磷有非平衡偏聚特征. 他们将 Inconel 718 合金先在 1200℃固溶处理 9.8h, 一组试样水淬至室温 (热处理 1, Heat treatment 1); 另一组试样炉冷至 1020℃再恒温时效 68.5h, 然后水淬至室温 (热处理 2, Heat treatment 2). 然后, 这两组试样都在 720℃时效 2h, 打开沿晶界断口, 用俄歇谱测量晶界的磷浓度, 结果如图 3-4 所示. 从 1200℃直接淬火的一组试样, 其平均晶界磷浓度是 0.412 at%, 比 1200℃固溶处理后再在 1020℃恒温的一组的平均浓度 0.344 at%高. 显然, 这不符合平衡偏聚的基本规律式 (1-25), 而与非平衡偏聚的热力学关系式 (3-5) 的预测相一致, 从而证实了此合金中磷发生了非平衡晶界偏聚 (郑磊等, 2007; Zheng et al., 2008). 也再次证实我们这里讨论的以热力学关系式为基础的判据.

热力学关系式 (3-5) 给出了非平衡偏聚发生的热力学条件, 表述了非平衡偏聚的最基本特征: 冷却前后的温度差越大, 在低温时效过程中的非平衡偏聚最大浓度越高. 后面将看到这一温差效应会对金属力学性能产生影响. 同时这一关系式也是解非平衡偏聚的扩散方程, 建立非平衡偏聚的动力学模型, 获得恒温动力学方程, 所不可或缺关系式. 这一点将在下一章叙述.

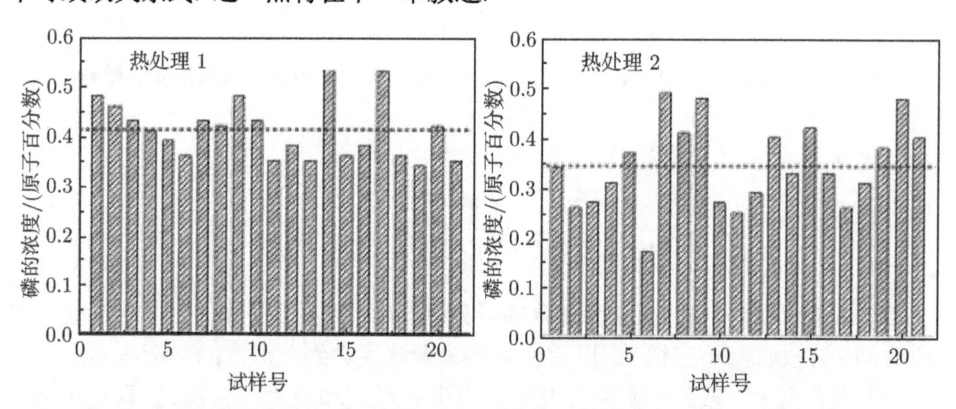

图 3-4　热处理 1 试样和热处理 2 试样的磷晶界偏聚浓度 (zheng et al., 2008)

参 考 文 献

郑磊, 徐庭栋, 邓群, 等. 2007. 金属学报, 43(8): 893

Anthony T R. 1975. In Diffusion in Solids–Recent Developments. New York: Academic Press, 353

Aust K T, Hanneman R E, Niessen P, et al. 1968. Acta Metall., 16: 291

Briant C L. 1985. Metall.Trans.A,16A: 2061

Briant C L. 1987. Metall.Trans.A,18A: 691

Faulkner R G. 1981. J. Mater. Sci., 16: 373

Guttmann M. 1977. Ph. Dumoulin, Mrs. M P Le Biscondi. Mem. Sci. Rev. Met., 74: 337. From Interfacial segregation paper presented at a seminar of the Materials Science Division of the American Society for Metals October 22 and 23, 1977, Edited by W. C. Johnson and J. M. Blakely

He X L, Chu Y Y, Jonas J J. 1989. Acta metall., 37(11): 2905

Li Q F, Li L, Zheng L, et al. 2004. J. Mater. Sci., 39: 6551

Mclean D. 1957. Grain Boundaries in Metals. Oxford Univ. Press: 115

Misra R D K, Balasubramanian T V. 1989. Acta metal., 37: 1475

Ohtani H, Feng H C, McMahon JR C J, et al. 1976a. Metall. Trans.,7A: 87

Ohtani H, Feng H C, McMahon JR C J. 1976b. Metall. Trans., 7A: 1123

Song S H, Shen D D, Yuan Z X, et al. 2003. Scripta Mater., 49: 473

Williams T M, A M Stoneham, D R Harries. 1976. Met. Sci., 10: 14

Williams T M. 1972. Metal Sci. Journal, 6: 68

Xu T. 1987. J. Mater. Sci., 22: 337

Xu T, Song S H. 1989. Acta Metall., 37: 2499

Xu T, Cheng B. 2004. Prog. Mater Sci., 49: 109

Xu T, L Zheng, K Wang, et al. 2013. Inter. Mater. Rev., 58(5): 263

Zheng L, Xu T. 2005. Mater. Metall. Trans., 36A: 3311

Zheng L, Xu T, Deng Q, et al. 2008. Mater. Lett., 62(1): 54

第 4 章 非平衡晶界偏聚恒温动力学

4.1 引 言

当金属或合金在高温固溶处理达到平衡状态, 然后以充分快的速率冷却至某一低温, 使冷却过程中不发生任何的物质迁移, 并在此低温恒温. 充分快的冷却速率使基体里对应于高温的平衡空位浓度保持到低温, 形成低温下的过饱和空位浓度. 如前所述, 这些过饱和空位将与某些溶质原子形成溶质－空位复合体向晶界扩散, 引起超过此温度的平衡晶界浓度的溶质富集在晶界区, 形成非平衡晶界偏聚. 由于是过量的溶质原子富集在晶界区, 又引起溶质原子自晶界返回晶内的扩散. 这两个方向相反的扩散过程达到平衡 (相等) 时, 溶质晶界偏聚浓度达到极大值, 此恒温时间称为临界时间. 再延长恒温时间, 由于返回的溶质原子多于扩散到晶界区的溶质原子, 晶界偏聚浓度将随恒温时间的延长而降低. 临界时间的存在是这一动力学过程的最大特征, 正如第 2 章所述, 大量的实验事实已经证实, 对于多种溶质元素, 如 B, P, S, Sb, Sn, N, Cr 等, 其偏聚均存在临界时间现象, 确证了上述动力学过程的存在. 在本章将建立物理模型, 给出符合物理模型要求的数学方法, 获得描述此动力学过程的解析式 (Xu, 1987; Xu et al., 1989, 2004).

4.2 Xu Tingdong 恒温动力学模型

为了使建立的关系式在应用上更加方便, 假设试样在 $T_{\rm o}$ 温度固溶处理, 考虑两个较低的温度 T_i 和 T_{i+1}, 其中 $T_{\rm o} > T_i > T_{i+1}$. 我们将先讨论从固溶处理温度 $T_{\rm o}$ 冷至 T_i 温度, 再冷至 T_{i+1} 温度, 然后在温度 T_{i+1} 恒温的开始阶段, 恒温时间短于临界时间的阶段, 即 $t < t_c$. 令 $\alpha_i = C_m(T_i)/C_g$, $\alpha_{i+1} = C_m(T_{i+1})/C_g$, 其中 C_g 为晶粒基体的溶质浓度, $C_m(T_i)$ 和 $C_m(T_{i+1})$ 均由平衡方程 (3-5) 式给出. 若 T_i 即为固溶处理温度, 则 $C_m(T_i) = C_{gb}(T_i)$, 其中 $C_{gb}(T_i)$ 是在 T_i 温度溶质晶界平衡浓度, 由 McLean 的平衡晶界偏聚浓度关系式 (1-25) 给出. 显然, 由式 (3-5) 可知 $\alpha_i < \alpha_{i+1}$.

因为沿晶界偏聚层的宽度 d 约在 1~10nm(Vorlicek et al., 1994), 与晶粒直径约在 100μm(Vorlicek et al., 1994) 相比是很小的, 晶粒内部区域可以看作是半无限介质, 晶界偏聚层中溶质原子的增加或减少, 都只影响晶界偏聚层附近的极窄区域内的溶质浓度, 晶粒内部区域的溶质浓度不受影响, 被认为是保持 C_g 不变. 这样的条件在偏聚和反偏聚过程中通常是满足的. 因此, 晶界偏聚和反偏聚的扩散问题, 可以简化为溶质原子在半无限介质中的线性扩散流, 扩散到或扩散离开晶界偏聚层. 描述此过程的扩散方程是

$$D\partial^2C/\partial x^2 = \partial C/\partial t \tag{4-1}$$

其中, D 为扩散系数.

如前所述, 沿晶界偏聚层的宽度很窄, 其上的浓度梯度可忽略不计. 可以想象在晶粒内部和晶界偏聚层之间有一个界面, 此界面的浓度可表示为

$$C = C_b(t)/\alpha_{i+1} \tag{4-2}$$

这里 $C_b(t)$ 表示当恒温时间为 t 时晶界偏聚层内的溶质浓度, 它将随恒温时间而变化. 为运算简单, 假设这个界面在 $x = 0$ 处, 且 x 方向垂直于晶界平面. 根据扩散第一定律和质量守恒定律, 这个界面在偏聚阶段应符合下述条件:

$$(C)_{x=0} = C_b(t)/\alpha_{i+1} \tag{4-3}$$

$$\begin{aligned} D(\partial C/\partial x)_{x=0} &= (d/2)\cdot(\partial C_b(t)/\partial t) \\ &= (1/2)\alpha_{i+1}\cdot d\cdot(\partial C/\partial t)_{x=0} \end{aligned}$$

这里 d 是晶界偏聚层的宽度, 系数 1/2 表示溶质原子从晶界两侧向晶界扩散.

当在 T_{i+1}温度恒温时间等于临界时间时, 晶界偏聚层的溶质浓度取得极大值, 用$C_b(t_c(T_{i+1}))$ 表示. 因此, 恒温时间等于临界时间时, 晶界偏聚层的浓度截面如图 4-1 的曲线 t_c 所示. 从图 4-1 可以看出, 恒温时间等于临界时间 t_c 时, 晶界偏聚层的浓度截面是: 当 $-d/2 < x < d/2$ 时, $C = C_b(t_c(T_{i+1}))$, 而当 $x < -d/2$ 或 $x > d/2$ 时, $C = C_g$. 这里 x=0 被置于偏聚层的中心处. 显然当恒温时间等于临界时间时, 晶界区溶质浓度截面分布在 $x = -d/2$ 和 $x = +d/2$ 处是 x 的跳跃的不连续函数. 如前面所假设的, 晶界偏聚层的宽度相对于晶粒内部很窄, 晶粒内部可以看作是半

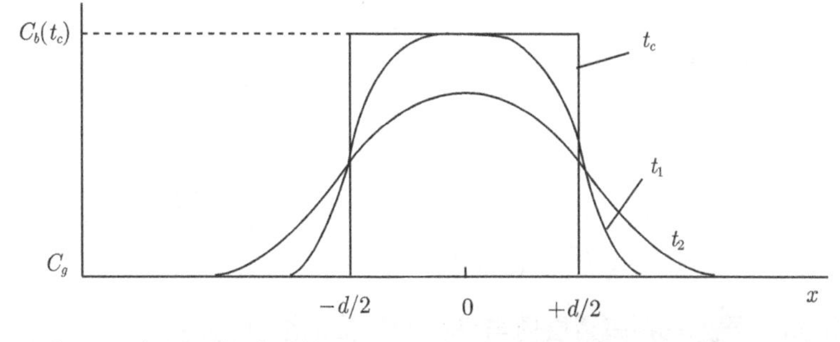

图 4-1 在 T_{i+1} 恒温时间分别是 t_c, t_1, t_2 时, 溶质晶界偏聚层的浓度 ($t_c < t_1 < t_2$)

无限介质, 仍可用扩散方程 (4-1) 描述此反偏聚扩散过程. 当恒温时间长于临界时间时, 图 4-1 定量地表述恒温时间在 t_1, t_2 时刻晶界偏聚层的溶质浓度截面. 可见, 反偏聚过程可以看作是所有扩散物质均集中在 $(C_b(t_c) - C_g) \times d$ 区域内.

在整个偏聚过程 (偏聚阶段和反偏聚阶段) 满足上述条件的情况下, 通过解扩散方程 (4-1), 可以获得描述偏聚过程的动力学方程. 下面求偏聚阶段 $(t < t_c)$ 方程的解.

4.2.1 偏聚方程

将式 (4-1) 进行 Laplace 变换

$$C' = \int_0^\infty \exp(-pt)c\mathrm{d}t$$

式 (4-1) 变为

$$\partial^2 C'/\partial x^2 - q^2 C' = -C_g/D \tag{4-4}$$

这里 $q^2 = p/D$, 而 C_g 是晶粒内部基体溶质浓度. 方程 (4-4) 有 e^{-qx} 和 e^{+qx} 两个形式的解. 为使 C'当$x \to \infty$ 时保持有界, 我们取前者 e^{-qx} 为方程的解. 式 (4-4) 中的常数项可表示为

$$C' = M\mathrm{e}^{-qx} + C_g/p \tag{4-5}$$

将式 (4-3) 进行 Laplace 变换, 得

$$D(\partial C'/\partial x)_{x=0} = \alpha_{i+1}(d/2)[pC' - (\alpha_i/\alpha_{i+1})C_g] \tag{4-6}$$

将式 (4-5) 代入式 (4-6) 中, 得

$$M = (\alpha_i - \alpha_{i+1})C_g d/Dq(\alpha_{i+1}qd + 2) \tag{4-7}$$

代替式 (4-5) 中的 M 有

$$C' = C_g[(\alpha_i/\alpha_{i+1}) - 1]\mathrm{e}^{-qx}/Dq(q + 2/\alpha_{i+1}d) + C_g/p \tag{4-8}$$

这样, 式 (4-8) 从 Laplace 变换表可得式 (4-9),

$$\begin{aligned} C =& C_g - C_g[1 - (\alpha_i/\alpha_{i+1})]\exp[(2x/\alpha_{i+1}d) + (4Dt/\alpha_{i+1}^2 d^2)] \\ &\cdot \mathrm{erfc}\{[x/2(Dt)^{1/2}] + [2(Dt)^{1/2}/\alpha_{i+1}d]\} \end{aligned} \tag{4-9}$$

令 $x = 0$ 得到非平衡晶界偏聚层内与基体相邻接的浓度, 并乘以 α_{i+1} 得

$$C_b(t) = C_m(T_{i+1}) - C_g(\alpha_{i+1} - \alpha_i) \cdot \exp(4Dt/\alpha_{i+1}^2 d^2) \cdot \mathrm{erfc}[2(Dt)^{1/2}/\alpha_{i+1}d] \tag{4-10}$$

式 (4-10) 即可转换为式 (4-11).

$$\begin{aligned}&[C_b(t)-C_m(T_i)]/[C_m(T_{i+1})-C_m(T_i)]\\&\quad=1-\exp(4Dt/\alpha 2_{i+1}d^2)\mathrm{erfc}[2(Dt)^{1/2}/\alpha_{i+1}d]\end{aligned} \tag{4-11}$$

这里

$$\begin{aligned}\mathrm{erfc}[2(Dt)^{1/2}/\alpha_{i+1}d]=&1-\mathrm{erf}[2(Dt)^{1/2}/\alpha_{i+1}d]\\=&1-(2/\pi^{-1/2})\int_0^{2(Dt)^{1/2}/\alpha_{i+1}d}\exp(-y^2)\mathrm{d}y\end{aligned}$$

式 (4-11) 即为偏聚动力学方程, 描述了当恒温时间短于临界时间, 溶质由晶内向晶界偏聚的动力学过程.

4.2.2 反偏聚方程

对于反偏聚阶段 ($t > t_c$), 用扩散方程的高斯解的叠加, 即误差解, 获得方程 (4-1) 的解. 扩散方程 (4-1) 的高斯解可以表示为

$$C=[S/4\pi Dt)^{1/2}]\exp(-x^2/4Dt) \tag{4-12}$$

这里 $S=(C_b(t_c)-C_g)\times d$ 是扩散物质的总量. 它从反偏聚扩散过程的开始到结束保持不变. 高斯解描述的扩散过程是在扩散开始, 扩散组元全部集中在一个无穷小的区域, 在这个无穷小区域内扩散组元的浓度振幅是无穷大的. 对于扩散组元在扩散开始集中在有限区域的扩散问题, 比如上面讨论的反偏聚过程, 可以将有限区域分为无穷小区域, 在每一个无穷小区域上应用高斯解, 然后根据微分方程解的可加性原理, 所有无穷小部分上的高斯解的求和即获得有限区域的扩散方程的解. 用积分代替求和, 获得扩散方程 (4-1) 的误差解

$$C(x,t)=A+B\mathrm{erf}[x/(4Dt)^{1/2}] \tag{4-13}$$

这里 A 和 B 是常数. 且

$$\mathrm{erf}[x/(4Dt)^{1/2}]=2/\pi^{1/2}\int_0^{x/(4Dt)^{1/2}}\exp(-y^2)\mathrm{d}y$$

对于上述反偏聚过程模型, 将两个误差解用于在 $x=-d/2$ 和 $x=+d/2$ 处是 x 的跳跃的不连续函数, 得到

$$C(x,t)=A+B\cdot\mathrm{erf}\{(x+d/2)/[4D_i(t-t_c)]^{1/2}\}+C\cdot\mathrm{erf}\{(x-d/2)/[4D_i(t-t_c)]^{1/2}\} \tag{4-14}$$

这里 A, B 和 C 都是待定常数, t 是在温度 T_{i+1} 的恒温时间. 在反偏聚过程开始, $t = t_c(T_{i+1})$, 晶粒内部和晶界偏聚层之间的界面满足下列条件

$$x \leqslant -d/2, \quad C(x,t) = A + B \cdot \mathrm{erf}(-\infty) + C \cdot \mathrm{erf}(-\infty) = A - B - C = C_g \tag{4-15}$$

$$-d/2 < x < d/2,$$

$$C(x,t) = A + B \cdot \mathrm{erf}(+\infty) + C \cdot \mathrm{erf}(-\infty) = A + B - C = C_b[t_c(T_{i+1})] \tag{4-16}$$

$$x \geqslant d/2, \quad C(x,t) = A + B \cdot \mathrm{erf}(+\infty) + C \cdot \mathrm{erf}(+\infty) = A + B + C = C_g \tag{4-17}$$

由式 (4-15), 式 (4-16) 和式 (4-17) 可定出常数

$$A = C_g, \quad B = (1/2)[C_b(t_c(T_{i+1})) - C_g], \quad C = -[C_b(t_c(T_{i+1})) - C_g]$$

将 A, B, C 的值代入式 (4-14), 即得式 (4-18)

$$\begin{aligned} C(x,t) = & C_g + (1/2)[C_b(t_c(T_{i+1})) - C_g] \\ & \times \{\mathrm{erf}[(x + (d/2))/[4D_i(t - t_c)]^{1/2}] \\ & - \mathrm{erf}[(x - (d/2))/[4D_i(t - t_c)]^{1/2}]\} \end{aligned} \tag{4-18}$$

令 x=0 得

$$\begin{aligned} C_b(t) = & C_g + (1/2)[C_b(t_c) - C_g] \cdot \{\mathrm{erf}[(d/2)/[4D_i(t - t_c)]^{1/2}] \\ & - \mathrm{erf}[-(d/2)/[4D_i(t - t_c)]^{1/2}]\} \end{aligned} \tag{4-19}$$

式 (4-19) 即为反偏聚动力学方程, 描述了当恒温时间长于临界时间, 溶质从晶界反回晶内的动力学过程.

关于动力学关系式的意义, 英国学者 Faulkner 在文献 (Jiang et al., 1996 a, b) 中指出, Xu 的偏聚模型给出了非平衡偏聚的热力学和动力学关系, 给出了晶界上非平衡偏聚浓度对恒温时间的依赖关系. 这是对动力学关系式物理意义的准确阐述.

4.3　钢中磷偏聚的实验证实

最先实验证实动力学模型的是德国的 Grabke 研究组 (Sevc et al., 1995a). 他们所用低合金钢的化学成分如表 4-1 所列. 试验用合金钢是用真空炉冶炼. 重 15kg 的小锻胚被锻成 15mm×15mm 的方胚, 然后制成 7mm×7mm×50mm 的试样, 用石英管真空封装后加热. 热处理包括在 1250℃奥氏体化 45min 水淬, 在 680℃回火 20h 水淬, 再在 500℃分别时效 20min, 1h 和 150h 后水淬.

表 4-1　实验钢的化学成分　(wt%)

钢	C	P	Mn	Si	Cr	Mo	V	S
1	0.11	0.004	0.525	0.385	2.685	0.694	0.355	0.010
2	0.10	0.014	0.700	0.270	2.620	0.690	0.330	0.007
3	0.11	0.027	0.665	0.340	2.700	0.733	0.357	0.010

金相显微镜和透射电子显微镜 (TEM) 用于分析实验钢的微结构和相成分. 萃取的碳化物制成碳复形, 用电子和扫描透射电子显微镜的 X 射线能损失谱 (EDX/STEM) 确定碳化物的成分和类型. 用超高真空 (10^{-8}Pa) 条件下的扫描俄歇电子显微镜, 获得沿晶界断裂表面的俄歇谱 (AES), 发射电子束能量为 5keV, 发射电流 3μA, 发射束直径 50μm. 带有缺口的直径 3.8mm, 长 30mm 的试样在微探针机内 −100℃温度下冲击断裂. 在制备的新鲜断口的沿晶和穿晶表面台阶观察和分析, 磷的晶界成分依据下述校准因子计算出来

$$C = 112A_{\mathrm{P(120eV)}}/A_{\mathrm{Fe(650eV)}} \tag{4-20}$$

这里 $A_{\mathrm{P(120eV)}}$ 和 $A_{\mathrm{Fe(650eV)}}$ 分别是 P 和 Fe 的俄歇峰高. 对于动力学计算, 用磷在晶界上的单层原子面的平均值 (Sevc et al., 1995b).

淬火后试验钢具有贝氏体—马氏体的微结构, 原奥氏体晶粒平均直径是 0.4mm. 退火后基体是铁素体, 有直径约为 200nm 的 M_7C_3 碳化物粒子, 和小的直径约 50nm 的 MC 碳化物. 淬火后在 180℃回火, 此温度不会改变钢的微结构. 没有观察到钢的磷含量对微结构、相成分和原奥氏体晶粒尺寸的影响.

对于淬火后没有回火和时效的样品, 在断裂表面只有解理台阶, 没有磷的俄歇谱峰. 表 4-2 给出了由式 (4-11) 计算的以及实验测量的回火过程中磷晶界偏聚浓度值. 图 4-2 表示由式 (4-11) 计算的磷偏聚浓度曲线 (图中实线) 和实验测量的偏聚浓度 (图中实验点). 计算所用的参数列于表 4-3. 比较本实验 2 号钢在 680℃回火 20h 的磷晶界偏聚浓度是 8.2%(摩尔分数), 与文献 (Sevc et al., 1995b) 中相似的钢在 640℃下回火 150h 的晶界偏聚浓度是 4.4%(摩尔分数), 可以断定这些实验钢中的磷发生了非平衡晶界偏聚.

表 4-2　实验钢淬火后在 680℃回火磷的浓度值 (以摩尔分数表示)

钢	C_b	C_q	C_n20	$C_{\max}$	t_c	δ
1	0.007	0.06	4.5±0.7	20	500 000	0.005
2	0.025	0.20	8.2±1.9	20	30 000	0.086
3	0.048	0.40	12.8±2.3	20	7 500	0.342

C_b-基体浓度; C_q-计算的淬火后的晶界浓度; $C_{\max}$-非平衡偏聚的最大晶界浓度; C_{n20}-回火 20 小时晶界浓度测量值; t_c 是由式 (2-6) 计算的临界时间, 单位是小时; δ 是用式 (2-6) 计算的临界时间常数 (Sevc et al., 1995a)

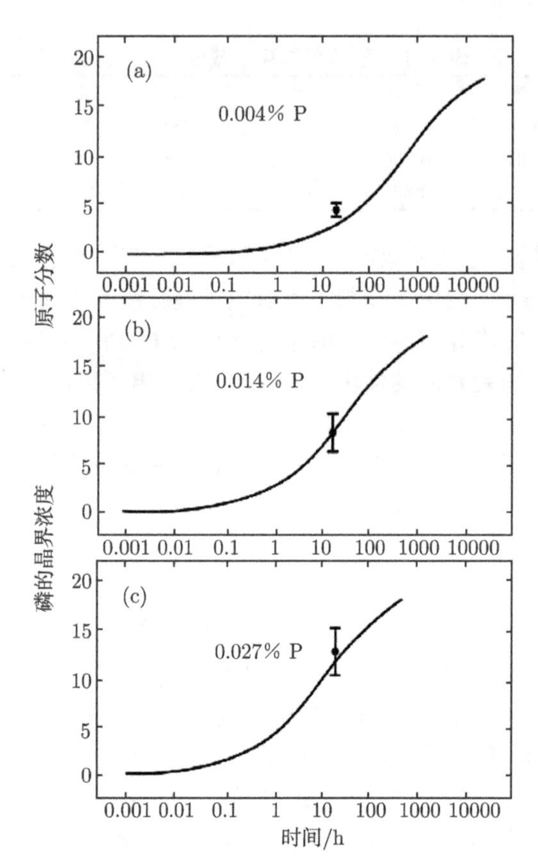

图 4-2　钢中磷在 680℃非平衡晶界偏聚水平随回火时间的变化，(a) 1 号钢; (b) 2 号钢; (c) 3 号钢点表示实验测量的回火 20h 的晶界偏聚浓度, 曲线是根据实验条件用式 (4-11) 计算的晶界偏聚浓度

由于表 4-2 和图 4-2 所示的用非平衡偏聚动力学关系式 (4-11) 计算预报的结果与实验测量的结果的极好符合, Grabke 等 (Sevc et al., 1995a) 得出如下结论.

(1) Xu 的非平衡偏聚动力学模型和 McLean 的平衡偏聚动力学模型分别表明与回火和时效过程中磷晶界偏聚实验测量结果很好的一致.

(2) 没有晶间断裂台阶在淬火后的试样断裂表面观察到. 这与由 Xu 的模型计算的淬火后磷的晶界偏聚浓度不超过 0.4%(摩尔分数) 的结果是一致的.

(3) 表明回火过程中较高的磷晶界浓度主要是由非平衡偏聚机制引起的.

(4) 从实验测量数据和由 Xu 模型计算的结果, 可以得出下列结论: 基体磷含量越高, 磷晶界浓度越高, 需要达到非平衡偏聚浓度极大值的时间越短. 这是对于实际应用重要的公认的事实. 上述所描述的趋势, 与早期所发表的结果是一致的 (Yu Q et al., 1987). 已经证实, 基体磷含量的增加会促进钢对晶间脆性的敏感性.

表 4-3 动力学计算中所用的参数及其出处

参数	铁素体	参考文献
$D/m^2 \cdot s^{-1}$	$80\exp(-3.25/kT)$	(Luckman et al., 1981)
$D_c/m^2 \cdot s^{-1}$	$5 \times 10^{-5} \exp(-1.80/kT)$	(Sevc et al., 1994)
E_b/eV	—	—
E_f/eV	1.6	(Chapman et al., 1983)
E_A/eV	1.8	(Sevc et al., 1994)
d_n/m	1×10^{-7}	(Sevc et al., 1995a)
d/m	5.5×10^{-10}	(Sevc et al., 1995a)
d_γ/m	4×10^{-4}	(Sevc et al., 1995a)
参数	奥氏体	参考文献
$D/m^2 \cdot s^{-1}$	$2.83 \times 10^{-3}\exp(-3.03/kT)$	(Seibel et al., 1964)
$D_c/m^2 \cdot s^{-1}$	$5 \times 10^{-5}\exp(-2.11/kT)$	(Sevc et al., 1994)
E_b/eV	0.36	(Faulkner et al., 1985)
E_f/eV	1.6	(Chapman et al., 1983)
E_A/eV	2.11	(Damask et al., 1963)

最近 Tan 用非平衡偏聚动力学理论和方程 (4-11) 和方程 (4-19), 计算了作为氢化提纯反应器壁, 在 427℃暴露使用 5 年的 2.25Cr1Mo 钢中磷的晶界偏聚, 并与俄歇谱测量的相应的磷晶界成分对比, 获得极好的一致, 如图 4-3. Tan 并以此预报该工件由于磷偏聚引起的回火脆性与损伤, 这是应用动力学理论预报材料服役过程中微结构和性能变化的范例, 也证实了非平衡偏聚动力学方程的正确性 (Tan, 2004; Tan et al., 2006).

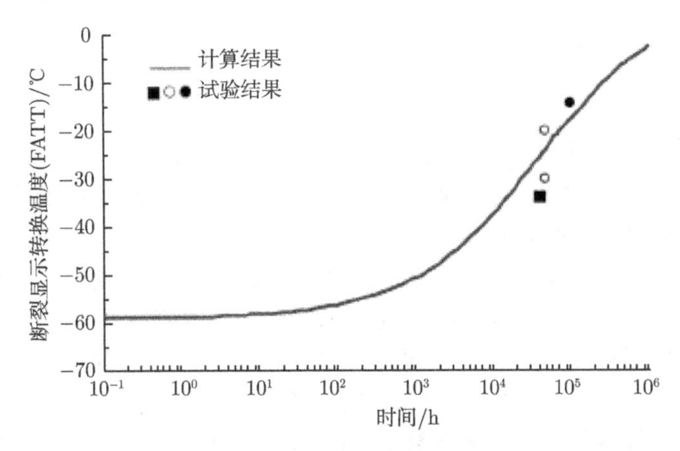

图 4-3 以式 (4-11) 和式 (4-19) 为基础计算氢化提纯反应器壁在 427℃暴露使用 5 年的 2.25Cr1Mo 钢中磷的晶界偏聚浓度 (曲线) 与俄歇谱测量结果 (实验点) 的比较 (Tan et al., 2006)

Kameda 等 (Kameda et al., 1999) 实验研究了加铜铁合金中, 经辐照后退火(PIA) 和单纯退火 (TA) 过程硫和磷的晶界偏聚动力学, 发现硫在两种退火过程中均出现了晶界偏聚浓度峰值现象, 磷在辐照后退火过程中发生了反偏聚现象. 都证实了这两种杂质具有空位复合体引起的非平衡偏聚现象. 他们用非平衡偏聚动力学的偏聚方程 (4-11), (他们称为修改了的 McLean 方程 (a modified McLean theory)), 和反偏聚方程式 (4-19), (他们称为高斯松弛模型 (Gaussian relaxation model)), 通过简化, 结合他们的偏聚动力学实验测量结果, 计算得出硫在辐照后退火过程中的偏聚激活能是 149kJ/mol, 磷的偏聚激活能是 31~58kJ/mol(Kameda et al., 1999). Kameda 等的工作应该是对非平衡晶界偏聚动力学理论的实验证实.

4.4 表象扩散系数和恒温动力学计算

非平衡偏聚恒温动力学是表述金属在淬火后, 在某一较低温度恒温, 晶界偏聚浓度随恒温时间的变化规律. 虽然方程式 (4-11) 和方程式 (4-19) 解析地表述了这一规律, 由于关系式的复杂性, 还不能从这两个方程直观地看出偏聚的基本规律. 为此, 下面我们将用方程式 (4-11) 和方程式 (4-19), 以钢中的硼和磷为实例, 计算出它们的偏聚浓度随恒温时间的变化, 并绘制出相应的曲线. 这样的计算不但可以获得非平衡偏聚恒温动力学的直观描述, 还可以通过实验测量数据, 计算出无法直接测量的复合体扩散系数. 通过对计算结果的分析可以洞察出发生非平衡偏聚的微观机制. 为此还必须首先讨论式 (4-11) 和式 (4-19) 中扩散系数的意义.

4.4.1 表象扩散系数讨论

非平衡偏聚动力学方程 (4-11) 和方程 (4-19), 是对一个非平衡过程的描述. 这个过程是: 空位—溶质原子复合体自晶内向晶界的扩散, 并被伴随的方向相反的溶质原子的扩散相抵消. 当恒温时间短于临界时间时, 复合体的扩散是主导, 并随恒温时间的延长而减弱. 同时, 方向相反的溶质原子的扩散将随恒温时间而增强. 当恒温时间长于临界时间时, 溶质原子扩散将是主导的, 此时复合体和溶质原子的扩散都将随恒温时间的延长而减弱, 而且复合体的扩散流弱于溶质原子的扩散流. 当恒温时间等于临界时间时, 复合体的扩散流将等于溶质原子扩散流. 因此, 在式 (4-11) 和式 (4-19) 中的扩散系数, 与通常在平衡体系下测定的扩散系数, 称之为真实扩散系数, 是不相同的. 从表象意义上讲, 式 (4-11) 和式 (4-19) 中的扩散系数, 具有真实扩散系数的量纲, 其值是使式 (4-11) 和式 (4-19) 计算的偏聚量, 与实验测量的相应结果符合. 由于这个原因, 它们被称为非平衡偏聚的表象扩散系数. 显然, 当恒温时间远长于临界时间时, 式 (4-19) 中的扩散系数将随时间的延长趋近于溶质原子在基体里的真实扩散系数. 因此, 严格地讲, 式 (4-11) 和式 (4-19) 中的扩散系数, 只可以通过根据实验条件由这两个关系式计算的动力学曲线, 与实验测量的结果拟合 (模拟) 来获得. 从更普遍地意义上讲, 扩散系数是一个表象参量, 它在扩散方程中处于确定的位置, 因而具有确定的量纲和确定的物理意义——表述物质传输快慢的物理量. 但它的值却与所表述的体系的状态和过程密切相关.

4.4.2 恒温动力学计算

图 4-4 是以钢中的硼为例, 从固溶处理温度 1250℃淬火, 然后在 350℃恒温时效, 用动力学方程 (4-11) 和方程 (4-19) 计算的恒温偏聚动力学曲线. 对于偏聚阶段 ($t < t_c$), 式 (4-11) 中的扩散系数采用 $D = 5.0 \times 10^{-5}\exp(-0.91\text{eV}/kT)$(Xu et al., 1991). 对于反偏聚过程 ($t > t_c$), 式 (4-19) 采用变化的扩散系 $D = 2.0 \times 10^{a}\exp(-0.91\text{eV}/kT)$, 其中 a 是变量. 图 4-4 表示出由各个不同的 a 值计算的动力学曲线, 表明了溶质扩散速率对偏聚动力学的影响. 图中 $a = -7$ 的曲线是式 (4-19) 采用硼在钢中基体的扩散系数 $D = 2.0 \times 10^{-7}\exp(-0.94\text{eV}/kT)$(Williams et al., 1976) 得到的曲线. 由图 4-4 可以看出, 此曲线的晶界浓度降低最快. 与第 2 章试验测量的恒温动力学曲线, 图 2-2, 图 2-3, 图 2-4 比较可知, 试验测得的恒温动力学曲线难于与图 4-4 中 $a = -7$ 的曲线一致, 即不会有 $a = -7$ 曲线所表示的溶质浓

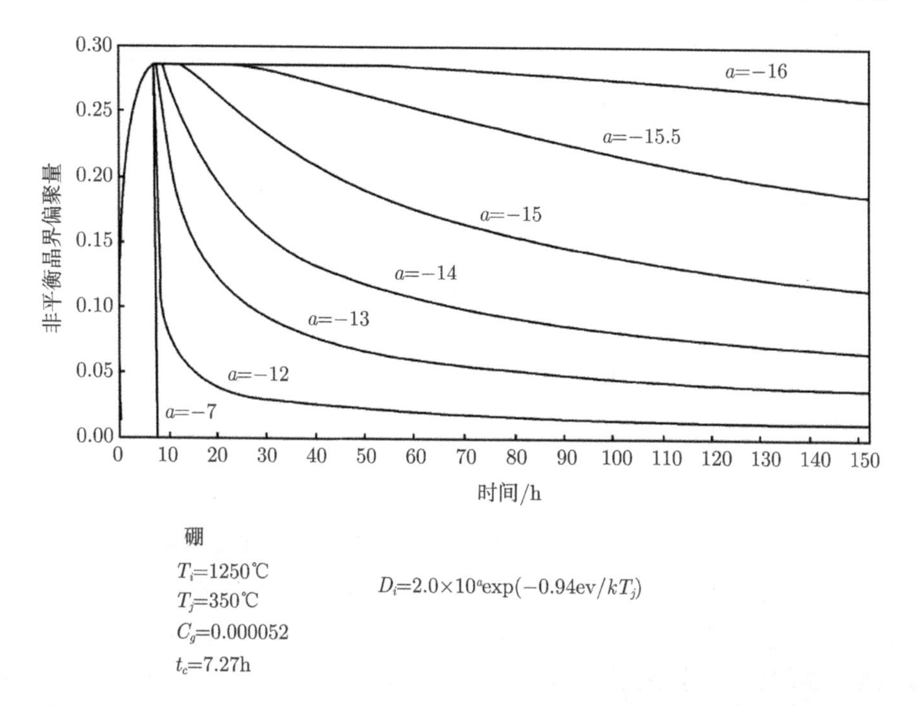

图 4-4 用式 (4-11) 和式 (4-19) 计算的硼偏聚恒温动力学曲线随硼的扩散系数 $D = 2.0 \times 10^{a}\exp(-0.94\text{eV}/kT_j)$ 的变化 (指数 a 为变数)

度如此快速的下降. 表明实际反偏聚过程中硼原子离开晶界的扩散速率远低于硼在基体里的扩散系数. 这可能部分地是由于在反偏聚的开始阶段, 空位—硼原子复合体向晶界扩散, 对硼原子的反向扩散的抵消作用. 这是需要继续研究的问题.

图 4-5 表示由式 (4-11) 和式 (4-19) 计算的钢中磷从固溶处理温度 1250°C淬火, 然后在 400°C恒温时效的恒温偏聚动力学曲线. 由式 (2-6) 计算的在 400°C磷在钢中的临界时间是 110357h. 计算中式 (4-11) 中的扩散系数选作 $D = 5.0 \times 10^{-5}\exp(-1.80\text{eV}/kT)$(Faulkner, 1981). 一般而言, 对于能发生非平衡偏聚的溶质元素, 其复合体扩散系数高于单个溶质原子扩散系数几个数量级. 因此, 在偏聚阶段反向的溶质扩散流相对于复合体的扩散流是非常弱的. 式 (4-11) 中的表象扩散系数可以用基体中复合体的真实扩散系数来代替. 如图 4-4 所表示的, 在反偏聚阶段可以通过不同的扩散系数, 由式 (4-19) 计算出不同的晶界浓度降低速率. 因此, 为了使实验测量的偏聚动力学与式 (4-19) 计算的曲线相符合, 可以示例地作下述假定: (1) 当 $t_c \leqslant t < 16t_c$, 式 (4-19) 中的扩散系数选作 $D = 2.9 \times 10^{a}\exp(-2.39\text{eV}/kT)$, 这里假定 $a = (t - 28t_c)/3t_c$, 因为由此式计算的当 $t = 16t_c$ 时的 a 值是 -4; (2) 当 $t > 16t_c$ 时, 式 (4-19) 的扩散系数选作 $D = 2.9 \times 10^{-4}\exp(-2.39\text{eV}/kT)$, 此为磷在铁素体中的真实扩散系数 (Seibel, 1964). 图 4-5 即是按这样设计的扩散系数计算获得的动力学曲线.

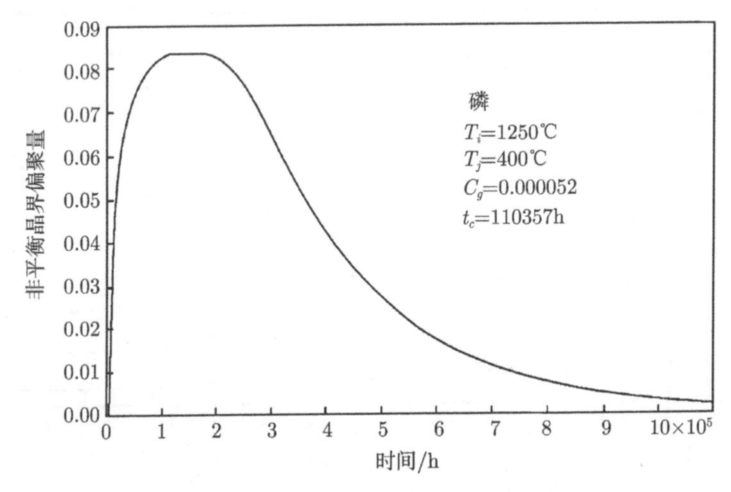

图 4-5　用式 (4-11) 和式 (4-19) 计算的磷偏聚恒温动力学曲线

图 4-6 是计算的钢中硼从 1250°C淬火, 然后在 350°C恒温的动力学曲线. 钢中硼在 350°C的临界时间由式 (2-6) 计算是 7.27h. 如前所述, 对于偏聚阶段 ($t < t_c$), 式 (4-11) 中的扩散系数采用 $D = 5.0 \times 10^{-5}\exp(-0.91\text{eV}/kT)$(Xu et al., 1991). 对于反偏聚阶段 ($t > t_c$), 式 (4-19) 采用 $D = 2.0 \times 10^{a}\exp(-0.91\text{eV}/kT)$ 为扩散系数, 当 $t_c < t < 100t_c$, 假设 $a = (8t - 149t_c)/99t_c$, 因为当 $t = 100t_c$ 时, $a = -7$. 当

$t > 100t_c$ 时, $D = 2 \times 10^{-7} \exp(-0.91\text{eV}/kT)$ 作为式 (4-19) 的扩散系数. 它是硼在钢中的真实扩散系数 (Williams et al., 1976).

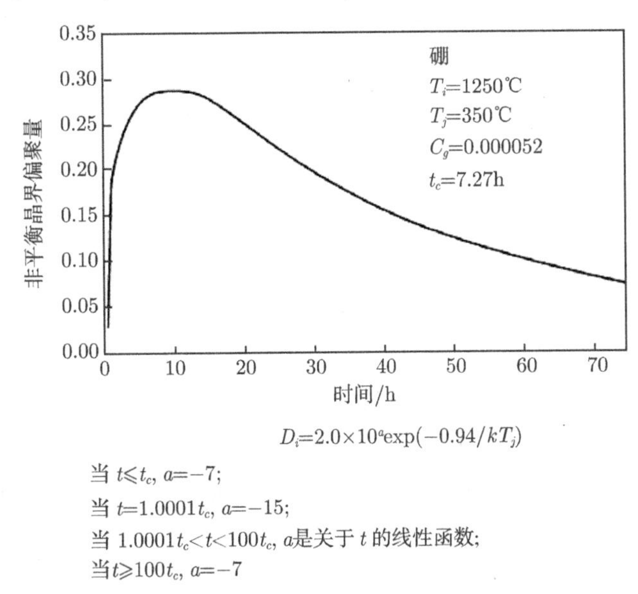

图 4-6 用式 (4-11) 和式 (4-19) 计算的硼偏聚恒温动力学曲线

图 4-7 表示以钢中的硼为例, 从各个不同的固溶处理温度 T_0 淬火至 350℃恒

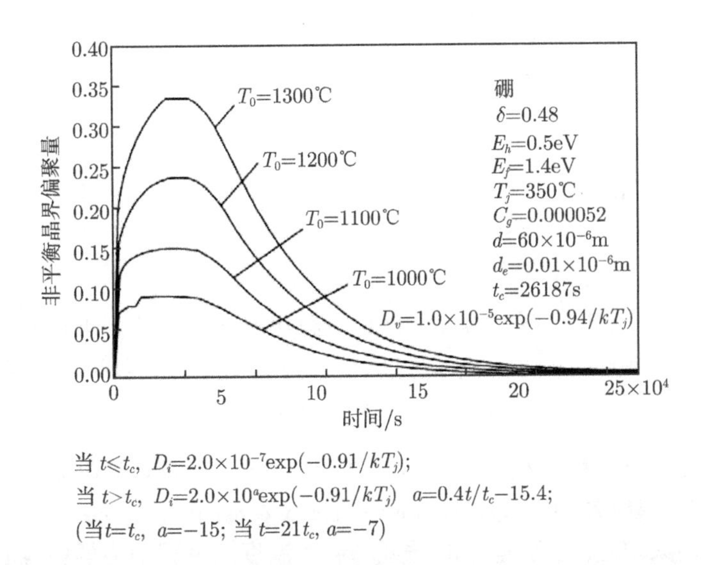

图 4-7 用式 (4-11) 和式 (4-19) 计算的硼偏聚恒温动力学曲线随固溶处理温度 T_0 的变化 (Xu et al., 2004)

温, 由式 (4-11) 和式 (4-19) 计算的偏聚动力学曲线. 显然, 固溶处理温度越高, 淬火到 350℃后恒温, 晶界偏聚浓度越高, 文献上称此为温差效应 (Xu et al., 2013). 这是非平衡晶界偏聚的特征之一. Williams 等 (1976) 的下述实验结果证实了这一结论: 硼在 316 不锈钢中以确定的冷却速率 50℃/s 冷却, 其晶界偏聚浓度随固溶处理温度在 900℃至 1350℃的范围内升高而增加.

4.5 偏聚峰温度及其移动

4.5.1 恒温动力学图示

对于在相同的温度, 比如在 1050℃固溶处理后淬火, 然后在不同的低温, 比如分别在 600℃, 620℃, 640℃, 660℃和 680℃恒温时效. 对于这样的热过程, 根据非平衡偏聚的临界时间关系式 (2-6), 热力学关系式 (3-5), 动力学关系式 (4-11) 和式 (4-19), 可以计算绘制出如图 4-8 所示的在各个不同温度的溶质非平衡晶界偏聚动力学曲线, 形成相同固溶处理温度在不同低温度恒温时效的非平衡晶界偏聚动力学曲线关系图.

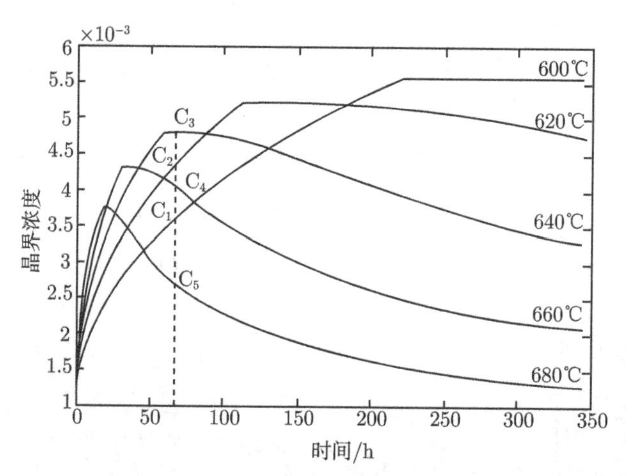

图 4-8 用临界时间公式 (2-6), 平衡方程 (3-5) 和动力学方程 (4-11) 和式 (4-19) 计算的, 钢在 1050° 固溶处理淬火, 然后在 600℃, 620℃, 640℃, 660℃和 680℃时效, 钢中磷的晶界偏聚动力学曲线 (Xu et al., 2013)

对于在相同的温度固溶处理, 淬火后在各个不同的低温恒温时效相同时间的热过程, 比如都恒温时效 70h, 即如图 4-8 垂直虚线表示的时间. 在各个温度时效 70h 对应的晶界偏聚浓度, 分别是 70h 垂线与各个温度的偏聚动力学曲线的交点 C_1, C_2, C_3, C_4, C_5 所对应的晶界浓度. 以时效温度为横坐标, 将这些浓度表示出来, 得到图 4-9. 显然 640℃的临界时间最接近于 70h, 所以 640℃的浓度 C_3 高于其他各个温度的浓度. 由图 4-8 和图 4-9 可以得出如下结论: 在相同温度固溶处理, 然后在各个不同的低温恒温时效相同的时间, 必有一时效温度, 其临界时间等于或比其他时效温度的临界时间更接近于所采用的时效时间. 此时效温度的非平衡晶界偏聚浓度高于其他各温度, 取得最大值, 如图 4-9 所示. 此温度称为非平衡偏聚峰温度, 是非平衡晶界偏聚的另一基本特征 (Xu et al., 2009, 2013).

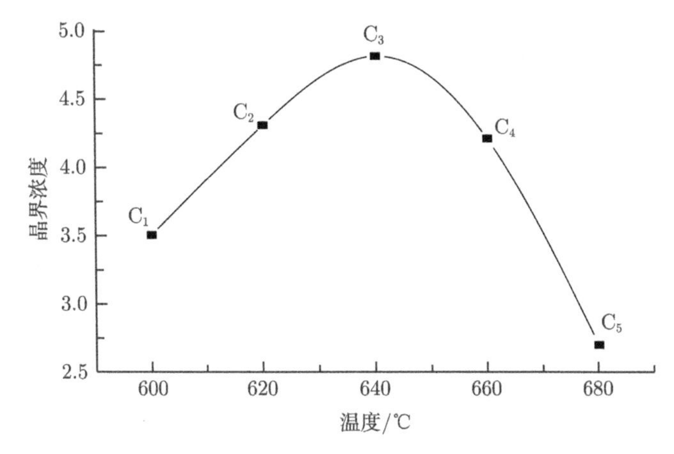

图 4-9 由 4-8 图得到, 钢在 1050℃固溶处理淬火, 然后在 600℃, 620℃, 640℃, 660℃和 680℃都时效 70h, 磷晶界偏聚浓度随时效温度的变化 (Xu et al., 2013)

由于临界时间随恒温时效温度的降低而延长, 如果图 4-8 中在各个时效温度都延长时效时间至 120h, 将与 620℃的临界时间最接近, 620℃的晶界浓度 C_4 将高于其他各个温度, 取得浓度极大值. 由此可以得出结论: 对于在相同温度固溶处理, 淬火后在各个不同的低温都恒温时效相同时间的热过程, 若在各时效温度延长时效时间, 取得偏聚浓度峰值的温度将向低温移动, 称为非平衡晶界偏聚峰温度移动, 是非平衡晶界偏聚的另一基本特征.

对于在不同温度固溶处理, 比如分别在 1100K, 1200K, 1300K 固溶处理, 淬火后分别在不同温度时效, 比如在 873K, 913K, 953K 恒温时效的热过程, 根据非平衡偏聚的临界时间关系式 (2-6), 热力学关系式 (3-5), 动力学关系式 (4-11) 和式 (4-19) 的计算和图示, 得到图 4-10.

如果在 873K, 913K, 953K 都恒温时效 100h, 如图 4-10 中的垂线所示. 各个不同固溶处理温度和不同时效温度的晶界偏聚浓度, 是图 4-10 中 100h 垂线与各动力学曲线的交点所对应的晶界浓度. 以时效温度为横坐标表示这些浓度, 即得到图 4-11. 从图 4-10 和图 4-11 可以得出结论, 固溶处理温度越高, 晶界偏聚浓度峰的峰值越高, 峰的宽度越宽. 称为非平衡偏聚的温差效应 (Xu et al., 2013). 这一结论, 在钢的中温脆性试验中已经得到证实, 将在第 8 章中讨论.

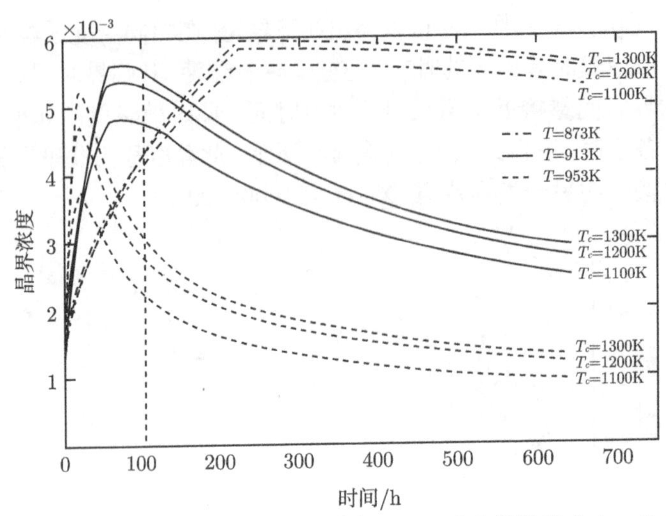

图 4-10　用临界时间公式 (2-6), 热力学关系式 (3-5), 动力学关系式 (4-11) 和式 (4-19) 计算的, 钢分别从 1100K, 1200K, 1300K 淬火后, 在 873K, 913K 和 953K 恒温时效, 磷的晶界偏聚动力学曲线. 垂直虚线表示时效时间 100h(Xu et al., 2013)

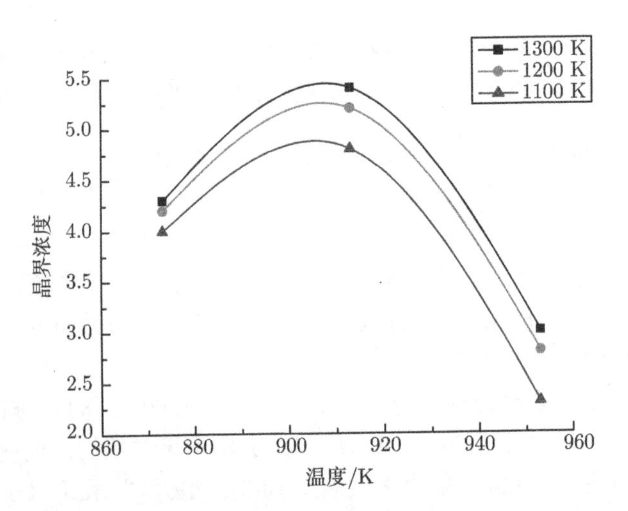

图 4-11　从图 4-10 得到的, 试样分别从固溶处理温度 1100℃, 1200℃, 1300℃淬火, 然后分别在 873K, 913K, 953K 时效 100h, 磷的非平衡晶界偏聚浓度随固溶处理温度和时效温度的变化 (Xu et al., 2013)

图 4-8 表明在偏聚的开始阶段, 即恒温时间短于临界时间阶段, 从扩散动力学的角度看, 时效温度越高, 溶质向晶界的扩散速率越快, 偏聚速率也越快, 这已经被实验多次证实 (Guttmann, 1977; Briant, 1985, 1987). 因此, 在此阶段, 高温时效的偏聚速率高于低温时效的偏聚速率, 即在图 4-8 中, 680℃的偏聚速率高于 660℃的

偏聚速率, 660℃的偏聚速率又高于 640℃的偏聚速率等. 但是, 在反偏聚阶段, 即恒温时间长于临界时间的阶段, 时效温度低的晶界偏聚浓度, 最终要高于时效温度高的偏聚浓度, 如图 4-8 中, 600℃的偏聚浓度高于 620℃的偏聚浓度, 620℃的偏聚浓度要高于 640℃的偏聚浓度等. 这也是非平衡晶界偏聚的一个基本特征, 符合 Langmuir-McLean 方程 (1-25) 的预期. 图 4-8 的结果首次实现偏聚动力学和偏聚热力学的统一. 2.3.5 节 Guttmann 对 7 种元素偏聚动力学的实验结果, 证实了图 4-8 的这些结论. 图 4-8 也解析的说明 3.2.1 节中 He(He et al., 1989) 的图 3-2 是错误的.

从图 4-8 至图 4-11 可以看出, 这些图示体现如下四方面的特征: ① 符合临界时间随时效温度的降低而延长的动力学规律; ② 符合固溶处理温度和时效温度之间的差越大, 时效温度的最大偏聚浓度也越高这一热力学规律; ③ 在偏聚初始, 高温偏聚速率高于低温偏聚速率, 符合物质传输的动力学规律; ④ 较高时效温度的晶界偏聚浓度, 最终要低于较低温度的晶界偏聚浓度, 符合溶质晶界偏聚的热力学关系. 因此, 这些图示是溶质非平衡晶界偏聚基本规律的综合表述.

4.5.2 实验证实和应用

Briant 等 (Briant, 1985, 1987) 实验用 304L 不锈钢, 先在 1100℃固溶处理 1h, 然后一组样品在 600℃, 650℃分别时效 24h, 120h 和 500h, 另一组样品在 700℃分别时效 24h 和 100h, 最后一组试样在 500℃,550℃, 600℃, 650℃和 700℃各个温度都时效 100h. 然后俄歇谱测量各个热处理状态下磷的晶界偏聚浓度, 结果列于图 4-12 和图 4-13.

图 4-12 是 Braint 测量的在 600℃, 650℃和 700℃时效不同时间, 从磷与铁的俄歇谱峰高比可以看出, 700℃时效的样品在时效 100h, 磷的晶界偏聚量降低, 说明在 100h 之前已有磷的浓度峰值, 时效 100h 处于反偏聚阶段, 在此时间 700℃时效的晶界磷浓度低于 650℃和 600℃的浓度. 对于 650℃和 600℃时效 500h, 磷的晶界浓度也都降低了, 说明在 500h 之前有浓度峰值, 这两个温度在 500h 也处于磷的非平衡偏聚的反偏聚阶段, 且 600℃的磷浓度高于 650℃的浓度. 这些都与图 4-8 所示的非平衡偏聚的基本特征一致, 即对于在相同的温度固溶处理, 然后在不同的低温恒温时效, 当恒温时效时间长于临界时间时, 时效温度低的非平衡晶界偏聚浓度, 最终要高于时效温度高的非平衡偏聚浓度. Wang 等 (Wang, 2009) 以此证实了磷在此钢中发生了非平衡晶界偏聚.

图 4-13 是 Braint 先将 304L 不锈钢在 1100℃固溶处理 1h, 然后在 500℃, 550℃, 600℃, 650℃和 700℃各个温度都时效 100h, 测量晶界上磷与铁的俄歇谱峰高比. 对于 Briant 图 4-13 的实验结果, Wang 等 (Wang, 2008) 计算了磷在 304L 钢中各个时效温度的临界时间, 列于表 4-4, 所用数据及其来源列于表 4-5. 从表 4-4 可以看

出在 600℃时效, 磷的非平衡偏聚的临界时间是 129h, 相对于其他温度, 最接近于 Briant 所采用的 100h 的时效时间, 因此, 如图 4-13 的实验结果, 磷的晶界偏聚在 600℃相对于其他时效温度获得浓度极大值. 当时效温度低于 600℃, 随着时效温度的降低, 临界时间延长, 越来越长于 Briant 采用的 100h, 如图 4-13 所示, 磷晶界偏聚浓度随时效温度的降低越来越低; 当时效温度高于 600℃, 随着时效温度的增高, 临界时间缩短, 越来越短于 Briant 采用的 100h, 如图 4-13 所示, 磷晶界偏聚浓度随时效温度的升高越来越低. 说明图 4-13 在 600℃取得晶界磷浓度峰值, 从实验

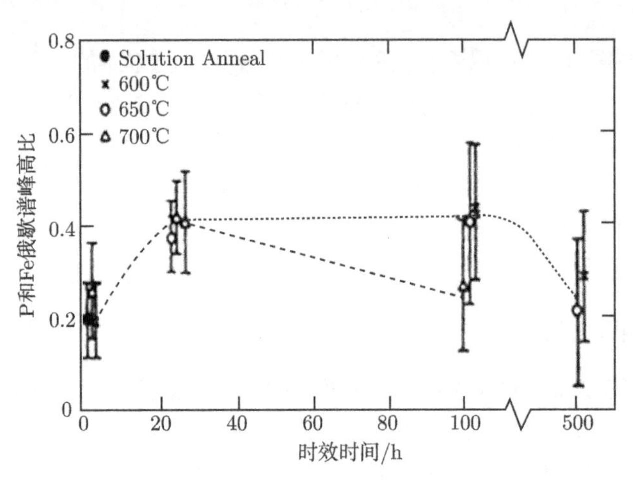

图 4-12　磷—铁俄歇谱峰高比随时效时间的变化黑圆点 (图的最左边) 表示固溶退火试样的峰高比. 紧挨着它的点是时效 1h 的点. 误差带表示 $a \pm 1\sigma$ 偏差 (Briant, 1985)

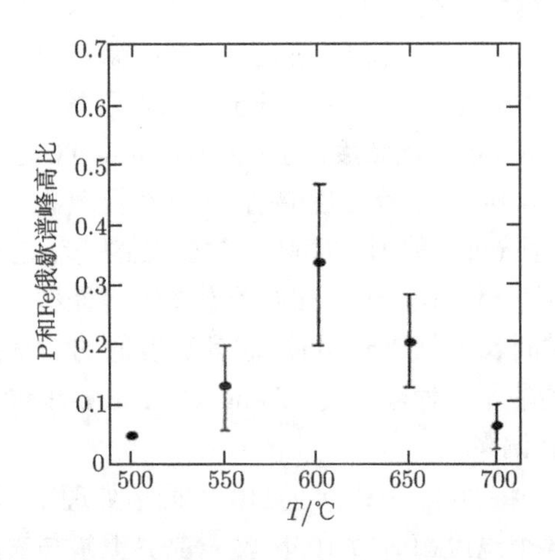

图 4-13　磷—铁俄歇谱峰高比随时效温度的变化. 样品从 1150℃淬火后, 在各个温度都时效 100h. 误差带表示 $a \pm 1\sigma$ 偏差 (Briant, 1987)

上证实了偏聚峰温度的存在：在相同的温度固溶处理，然后在不同的低温恒温时效相同的时间，非平衡晶界偏聚浓度将在某一时效温度取得最大值，此温度的临界时间必然等于或比其他时效温度的临界时间更接近于所采用的时效时间.

表 4-4　计算的各个时效温度的临界时间 (Wang, 2009)

时效温度/℃	500	550	600	650	700
临界时间/h	2521	524	129	37	12

表 4-5　动力学计算所用参数及文献来源

参数	在奥氏体中	文献
$D_c/\mathrm{m^2 \cdot s^{-1}}$	$1.7 \times 10^{-5}\exp(-1.63/kT)$	(Song et al., 2005)
$D_i/\mathrm{m^2 \cdot s^{-1}}$	$2.83 \times 10^{-3}\exp(-3.03/kT)$	(Seibel, 1964)
δ	11.5	(Song et al., 1989)

Wang 等 (Wang et al., 2009, 2011) 对 Briant 在相同温度 1100℃固溶处理，然后在各个不同温度 500℃(773K), 550℃(823K), 600℃(873K), 650℃,(923K), 700℃(973K), 恒温时效 100h 的热过程，用非平衡晶界偏聚的临界时间公式 (2-6)、热力学关系 (3-5) 和恒温动力学方程 (4-11) 和式 (4-19) 模拟计算并图示，得到图 4-14 和图 4-15, 图 4-15 在 600℃(873K) 达到磷晶界浓度的峰值. 得出结论：在相同的温度 1100℃固溶处理，然后在不同的低温恒温时效相同的时间 100h, 非平衡晶界偏聚浓度将在 600℃取得最大值，此温度的临界时间等于或比其他时效温度的临界时间更接近于所采用的时效时间 100h. 比较图 4-13 和图 4-15, 确切证实了 Briant 的试验结果是磷非平衡晶界偏聚的峰温度现象. 读者在第 8 章中将会看到，本节的图示为解释钢的回火脆性，不锈钢的晶间腐蚀脆性和金属与合金的中温脆性这三个困扰材料学界百年的科学难题，提供了理论基础.

朱强等 1987 年采用与 Briant 相同的热循环，俄歇谱和透射电镜测量了 Ni-Cr-Co 合金中 Mg 的晶界偏聚，获得了与图 4-8 和图 4-9 相同的实验结果 (朱强等, 1987). 他们将 Ni-Cr-Co 合金先从高温固溶后冷却，在 900℃恒温时效不同时间，最长达 100h, 结果在 70h 附近 Mg 的晶界偏聚浓度达到极大值，见图 2-12. 另一套试样在 800℃, 900℃和 1000℃都恒温时效 100h, 结果 Mg 的晶界偏聚浓度在 900℃达到极大值，见图 2-13. Xu 分析了朱强等的这些实验结果 (Xu, 2006), 计算证实，Mg 在 800℃, 900℃和 1000℃的临界时间分别是 670h, 70h, 11h, 只有 900℃的 Mg 在 Ni-Cr-Co 合金中的临界时间 70h, 最接近朱强等采用的 100h, 因此，Mg 偏聚浓度的最大值出现在 900℃, 实验证实了 Mg 在此合金中发生了非平衡晶界偏聚，并证实 Mg 的晶界偏聚也存在峰温度现象.

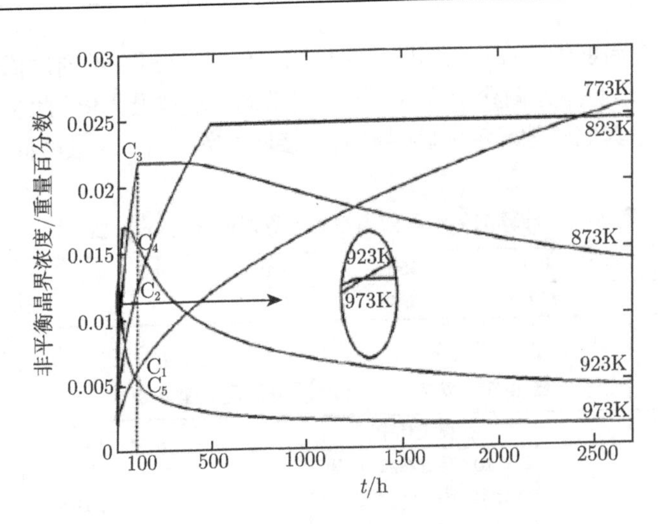

图 4-14 用临界时间公式 (2-6), 热力学关系式 (3-5), 动力学关系式 (4-11) 和式 (4-19) 计算的钢在 1423K 淬火后 773K, 823K, 873K, 923K, 973K 恒温时效, 磷的晶界偏聚动力学曲线 (Wang et al., 2008)

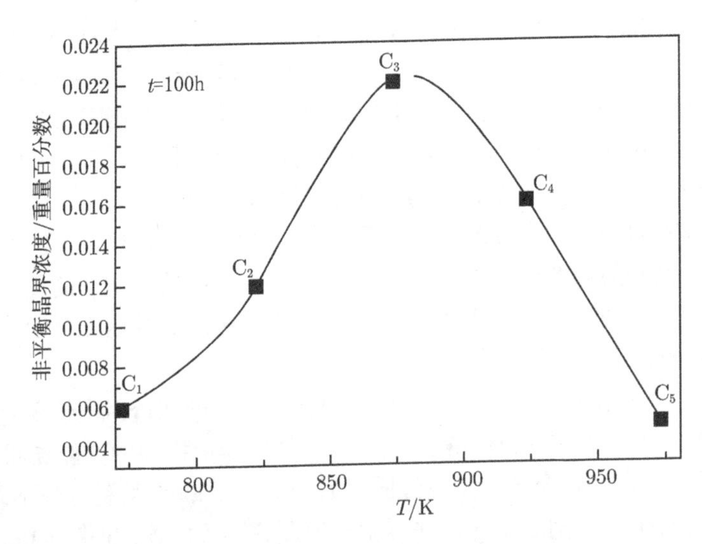

图 4-15 从图 4-14 得到的, 在 773K, 623K, 873K, 923K, 973K 都恒温时效 100h, 晶界磷浓度随时效温度的变化 (Wang et al., 2008)

Wang 等 (Wang et al., 2009, 2011) 通过对 Ni-Cr-Fe 合金先 1180℃固溶处理淬火, 然后分别在 200℃, 400℃, 500℃, 700℃和 800℃固溶处理 20min, 俄歇谱测量晶界硫的浓度, 所得结果如图 4-16 所示. Wang 等 (Wang et al., 2009, 2011) 用临界时间公式 (2-6), 计算了硫在 Ni-Cr-Fe 合金中各个时效温度的临界时间, 列于表

4-6. 比较图 4-16 和表 4-6 可以发现, 图 4-16 中试验测得的在 500°C取得硫晶界浓度的极大值, 是因为硫在此合金中 500°C的临界时间最接近试验所采取的在各个温度恒温时效时间 20min. 高于或低于 500°C, 相应的临界时间都短于或长于时效时间 20min, 硫的晶界浓度都下降. Wang 等的这些试验结果, 证实了图 4-8 和图 4-9 所表述的非平衡晶界偏聚峰温度概念.

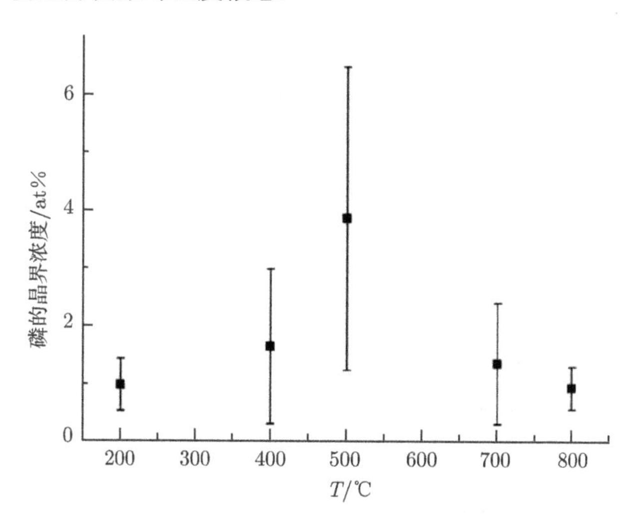

图 4-16 Ni-Cr-Fe 合金 1180°C固溶处理淬火, 在各个温度时效 20min, 硫的晶界浓度的变化. 误差带表示 $\pm 1\sigma$ 标准偏差 (Wang et al., 2009)

表 4-6 计算的硫在 Ni-Cr-Fe 合金中各个时效温度的临界时间 (Wang et al., 2009)

	T/°C				
	200	400	500	700	800
临界时间/min	2.15×10^7	532	20	0.2	0.04

参 考 文 献

朱强, 王迪, 陈国良, 等. 1987. 镍－铬－钴高温合金中微量元素镁分布规律的研究// 徐志超, 马培立. 高温合金中微量元素的作用与控制. 北京: 冶金工业出版社

Briant C L. 1985. Metall. Trans. A, 16: 2061

Briant C L. 1987. Metall. Trans. A, 18: 691

Chapman M A V, Faulkner R G. 1983. Acta Metall., 31: 667

Damask A C, Dienes. G H 1963. Point Defects in Metals. New York: Gordon & Breach

Faulkner R G. 1981. J. Mater. Sci., 16: 373

Faulkner R G. 1985. Mater. Sci. Technol., 1: 442

Guttmann M. 1977. Ph. Dumoulin, Mrs. M. P. Le Biscondi, Mem. Sci. Rev. Met., 74: 337. From Interfacial segregation paper presented at a seminar of the Materials Science Division of the American Society for Metals October 22 and 23, 1977, Edited by W. C. Johnson and J. M. Blakely

He X L, Chu Y Y, Jonas J J. 1989. Acta metall., 37(11): 2905

Jiang H, R G Faulkner. 1996a. Acta Mater., 44:1857

Jiang H, R G Faulkner. 1996b. Acta Mater., 44:1865

Kameda J, Bloomer T E. 1999. Acta Mater., 47(3): 893

Luckman G, Didio R A, Graham R W. 1981. Metall. Trans., 12A: 253

Menyhard M, McMahon Jr C J. 1989. Acta Metall., 37: 2287

Ohtani H, Feng H C, McMahon C J Jr, et al., 1976a. Metall Trans.,7A(2): 87

Ohtani H, Feng H C, McMahon C J Jr, et al., 1976b. Metall Trans.,7A(8): 1123

Seibel G. 1964. Mem. Sci. Rev. Met., 61: 413

Sevc P, Janovec J, Katana V. 1994. Scr. Metall. Mater., 31: 1673

Sevc P, Janovec J, Lucas M, et al. 1995a. Steel Res.,66: 537

Sevc P, Janovec J, Koutnik M, et al. 1995b. Acta Metall. Mater., 43: 251

Song S, Xu T, Yuan Z. 1989. Acta Metall., 37: 319

Song S H, weng L Q. 2005. Mater Sci Technol., 21: 305

Tan J Z. 2004. Acta Metallurgica Sinica (English Letters), 17(2): 139

Tan J Z, Huang W L, Chao Y J. 2006. Transactions of ASME, Journal of Pressure Technology, 128: 566

Vorlicek V, P E J Flewitt. 1994. Acta Metall. Mater., 42: 3309

Wang K, Xu T D, Wang Y Q, et al. 2009. Philo. Mag. Lett., 89(11): 725

Wang K, Xu T D, Song S H, et al. 2011. Mater. Charact., 62: 575

Wang K, Wang M Q, Si H, et al. 2008. Mater. Sci. Eng., A 485:347

Williams T M, Stoneham A M, Harries D R.1976. Met. Sci., 10: 14

Xu T. 1987. J. Mater. Sci., 22: 337

Xu T. 2006. Philos. Mag. Lett., 86 (8):501

Xu T, Wang K, Song S H. 2009. Sci China Ser E-Tech Sci., 52 (4): 893

Xu T, Song S H.1989. Acta Metall., 37: 2499

Xu T, Cheng B. 2004. Prog. Mater Sci., 49: 109

Xu T, Song S H, Shi H Z, et al. 1991. Acta metall.mater., 39:3119

Xu T, Zheng L, Wang K, et al. 2013. Inter. Mater. Rev., 58 (5): 263

Yu Q W, McMahon Jr C J. 1987. Mater. Sci. Technol., 3: 207

第5章 连续冷却过程偏聚动力学和临界冷却速率

5.1 引 言

非平衡晶界偏聚恒温动力学的研究, 提供了一个对于钢铁材料和广泛的结构合金材料的晶间偏聚行为和力学性质之间关系的深入和全面的了解, 也提供了一个实验模式, 了解非平衡偏聚对温度、时间和成分的依赖关系, 并可以洞察金属在各种热处理工艺过程中的溶质偏聚行为 (Seibel, 1964). 但是, 对于大多数有关非平衡偏聚的实验和实际问题, 偏聚往往会发生在冷却过程中. 这是非平衡偏聚的另一个重要特征. 许多学者甚至将能否在冷却过程中发生晶界偏聚, 作为区别平衡偏聚和非平衡偏聚的依据 (Vorlicek et al., 1994), 这虽并不完全充分, 但也说明了冷却过程中发生偏聚确是非平衡偏聚的一个特点. 还应该指出的是, 只有当恒温前从高温淬火的速率充分快时, 才可以将而后的晶界偏聚看作是完全在恒温过程中发生, 才可以直接将恒温时间代入式 (4-11) 或式 (4-19) 计算在恒温过程的偏聚量. 充分快的冷却速率是一个理想速率, 在大多数的情况, 冷却过程中都会伴随发生非平衡偏聚. 因此计算冷却过程中发生的非平衡偏聚量, 无论从理论上还是从实际应用来说, 都是一个重要问题. 非平衡晶界偏聚恒温动力学理论的建立, 为连续冷却过程的非平衡偏聚动力学的建立提供了基础, 使之成为可能. 在文献 (Xu, 1987; Xu et al., 1989; Song et al., 1989) 中, Xu 等基于恒温动力学方程, 发展了两个方法解决这个问题: 等效时间法 (effective time method) 和修正因子法 (correction factor method), 并提出了非平衡偏聚的另一基本特征, 临界冷却速率的概念. 在本章的最后, 也将 Xu 等的上述模型与国际上其他人的同期工作作了比较.

5.2 连续冷却过程动力学

5.2.1 等效时间方法

1. *方法*

假若合金样品从固溶处理温度快速淬火至温度 T_j, 然后在此恒温 t_j 时间. 在此时间里扩散的平均距离 $x_0 = \delta[D_v(T_j)t_j]^{1/2}$, 这里 δ 是扩散常数, $D_v(T_j)$ 是扩散

物质在温度 T_j 的扩散系数. 想象在另一温度 T_i 恒温 t_i 时间物质的扩散平均距离也是 x_0, $x_0 = \delta[D_v(T_i)t_i]^{1/2}$, 因此,

$$D_v(T_i)t_i = D_v(T_j)t_j \tag{5-1}$$

将 $D_v(T_i) = D_0\exp(-E_A/kT_i)$ 和 $D_v(T_j) = D_0\exp(-E_A/kT_j)$ 代入式 (5-1) 得

$$t_i = t_j\exp[-E_A(T_i - T_j)/kT_iT_j] \tag{5-2}$$

这里 D_0 是扩散常数, E_A 是扩散激活能, t_i 是 t_j 在温度 T_i 的等效时间 (effective time). 显然, 这意味着扩散体系在温度 T_i 恒温 t_i 时间物质的扩散效果, 等于在温度 T_j 恒温 t_j 时间的扩散效果.

正如文献 (Xu, 1987, 1988) 讨论的, 任何一个连续冷却过程都可以在温度一时间 $(T-t)$ 坐标中用一条曲线表示, $T-t$ 坐标中的任何一条曲线都可以如图 5-1 所示的, 用一条相应的阶梯形折线来代替, 此折线的每一个台阶是由分别平行于温度坐标和时间坐标的线段组成. 当试样的连续冷却曲线用一个具有 n 个台阶的折线替代时, 如图 5-1 所示, 用式 (5-2) 可以计算出每一个台阶在某一温度 T 的等效时间. 然后, 将所有台阶在此温度的等效时间相加得

$$t_e = \sum_{j=1}^{n} t_j\exp[-E_A(T-T_j)/kTT_j] \tag{5-3}$$

t_e 表明样品如果按折线冷却, 物质扩散的效果等于样品在温度 T 恒温 t_e 时间的扩散效果. 当折线的台阶选得充分细小时, 折线可以代替连续冷却曲线, 此时由式 (5-3) 计算得等效时间, 就是连续冷却过程在温度 T 的等效时间. 即连续冷却过程引起的物质扩散效果, 等于扩散体系在温度 T 恒温式 (5-3) 中 t_e 时间的扩散效果. 因此, 我们可以用上述等效时间方法计算连续冷却过程发生的非平衡晶界偏聚量. 对于任何一个连续冷却过程, 可以用公式 (5-3) 计算出它在某一温度的等效时间 t_e, 然后与此温度的临界时间 t_c 比较, 若 $t_e < t_c$, 则将 t_e 代入式 (4-11), 若 $t_e > t_c$, 则将 t_e 代入式 (4-19), 求出连续冷却过程发生的非平衡偏聚量.

值得指出的是, 由晶界平衡偏聚浓度的表达式 (1-25) 可以看出, 晶界浓度随温度的降低呈指数形式的增加. 这表明在充分慢的冷却速率下, 冷却过程中也会发生平衡晶界偏聚. 因此, 对于平衡晶界偏聚也存在着计算冷却过程中引起的偏聚量的问题. 我们同样可以用等效时间方法计算冷却过程的平衡偏聚量. 因为平衡偏聚没有临界时间问题, 根据冷却速率, 用式 (5-3) 计算出冷却过程的等效时间后, 直接代入 McLean 的动力学方程 (1-33), 即可求出平衡偏聚在冷却过程中发生的溶质晶界浓度. 如前所述, 非平衡偏聚是由溶质原子与空位形成的复合体扩散引起的, 而平衡偏聚一般认为是单个溶质原子向晶界扩散的结果. 实验和理论计算都表明复合体

的扩散速率要高于单个溶质原子的扩散速率 2~3 个数量级 (Zong-sen et al., 1993; Ning et al., 1995), 因此认为冷却过程中发生的偏聚主要是非平衡偏聚也是合理的.

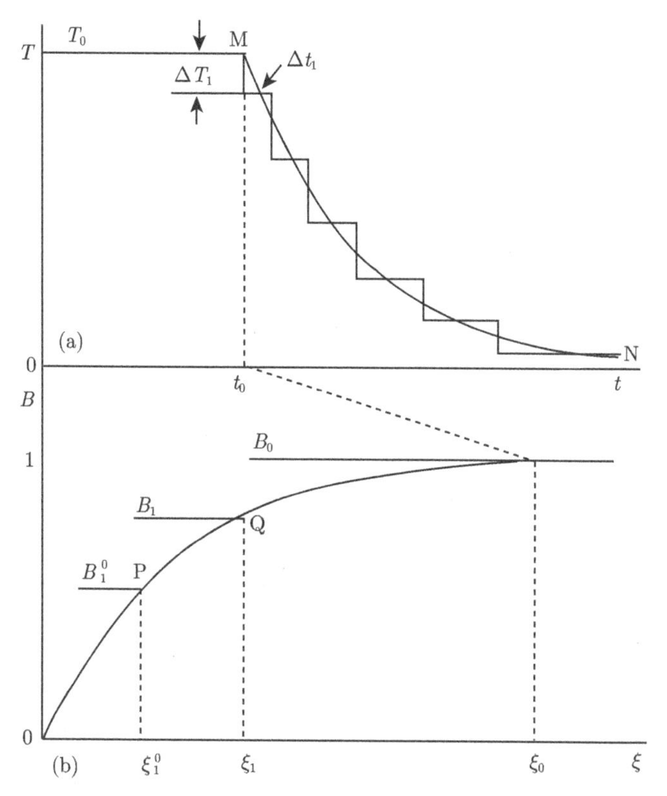

图 5-1 (a) 实际冷却曲线 MN 和它的近似的阶梯曲线; (b) $B(\xi)$ 曲线表示非平衡偏聚动力学关系式 (5-5), 表明 B 在第 1 个台阶的时间间隔 Δt_1 的变化

2. 应用实例

Xu 等用等效时间方法, 根据各自的实验条件, 分别计算了硼在 Fe-30%Ni 合金 (Xu et al., 1989) 中, 铝在 Inconel 600 合金 (Faulkner, 1981) 中, 铬在 2.25Cr1%Mo 钢 (Doig et al., 1987), 锡在 2.25Cr1%Mo0.08%Sn 钢 (Doig et al., 1987) 中, 在冷却过程中的非平衡偏聚水平. Fe-30%Ni 和 Inconel 600 是奥氏体合金. 2.25Cr1%Mo 和 2.25Cr1%Mo0.08%Sn 钢的马式体转变温度是 700 K, 大约 $0.4T_m$(熔点)(Stevens et al., 1956). 表 5-1 列出 4 种合金的化学成分. 表 5-2 列出计算所用的参数及参数的文献来源. 硼在 Fe-30%Ni 合金中复合体的形成能 E_b 取自 Williams 等 (Williams et al., 1976) 的结果, 铝在 Inconel 600 合金中的复合体的形成能来自 Faulkner (1981) 的结果, 铬在 2.25Cr1%Mo 和锡在 2.25Cr1%Mo0.08%Sn 钢中的复合体形成能来

自 Doig 和 Flewitt(Doig et al.,1987) 的结果. 空位扩散激活能 $E_v = 2.6\text{eV}$(Doig et al., 1981). 复合体扩散激活能 E_A 假定是空位扩散激活能和溶质原子扩散激活能的平均值. 溶质晶内基体浓度 C_g 由表 5-1 得到, 并转换为原子百分数. 晶界偏聚厚度在本工作里选为 $d = 0.015\mu\text{m}$. 所有实验合金的实验条件、计算结果和观测结果(包括其文献来源) 都列于表 5-3. 需要注明的是, 对于铬和锡在相应的合金的情况, 温度和冷却时间的函数关系由下式描述 (Doig et al., 1981)

$$T_i = T_o \exp(-\theta t) \tag{5-4}$$

表 5-1　合金化学成分

合金	成分 (wt%)													
	C	Co	S	P	Si	Cr	N	Mn	Ni	Ti	Mo	Sn	Al	B	Fe
Fe-30%Ni Alloy	0.08	—	0.006	0.009	—	—	—	—	29.1	0.033	—	—	—	0.001	Bal.
Inconel 600	0.04	0.08	—	—	0.11	15.7	0.006	0.38	74.4	0.24	0.08	—	0.28	—	8.6
2.25%Cr1%Mo Steel	0.07	—	0.02	0.02	0.38	2.1	—	0.53	0.1	—	1.0	—	—	—	Bal.
2.25%Cr1%Mo-0.008%Sn Steel	0.09	—	0.01	0.005	0.46	2.2	—	0.46	0.15	—	1.0	0.08	—	—	Bal.

表 5-2　计算用参数及其文献来源

参数	合金			
	B in Fe-30%Ni	参考文献	Al in Inconel 600	参考文献
$D_i/\text{m}^2\cdot\text{s}^{-1}$	$2\times10^{-7}\exp(-0.91/kT)$	(Warga et al., 1953)	$1.87\times10^{-4}\exp(-2.8/kT)$	(Buffincton et al., 1961)
$D_c/\text{m}^2\cdot\text{s}^{-1}$	$5\times10^{-5}\exp(-1.75/kT)$	(Buffincton et al., 1961)	$3.36\times10^{-4}\exp(-2.7/kT)$	(Swalin et al., 1956)
E_f/eV	1.4	(Williams et al., 1976)	1.4	(Williams et al., 1976)
E_A/eV	1.75		2.7	
E_v/eV	2.6	(Doig et al., 1987)	2.6	(Swalin et al., 1956)
$T_{0.47Tm}/\text{K}$	720		720	
E_b/eV	0.5	(Williams et al., 1976)	0.37	(Faulkner, 1981)
$T_i/^\circ\text{C}$	1000		1000	

参数	合金			
	Cr in 2.25Cr%1%Mo	参考文献	Sn in 2.25%Cr1%Mo0.8%Sn	参考文献
$D_i/\text{m}^2\cdot\text{s}^{-1}$	$3.21\times10^{-4}\exp(-2.5/kT)$	(Warga et al., 1953)	$1.6\times10^{-5}\exp(-2.0/kT)$	(Bowen et al., 1970)
$D_c/\text{m}^2\cdot\text{s}^{-1}$	$5\times10^{-5}\exp(-2.55/kT)$	(Buffincton et al.,1961)	$5\times10^{-5}\exp(-2.3/kT)$	(Buffincton et al., 1961)
E_f/eV	1.4	(Williams et al., 1976)	1.4	(Williams et al., 1976)
E_A/eV	2.55		2.3	
E_v/eV	2.6	(Doig et al., 1987)	2.6	(Doig et al., 1987)
$T_{0.47Tm}/\text{K}$	720		720	
E_b/eV	0.5	(Doig et al., 1987)	0.75	(Doig et al., 1987)
$T_i/^\circ\text{C}$	1000		1000	

这里 t 是冷却时间, $\theta = 1$. 从表 5-3 可以看出计算的结果与实验观测结果达到合理的一致. 硼在 Fe-30%Ni 合金中的偏聚, 非平衡偏聚水平 C_{obs} 的测量是用粒子径迹照相技术 (PTA)(Xu, 1987; Xu et al., 1989), 此方法的空间分辨率是 2.0μm (Bannister et al., 1931). 铝、铬和锡的晶界偏聚是用扫描透射电子显微镜测量的 (STEM)(Faulkner et al., 1977; Faulkner et al., 1978).

表 5-3 实验结果和计算结果的比较(Xu et al., 1989)

合金系	浓度 (at%)							
	T_0/℃	θ/℃·s^{-1}	d/μm	C_g(at%)	$t_e(T_i)$/s	$t_c(T_i)$/s	$C_b(t_e)$ $(t_e < t_c)$ $C_b(t_e - t_c)(t_e > t_c)$	C_{obs}
Boron in	1220	1400	290	0.0052	0.72	87.83	0.098	N.o.
Fe-30%Ni	1150	1400	290	0.0052	0.34	87.83	0.073	N.o.
alloy	1050	1400	290	0.0052	0.10	87.83	0.044	N.o
	1220	50	290	0.0052	20.20	87.63	0.15	High
	1150	50	290	0.0052	9.46	87.83	0.13	Medium
	1050	50	290	0.0052	2.80	87.83	0.088	Low
Aluminium								
in Inconel 600	980	2	27	0.61	15.72	1200.75	3.0	2.5
Chromium in								
2.25%Cr1%Mo	1423	$\phi = 1$	100	2.23	0.53	3174.87	3.65	3.23
	1323	$\phi = 1$	80	2.23	0.10	2377.52	2.86	2.54
	1223	$\phi = 1$	60	2.25	0.015	1337.35	2.47	2.17
Tin in								
2.25%Cr1%Mo	1423	$\phi = 1$	100	0.037	0.46	610.69	1.81	3.81
0.08%Sn	1323	$\phi = 1$	80	0.037	0.10	390.85	0.91	1.30
	1223	$\phi = 1$	60	0.037	0.019	219.85	0.43	0

N.o. = Not observed(没有观察到)

Sevc 等 (Sevc et al., 1995) 用等效时间方法, 计算了含磷量分别是 0.004, 0.014 和 0.027(wt%) 的 2.7Cr-0.7Mo-0.3V 钢, 水淬过程中磷的晶界偏聚量, 分别是 0.06, 0.20 和 0.40 (at%). 这与他们的实验观察是一致的, 即这些钢淬火后在断裂表面上见不到沿晶界断裂台阶, 由于晶界上磷成分如此低, 以至于用俄歇谱测量不到晶界上的磷成分.

在文献 (Song et al., 1994) 中, 等效时间方法被用于 3.5%Ni-1.7%Cr-0.06%P 钢淬火引起的磷的非平衡偏聚. 对于从 1300℃水淬的样品, 计算的晶界偏聚量是 4 at%, 而由 Ogura 等 (Ogura, 1981; Ogura et al., 1978) 测量的结果是 5 at%. 两者符合得很好.

最近, Song 等 (Song et al., 2005) 用场发射枪扫描透射电子显微镜 (FEGSTEM) 测量从 1050℃水淬的 2.25Cr-1Mo 钢中磷的晶界偏聚, FEGSTEM 测量的磷晶界偏聚浓度是 4.7 at%. 同时, 他们根据他们的实验条件, 用等效时间方法, 通过公式 (2-6), 公式 (4-11), 公式 (4-19) 和公式 (5-3) 计算出磷的晶界偏聚浓度应该是 4.9 at%. 两者符合得很好, 证实了等效时间方法的有效性. 杨尚林等 (杨尚林等, 2003, 2004), 用等效时间方法计算的 12Cr1MoV 钢分步冷却过程中磷的晶界偏聚量是 4.1%(原子百分数), 实验测量的晶界偏聚量是 4.4%(原子百分数), 也证实了上述方法.

Dong 等 (Dong et al., 2012) 分别用低碳无硼钢、硼钢和硼—钼钢研究冷却速率对硼分布的影响, 他们采用了等效时间方法和公式 (5-3), 实验证实连续冷却过程中硼的晶界偏聚与冷却速率的关系, 与硼偏聚的恒温动力学对恒温时间的依存关系式 (4-11) 和式 (4-19), 很好的一致. 这一工作既证实了等效时间方法和公式 (5-3) 的有效性, 也证实了硼在上述钢中的非平衡偏聚性质 (Dong et al., 2012).

图 5-2 表示用等效时间方法, 即基于式 (2-6)、式 (4-11)、式 (4-19) 和式 (5-3) 计算, 当冷却曲线是 $T = (969 \times T_0)/[(T_0 - 323K)t]$ 时, 即冷却速率不变时, 计算的非平衡晶界偏聚浓度随固溶处理温度的变化. 显然, 固溶处理温度越高, 晶界偏聚浓度越高. 这就是说, 当冷却速率不变时, 固溶处理温度越高, 冷却过程中产生的晶界偏聚浓度也越高. 这是非平衡晶界偏聚的另一重要特征, 由此 Williams(1976) 给出了非平衡偏聚存在的最重要的证据.

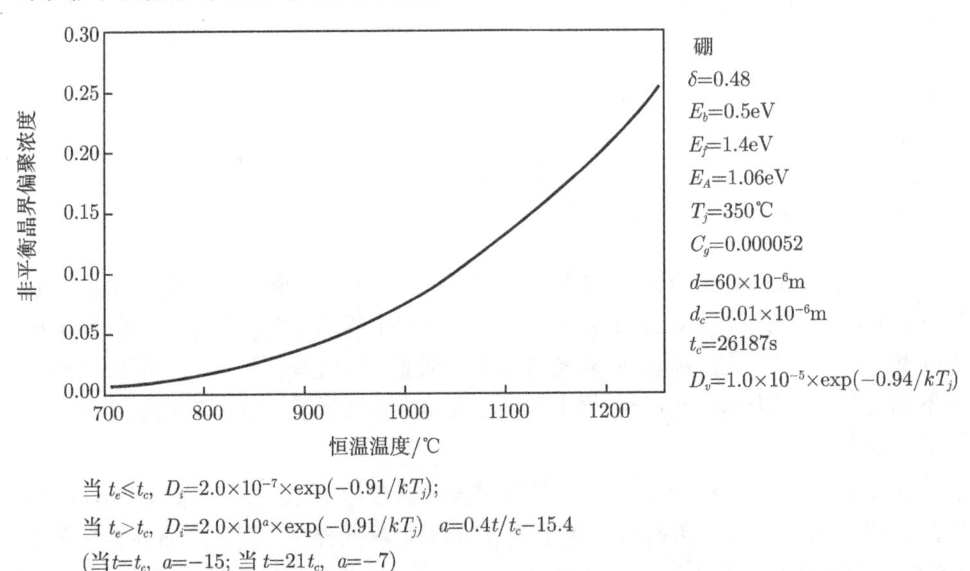

图 5-2 当冷却速率不变时, 由等效时间法计算的冷却过程产生的非平衡晶界偏聚浓度随固溶处理温度的变化

5.2.2 修正因子法

1. *方法*

文献 (Xu, 1987) 中提出了修正因子法计算冷却过程产生的非平衡偏聚浓度. 假设试样在固溶处理温度 T_0 达到平衡状态, 然后沿图 5-1 的 MN 曲线冷却至室温. 为计算此冷却过程产生的非平衡偏聚浓度, 作如下假设.

(1) 非平衡偏聚的晶界最大浓度和恒温动力学由公式 (3-5) 和公式 (4-11) 决定. 由于 $C_m(T_{i+1}) > C_b(t) \gg C_m(T_i)$ 除在 $t=0$ 以外, 各个时刻都成立, 式 (4-11) 可以简化为

$$B = C_b(t)/C_M(T) = 1 - \exp(4Dt/\alpha^2 d^2) \times \mathrm{erfc}[2(Dt)^{1/2}/\alpha d] = f(\xi) \tag{5-5}$$

这里为了简化 $C_m(T) = C_m(T_{i+1})$, $\alpha = \alpha_{i+1}$ 以及 $\xi = 2(Dt)^{1/2}/\alpha d$. B 是随着恒温时间的延长, 晶界溶质的饱和度. 微分式 (3-5) 得

$$\Delta C_m/C_m(T) = \Delta T(E_b - E_f)/kT^2 = A(T)\Delta T \tag{5-6}$$

这里 $A(T) = (E_b - E_f)/kT^2$.

(2) 如图 5-1 所示, 假定当由垂直和水平线段构成的阶梯型折线的阶梯取得充分小时, 沿 MN 曲线冷却引起的非平衡晶界偏聚, 等于沿阶梯型折线冷却产生的晶界偏聚浓度.

(3) 因为在固溶处理温度 T_0 体系达到平衡状态, B_0 是当恒温在温度的开始溶质在晶界的饱和度, 在这里假定 $B_0 = 1$ 是正确的.

沿阶梯型折线向下移动 (即沿阶梯型折线冷却), 在第一个台阶, 当温度 T_0 降低 ΔT_1(见图 5-1), $C_m(T_0)$ 降至 $C_m(T_0 - \Delta T_1)$, B_0 变成 $B_0^1 < 1$. 相对于 B_0^1 的 ξ 值是 ξ_1^0, 对应于图 5-1 中的 P 点. 在第一个台阶的 P 点发生偏聚, 并且 ξ_1^0 增至 ξ_1, 使在第一个台阶上, 在 Δt 时间内 B 达到 B_1, 在 $B \sim \xi$ 曲线上从 P 点达到 Q 点. 这个过程在接下来的台阶重复发生.

令 ΔC_b^{Q} 是沿 MN 曲线冷却引起的非平衡偏聚量, 引入修正因子 γ 并定义如下:

$$\gamma = \Delta C_b^Q/C_m(T_0) \tag{5-7}$$

因此, 沿 MN 曲线冷却后的溶质晶界浓度是

$$C_b^* = (1+\gamma)C_m(T_0) \tag{5-8}$$

这里 $C_m(T_0) = C_g$, 显然只要求出修正因子 γ, 即可通过式 (5-8) 求出沿 MN 连续冷却后的溶质晶界浓度 C_b^*.

由上述假设 (2) 可知, 当阶梯型折线的台阶取得充分小时, 阶梯型折线的 γ 值就等于 MN 连续冷却曲线的修正因子 γ. 阶梯型折线的 γ 值可以由式 (5-5) 和式 (5-6) 计算出 (5.6 节), 它是

$$\gamma = \sum_{i=1}^{n} \Delta C_b(T_i, \Delta t_i)/C_m(T_0) = \sum_{i=1}^{n} \Delta B_i[1 + A(T_{i-1})\Delta T_i] / \prod_{j=1}^{i-1} [1 - A(T_j)\Delta T_j] \tag{5-9}$$

这里 ΔT_i 是阶梯型折线在第 i 个台阶温度的降低, $\Delta B_i = B_i - B_i^0$, B_i^0 和 B_i 分别是第 i 个台阶水平部分开始和终结时的 B 值. 值得指出的是, 用式 (5-8) 计算晶界浓度 C_b^*, 只适合于发生偏聚的情况, 不适合发生反偏聚的情况. 对于有反偏聚的情况, 只能用上节的等效时间方法. 因此, 式 (5-8) 的成立条件是连续冷却过程在某一温度的等效时间, 小于此温度的临界时间, 即 $t_e(T) < t_c(T)$.

2. 应用实例

文献 (Xu, 1987) 用修正因子法计算了 Type 316 钢中硼的晶界偏聚浓度, 与实验观察结果符合良好. 表 5-4 列出了 Type 316 钢的化学成分, 表 5-5 列出了用式 (5-8) 计算非平衡偏聚量所用的数据及其来源. 表 5-6 列出了计算结果与实验观察结果的对比. 显然, 计算结果与试验观察结果定性一致. 文献 (Xu, 1987) 的六套式样的冷却速率分别是 500℃·s^{-1} 和 50℃·s^{-1}. 表示这两个冷却速率的温度和时间方程分别是 $T = T_0 - 500t$ 和 $T = T_0 - 50t$, 微分两者得 $\Delta T = -500\Delta t$ 和 $\Delta T = -50\Delta t$. 文献 (Xu, 1987) 为选适当台阶, 取 $|\Delta T \Delta t| = 5$ 和 $|\Delta T \Delta t|$=3.2, 可求得以 500℃·s^{-1} 冷却的试样, 替代它的折线的台阶是

$$|\Delta T \Delta t| = 5 \quad \Delta T = -50℃ \quad 和 \quad \Delta t = 0.1\text{s}$$

$$|\Delta T \Delta t| = 3.2 \quad \Delta T = -40℃ \quad 和 \quad \Delta t = 0.08\text{s}$$

以 50℃·s^{-1} 冷却得试样, 折线的台阶是

$$|\Delta T \Delta t| = 5 \quad \Delta T = -15.81℃ \quad 和 \quad \Delta t = 0.3162\text{s}$$

$$|\Delta T \Delta t| = 3.2 \quad \Delta T = -12.58℃ \quad 和 \quad \Delta t = 0.2530\text{s}$$

表 5-4　试验合金的化学成分

合金	成分 (wt%)											
	C	Si	Mn	Ni	Cr	Mo	Co	N	B	S	P	Fe
Type 316 steel	0.039	0.32	1.54	11.4	17.3	2.5	0.037	0.023	0.0018	—	—	balance
2.25%Cr-1%Mo steel	0.07	—	0.53	0.10	2.10	1.00	—	—	—	0.02	0.02	balance

表 5-5 计算所用数据及其文献来源

参数	B in Type 316 steel	参考文献
$D_i/\mathrm{m^2 \cdot s^{-1}}$	$2\times10^{-7}\exp(-0.91/kT)$	(Macewan et al., 1959)
$D_v/\mathrm{m^2 \cdot s^{-1}}$	$5\times10^{-7}\exp(-0.91/kT)$	(Bowen et al., 1988)
E_f/eV	1.4	(Williams et al., 1976)
E_A/eV	0.91	(Williams et al., 1976)
E_b/eV	0.5	(Williams et al., 1976)
C_g/wt%	0.0018	(Williams et al., 1976)
d/μm	1.5	(Williams et al., 1976)
参数	Cr in 2.25%Cr-1%Mo steel	参考文献
$D_i/\mathrm{m^2 \cdot s^{-1}}$	$1.5\times10^{-5}\exp(-2.6/kT)$	(Doig et al., 1987)
$D_v/\mathrm{m^2 \cdot s^{-1}}$	$5\times10^{-5}\exp(-2.6/kT)$	(Buffincton et al., 1961)
E_f/eV	1.4	(Doig et al., 1981)
E_A/eV	2.6	(Doig et al., 1981)
E_b/eV	0.87	(Doig et al., 1981)
C_g/wt%	2.1	(Doig et al., 1981)
d/μm	1×10^{-3}-20×10^{-3}	(Doig et al., 1981)

文献 (Xu, 1987) 以上述台阶构筑折线代替两个冷却速率对应的 $T-t$ 图上的连续冷却曲线进行计算, 结果表明, 计算的偏聚浓度随 $|\Delta T\Delta t|$ 值的降低而单调的降低. 因此从理论上讲, 通过计算外推到 $|\Delta T\Delta t|=0$ 时的晶界偏聚浓度值应该是最精确的.

从表 5-6 的计算结果可以看出, 对于 Type316 钢的六组试样, 其两个冷却速率的等效时间均小于对应温度的临界时间, 即 $t_e(T_0) < t_c(T_0)$, 这与文献 (Faulkner, 1981) 的计算结果完全不同. 这是由于文献 (Faulkner, 1981) 的临界时间公式的错误引起的. 计算结果还表明, 当固溶处理温度不变时, 以 500°C·s^{-1} 速率冷却的试样的晶界偏聚量低于以 50°C·s^{-1} 速率冷却的偏聚量. 计算还进一步证实, 在相同的冷却速率下, 固溶处理温度较高的试样, 获得的晶界偏聚量越大. 这些结论已由文献 (Williams et al., 1976) 的观察结果所证实.

在文献 (Doig et al., 1981) 中, 用带有能色散谱 (EDS) 的扫描透射电子显微镜 (STEM), 对 2.25Cr-1%Mo 钢的晶界区进行微区分析, 分析表明 Cr 在前奥氏体晶界上发生了非平衡偏聚. 文献 (Xu, 1987) 对这一观察结果也用修正因子法进行了计算. 2.25Cr-1%Mo 钢的化学成分列于表 5-4, 计算所用数据列于表 5-5. 文献 (Doig et al., 1981) 给出他们实验采用的 $T-t$ 冷却曲线可由 $T_n = T_0\exp(\varPhi n\Delta t)$ 来代替, 并且取 $\varPhi=1, \Delta t=0.05\mathrm{s}$; 这样相应的 ΔT 可以计算出来. 用修正因子法计算的结果和文献 (Doig et al., 1981) 的观察结果列于表 5-7. 可以发现计算结果和观察结果达到满意的一致.

表 5-6　Type 316 钢的理论计算结果与试验结果的比较 (Xu, 1987)

固溶温度 T_o/°C	冷却速率 /°C·s^{-1}	晶粒尺寸 R/μm	临界时间 /s ($\delta = 0.050$)	等效时间,t_e /s		偏聚浓度/at%			
				$\|\Delta T\Delta t\| = 5$	$\|\Delta T\Delta t\| = 3.2$	计算结果			实验观察结果
						$\|\Delta T\Delta t\| = 5$	$\|\Delta T\Delta t\| = 3.2$	$\|\Delta T\Delta t\| = 0$	
1350	500	60	5.0	0.27	0.26	0.56	0.49	0.37	无
1200	500	45	7.5	0.21	0.22	0.35	0.30	0.21	无
1050	500	30	10	0.16	0.16	0.16	0.15	0.13	无
1350	50	60	5.0	2.6	2.6	0.61	0.59	0.55	高
1200	50	45	7.5	2.2	2.2	0.41	0.39	0.35	中
1050	50	30	10	1.7	1.7	0.18	0.17	0.16	低

表 5-7 2.25%Cr-1%Mo 钢中 Cr 晶界偏聚的实验观察结果和修正因子法计算结果 (Xu, 1987)

测量位置	观察的铬浓度	不同晶界宽度计算的 γ 晶界浓度 (%)			
(离晶界的距离 nm)	(%)	1nm	5nm	10nm	20nm
1423K					
0	3.01(3.27)*	6.04	3.46	3.29	2.63
20	2.20				
50	2.11				
100	2.21				
1323K					
0	3.10(2.94)*	4.83	3.01	2.52	—
20	2.09				
50	2.11				
100	2.20				
150	2.10				

* 括号里的数据引自文献 (Oguro, 1981), 它们表示对晶界层几次不同区域测量的统计平均

对于 T_0 =1423K 的试样 t_e=0.024s, t_c=1128s, 即 $t_e(1423) < t_c(1423)$. 对于 T_0 =1323K 的试样, t_e=0.20s 和 t_c=5610s. 显然, 两组试样都只发生偏聚过程, 没有发生反偏聚过程, 用修正因子法计算是合适的 (晶界半径 $r = 20\mu m$, $\delta = 0.05$).

5.3 INCONEL 718 焊接热影响区微裂纹预报

航空航天领域里应用最广泛的 INCONEL 718 高温合金, 由于焊接后在热影响区出现晶界熔化裂纹, 大大限制了此合金的应用. 起初认为熔化开裂是由于晶界沉淀相的液化产生晶界液态膜, 进而引起张应力的增加. 引起液化的相被证实对于变形合金有 NbC, 对于铸造合金有碳化物和 Laves 相. 但进一步研究发现, 该合金的焊接热影响区晶界熔化开裂的抗力或敏感性, 并不正比于产生晶界液化的沉淀相的体积分数, 而是明显地受焊接前热处理的影响, 而热处理事实上并不明显改变可以引起晶界液化的沉淀相的含量, 并且发现不包含晶界沉淀相的样品仍然有焊接热影响区晶界熔化开裂现象 (Borland, 1961). 因此, Borland (1961) 早在 1960 年就提出元素晶界偏聚对焊接热影响区晶界熔化开裂的影响. 直到 20 世纪 90 年代初, Chaturvedi 的研究组, 前后经过近 10 年的系统的研究, 他们最先发现并确证硼在焊接热影响区的偏聚主要是非平衡偏聚性质的 (Huang et al., 1996, 1997; Chen et al., 1998). 在此基础上 (Chen et al., 2001) 进一步仔细设计和控制变形 INCONEL718 合金的成分, 用 Xu 提出的非平衡偏聚动力学理论和等效时间方法, 研究了硼晶界偏聚和焊接热影响区晶界熔化开裂敏感性之间的关系, 发现合金焊接热影响区晶

界熔化开裂趋向直接与硼的非平衡晶界偏聚浓度相联系. 他们设计出两种不同含硼量、其他成分都相近的 INCONEL718 合金, 控制碳和磷的含量达到尽可能低的程度, 以避免由于晶界析出物引起晶界液化产生焊接热影响区的开裂. 两种合金的化学成分见表 5-8. 他们的主要研究结果如下.

表 5-8　INCONEL718 合金的化学成分 (重量百分数)

元素	低硼合金	高硼合金
C	0.003	0.002
Si	0.02	0.02
Cr	18.85	18.84
Ni	52.36	52.43
Fe	19.12	19.02
Mo	3.01	3.01
Nb	5.06	5.09
Ti	0.99	1.00
Al	0.49	0.49
B	0.0011	0.0043
S	0.0008	0.0009
P	0.006	0.007
W	0.02	0.02
在两个合金中都测量到大约有 0.01 重量百分比的 Mn, Hf, Ta, Cu, V 和 Co		

两种合金在 1050℃, 1100℃和 1150℃分别固溶处理 9.6min, 7.2min 和 5.5min, 以保证在各个温度下固溶获得相同水平的硼的平衡晶界偏聚浓度. 然后分别水淬或空冷至室温. 上述处理后的试样采用电子束焊接. 焊接后的样品沿垂直于焊接线方向切割开. 对于每一个焊接样品, 测量 8 个焊接线垂直截面的热影响区的裂纹平均总长度, 列于图 5-3, 测量裂纹平均总数目, 列于图 5-4. 从图中可以看出, 对于高含硼的合金, 在相同冷却速率 (空冷或水淬) 条件下, 固溶处理温度越高, 裂纹总长度越长, 裂纹总数目越多. 从硼晶界偏聚引起焊接热影响区脆化的角度讲, 这一实验结果与硼的平衡偏聚理论的预测正好相反, 而与非平衡偏聚热力学关系式 (3-5) 和图 5-2 的计算预测正好一致, 确证了硼的非平衡晶界偏聚是引起焊接热影响区脆化的根源. 图 5-3 和图 5-4 中的实验结果还表明, 在相同的固溶处理温度下, 慢的冷却速率 (空冷) 比快的冷却速率 (水淬) 能引起更高脆性. 这也与非平衡偏聚的基本规律相一致. 对于低含硼量的合金, 因为基体硼浓度太低, 从各个固溶处理温度冷却引起的晶界 (平衡的和非平衡的) 偏聚浓度太低, 以至于显示不出差别来, 因此没有高硼含量的合金所表现出来的脆性变化.

在确证了硼的非平衡晶界偏聚是引起合金焊接热影响区脆化的根源后, 他们用等效时间方法, 即用式 (2-6)、式 (4-11)、式 (4-19) 和式 (5-3), 根据合金在焊接前的热处理条件, 计算硼在焊接热影响区的晶界偏聚浓度, 以此预报合金焊接热影响区

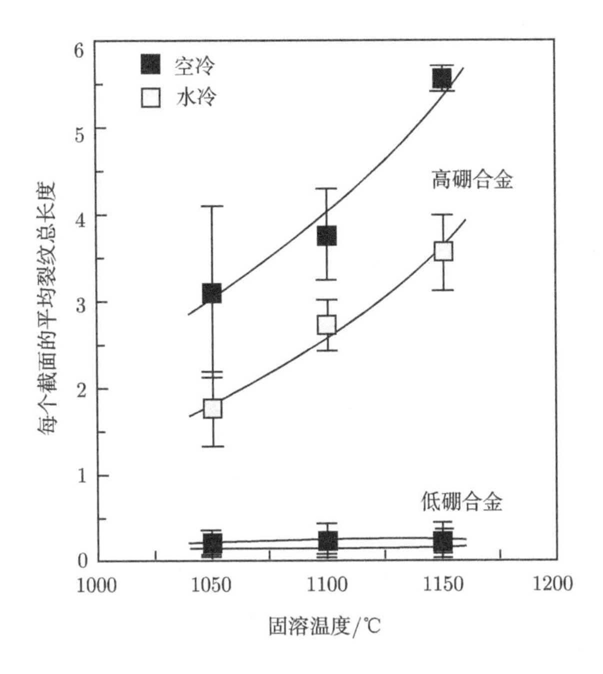

图 5-3 固溶处理温度和冷却速率对焊接热影响区平均裂纹总长度的影响 (Chen et al., 2001)

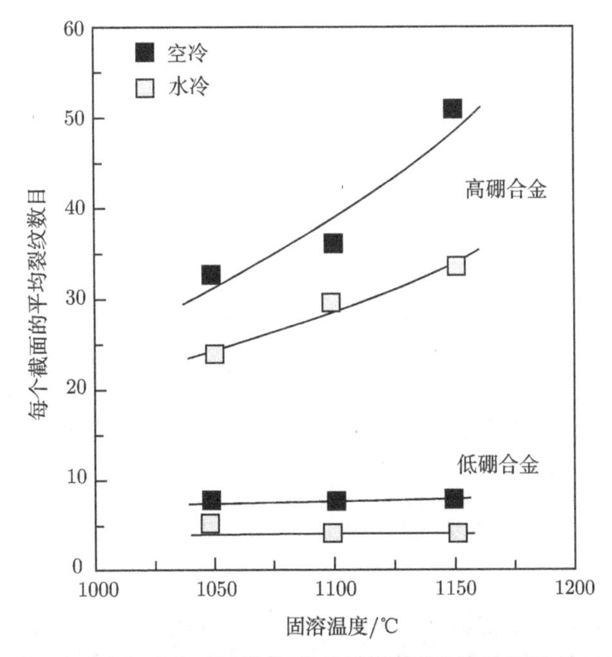

图 5-4 固溶处理温度和冷却速率对焊接热影响区平均裂纹数目的影响 (Chen et al., 2001)

的脆化情况 (Chen et al., 2001). 他们的计算结果列于表 5-9, 与测量的焊接热影响区的微裂纹平均总长度、平均总数目和单根裂纹平均长度的对比, 分别列于图 5-5, 图 5-6 和图 5-7. 从三个图均可以看出, 用等效时间方法计算各个热处理条件下硼的非平衡晶界偏聚量, 预报合金焊接热影响区的脆化程度, 与实验观察结果符合得很好. 说明等效时间方法的有效性. 由于等效时间方法是建立在整个非平衡晶界偏聚动力学理论基础上的, Chaturvedi 研究组的这一系列研究结果, 是对整个非平衡偏聚动力学理论的正确有效性的直接证实.

表 5-9　Chaturvedi 等用式 (2-6)、式 (4-11)、式 (4-19) 和式 (5-3) 计算的钢中硼在各个固溶处理温度和冷却速率下的非平衡晶界偏聚浓度 (Chen et al., 2001)

合金	固溶温度/℃	冷却速率/℃·s^{-1}	$C_b(t)$ 计算值/ppm
高硼 718 合金 (43ppm)	1150	570	226.0
	1100	570	213.1
	1050	570	197.3
	1150	117	412.6
	1100	117	372.4
	1050	117	326.9
低硼 718 合金 (11ppm)	1150	570	57.8
	1100	570	54.5
	1050	570	50.5
	1150	117	105.5
	1100	117	95.3
	1050	117	83.6

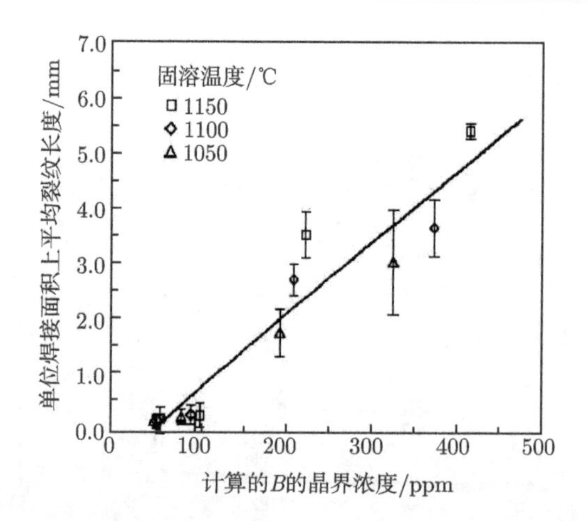

图 5-5　Chaturvedi 等用式 (2-6)、式 (4-11)、式 (4-19) 和式 (5-3) 计算的各个试样的晶界浓度和相应的实验测定的焊接热影响区内微裂纹总长度的关系

横坐标是计算的晶界浓度, 单位: ppm; 纵坐标是每个焊接区的平均裂纹总长度, 单位 mm (Chen et al., 2001)

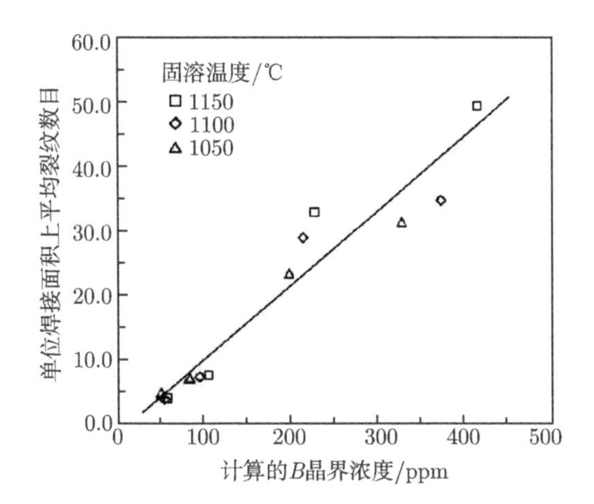

图 5-6 Chaturvedi 等用式 (2-6)、式 (4-11)、式 (4-19) 和式 (5-3) 计算的各个试样的晶界浓度和相应的实验测定的焊接热影响区内微裂纹数目的关系

横坐标是计算的晶界浓度, 单位: ppm; 纵坐标是每个焊接区的平均裂纹数目 (Chen et al., 2001)

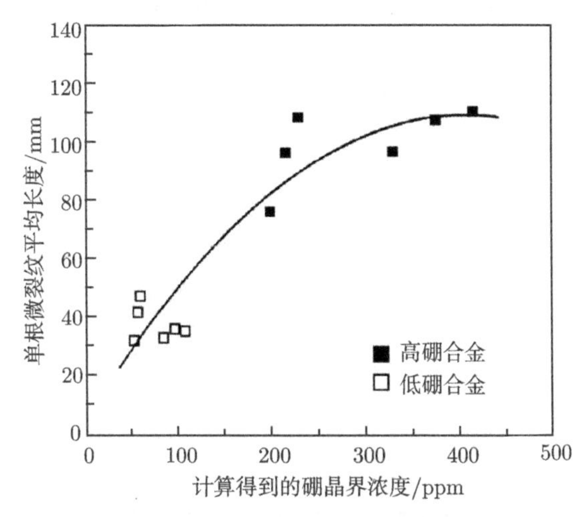

图 5-7 Chaturvedi 等用式 (2-6)、式 (4-11)、式 (4-19) 和式 (5-3) 计算的各个试样的晶界浓度和相应的实验测定的焊接热影响区内单根微裂平均长度的关系 (Chen et al., 2001)

5.4 临界冷却速率

非平衡晶界偏聚的主要特征是在恒温过程中存在一个临界时间, 使晶界浓度达到极大值. 式 (5-3) 又建立起了冷却过程与恒温时间 (等效时间) 之间的对应关系. 这很容易产生这样的推测: 金属与合金也存在着一个冷却速率, 使晶界偏聚浓度达

到极大值. Xu 在文献 (Xu, 1988) 中, 基于 Fe-30%Ni(B) 合金 B 晶界偏聚的实验结果, 提出了非平衡偏聚的临界冷却速率 (critical cooling rate) 的概念. 这是临界时间派生出来的一个新概念, 是非平衡晶界偏聚的另一个重要特征.

5.4.1　临界冷却速率概念

按照等效时间方法 (5.2.1 节), 任何一个冷却速率或 $T-t$ 图上的一条曲线, 都可以求出在某一温度的等效时间 t_e, 由于这种一一对应的连续性, 可以推测必然存在一个这样的冷却速率, 其等效时间等于此温度的临界时间. 此冷却速率称为临界冷却速率. 显然, 当一个试样按照临界冷却速率冷却时, 晶界偏聚浓度达到极大值. 试样的冷却速率大于或小于临界冷却速率, 晶界偏聚浓度都将降低, 并且冷却速率越远离临界冷却速率, 晶界偏聚浓度越低 (Xu, 1988; Song et al., 1989). 实验结果已多次表明, 充分快的冷却速率可以完全抑制非平衡晶界偏聚, 充分慢的冷速也会完全消除非平衡晶界偏聚. 这预示着必然存在一个中间冷却速率, 使非平衡偏聚浓度达到极大值. 这应该是提出临界冷却速率概念的实验基础 (Xu et al., 2004). 图 5-8 是用等效时间方法计算的非平衡晶界偏聚浓度随冷却速率的变化, 表示通过该方法的确可以计算预报出临界冷却速率.

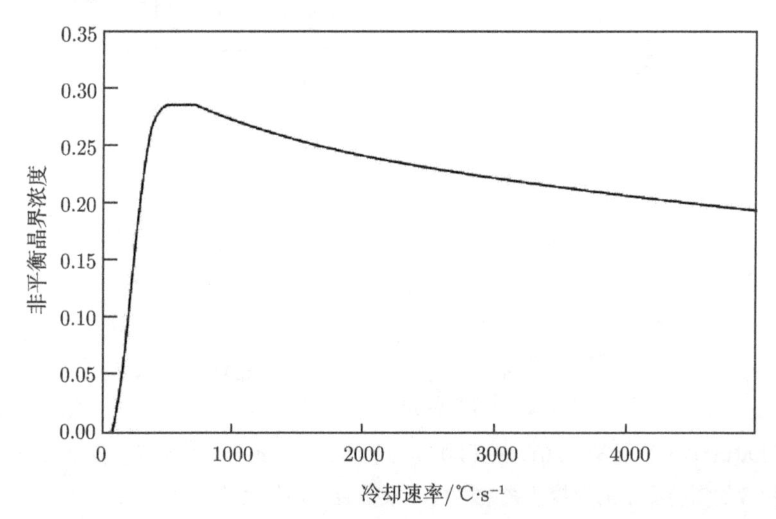

图 5-8　用等效时间方法计算从 1250℃冷却至 350℃产生的非平衡偏聚浓度随冷却速率的变化 (Xu et al., 2004)

文献 (Xu, 1988) 是用如下方法首次计算出临界冷却速率的. 如图 2-2 所示, Fe-30%Ni(B) 合金中 B 在 1050℃非平衡偏聚的临界时间在 11 至 15s 之间. 用等效时间方法计算, 材料以 5℃$\cdot$s^{-1} 的速率冷却时, 在 1050℃温度的等效时间是 15.50s, 它长于此温度的临界时间; 以 10℃$\cdot$s^{-1} 速率冷却时, 在 1050℃温度的等效时间是

7.79s, 它短于此温度的临界时间. 因此可以断定在冷却速率 5℃·s^{-1} 和 10℃·s^{-1} 之间, 存在着一个冷却速率, 它在 1050℃的等效时间等于此温度的临界时间, 此冷却速率即为临界冷却速率, 可以使 B 偏聚浓度达到极大值. 后来, Zhang 等 (1994) 在 Fe-3%Si 合金中观察到以 10℃·s^{-1} 冷却, B 的晶界偏聚浓度获得极大值, 与我们的上述计算预测符合. 其实, Karlsson 等 (Karlsson et al.,1985) 曾经实验证实, 对于他们的实验用钢, 当以 13℃·s^{-1} 的速率从 1250℃冷却时, B 的晶界偏聚浓度达到极大值, 高于或低于此冷却速率, 晶界偏聚浓度都将降低. 这一实验结果与上述 Xu (1988) 的计算结果相一致. 显然, 这就是 B 的非平衡偏聚的临界冷却速率现象. Karlsson 等 (Karlsson et al., 1988) 用他们提出的速率理论模型 (后面将分析这一模型), 计算了 B 在奥氏体晶界偏聚水平随冷却速率的变化, 得到图 5-9 的结果. 从图中可以看出, 的确存在一个中间冷却速率, 使 B 的晶界偏聚达到极大值, 说明速率理论内含着临界冷却速率的概念. 但是他们发表这一结果时, 没有明确提出临界冷却速率概念, 这自然是很可惜的事情.

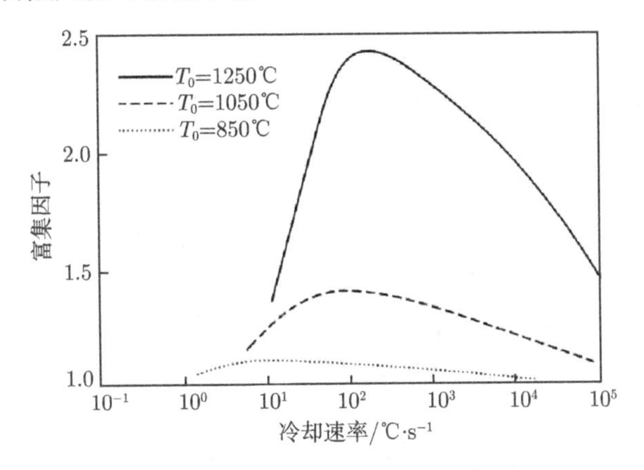

图 5-9 速率方法计算的 B 在奥氏体钢中晶界富集因子随冷却速率的变化, 晶粒直径 = 150μm, 晶界富集因子定义为距晶界 375nm 内的 B 浓度除以 B 的基体浓度 (Karlsson et al., 1988)

5.4.2 钢中 Sn、B、S 偏聚的临界冷却速率及其工程应用

Yuan 等 (Yuan et al., 2003) 直接测量了 Sn 在低碳钢中的晶界偏聚的临界冷却速率. 他们用 Gleeble-2000 热模拟试验机, 将钢样以 20K·s^{-1} 的速率加热到 1320℃, 保温 3 分钟, 然后分别以 5K·s^{-1}, 10K·s^{-1} 和 20K·s^{-1} 速率冷至 750℃, 然后水淬至室温, 以此冻结 750℃以下的任何物质迁移. 用俄歇谱测量这样处理的试样的沿晶界断面的成分. 测量结果如图 5-10 所示, 以 5K·s^{-1}, 10K·s^{-1} 和 20K·s^{-1} 速率冷却的试样晶界 Sn 的浓度分别为 2.7wt%, 4.2wt%和 1.6wt%. 因此, 他们断定, Sn 在

他们的实验用钢中存在一个临界冷却速率, 在 $5\text{K}\cdot\text{s}^{-1}$ 和 $20\text{K}\cdot\text{s}^{-1}$ 之间. Yuan 等的这一工作确凿地证实了钢中 Sn 的非平衡偏聚临界冷却速率的存在.

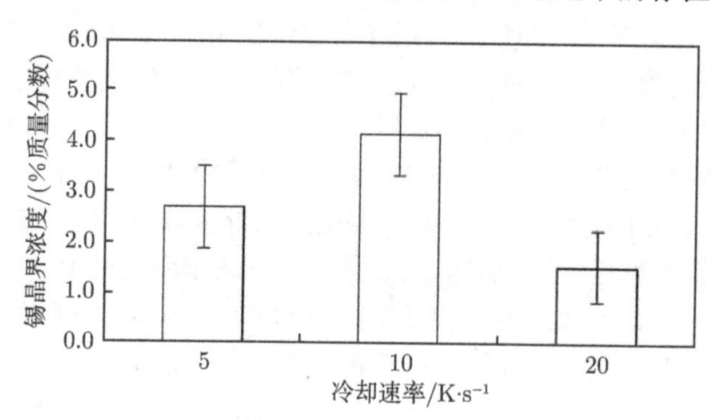

图 5-10　用俄歇谱确定的不同冷却速率引起的低碳钢中 Sn 的晶界偏聚浓度, 误差带表示标准偏差 (Yuan et al., 2003)

Emad EL-KASHIF 等 (Emad EL-KASHIF et al., 2003) 用粒子径迹蚀刻 (alpha-particle track etching) 法和俄歇谱 (AES), 研究无间隙原子 (IF) 钢中 B 和 P 的晶界偏聚. 他们发现 B 的晶界偏聚浓度依赖于从 850℃温度冷却的速率, 并存在着临界冷却速率. 对于高 B 低 P 钢以 $10\text{K}\cdot\text{s}^{-1}$ 速率冷却, B 的晶界偏聚浓度达到极大值; 对于高 B 高 P 钢以 $555\text{K}\cdot\text{s}^{-1}$ 速率冷却, B 的晶界偏聚浓度达到极大值. 由于 B 偏聚明显降低了 P 的偏聚, 他们根据临界冷却速率的概念, 控制 IF 钢再结晶后的冷却速率, 获得高的晶界 B 偏聚浓度, 降低 P 的晶界偏聚浓度, 从而抑制了由于 P 晶界偏聚引起的脆化, 提高了 IF 钢的强度和韧性. Emad ELKASHIF 等的这一工作是应用临界时间概念解决材料工程问题的典型范例.

Genichi Shigesato 等用扫描投射电子显微镜观察, 并用电子能损失谱分析低合金钢奥氏体晶界上 B 的浓度随冷却速率的变化, 结果如图 5-11 所示, 在 $5℃\cdot\text{s}^{-1}$, $30℃\cdot\text{s}^{-1}$ 和 $250℃\cdot\text{s}^{-1}$ 三个冷却速率下, 中间冷却速率 $30℃\cdot\text{s}^{-1}$ 引起的晶界浓度, 既高于比它慢的冷却速率 $5℃\cdot\text{s}^{-1}$ 引起的浓度, 也高于比它快的冷却速率 $250℃\cdot\text{s}^{-1}$ 引起的浓度. 图 5-11 实验最精准确切的证实了 B 在低合金钢中存在着临界冷却速率, 在 $30℃\cdot\text{s}^{-1}$ 附近 (Genichi Shigesato et al., 2014).

Mintz 和 Crowther(Mintz et al., 2010) 在评述钢的热塑性时指出, B 的非平衡晶界偏聚对钢的热塑性有重要影响, 而且这种影响明显地依赖于冷却速率. 他们应用了非平衡偏聚的临界冷却速率的概念, 说明这一影响. 他们引用 Zhang 等 (Zhang et al., 2000) 的工作: 对于钢中的 B 而言, 实验发现每分钟冷却 10K 的冷却速率能获得最高晶界偏聚浓度, 最好的热塑性, 而每分钟 100K 的冷却速率使晶界偏聚浓度降低. 这些结果与 Suzuki 等 (Suzuki et al., 1983) 和 Chown(2008) 的工作结果是一致的.

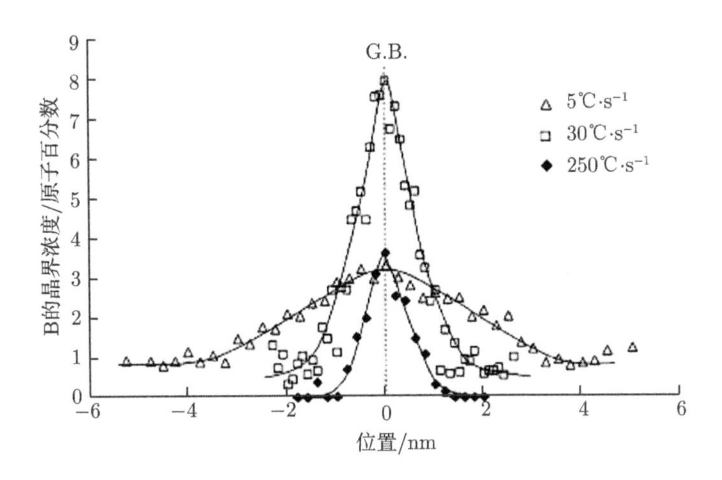

图 5-11 典型的 B 沿前奥氏体晶界浓度随合金冷却速率为 5℃·s^{-1}, 30℃·s^{-1} 和 250℃·s^{-1} 的分布, 坐标原点位于晶界处 (Genichi Shigesato et al., 2014)

C-Mn 钢断面收缩率明显受从固溶处理温度到拉伸试验温度的冷却速率的影响 (Xu, 2016). Kobayashi (1991) 报告, 当 C-Mn 钢从固溶处理温度 1250℃, 以比 10℃·s^{-1} 快的速率冷却至拉伸试验温度 1050℃时, 断面收缩率 RA 随拉伸速率的降低而降低, 如图 5-12 所示. 但是, 如图 5-13 所示, Yasumoto 等 (1985) 报告, 当 C-Mn 钢从 1350℃以比 10℃·s^{-1} 慢的速率冷至拉伸试验温度 1050℃时, 钢的断面收缩率随拉伸速率的降低而升高. Nagasaki 等 (1987) 和 Kobayashi (1991) 已经试验证实, S 的晶界偏聚引起断面收缩率的这些改变. 这样, 图 5-12 和图 5-13 预

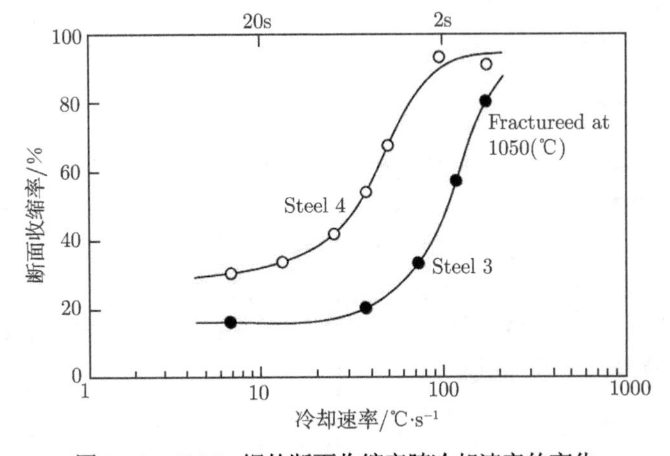

图 5-12 C-Mn 钢的断面收缩率随冷却速率的变化

示着 C-Mn 钢中硫的临界冷却速率存在于 10℃·s^{-1} 至 1℃·s^{-1} 之间. Zheng 等 (Zheng et al., 2015) 用公式 (5-3) 计算了 S 在 1050℃的等效时间, 证实当 C-Mn 钢从 1350℃冷至 1050℃, S 的临界冷却速率在 15℃·s^{-1} 至 8℃·s^{-1} 之间. 可见, 硫的非平衡晶界偏聚的临界冷却速率, 引起了 C-Mn 钢在 10℃·s^{-1} 附近的塑性极小值.

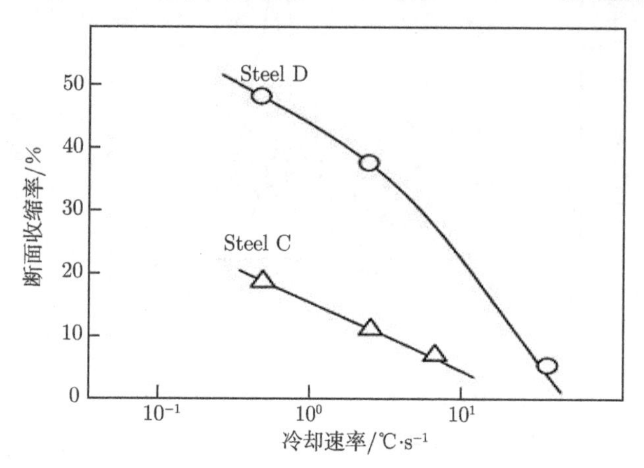

图 5-13 C-Mn 钢的断面收缩率随冷却速率的变化

5.5 其他动力学分析和实验研究

至此为止, 经过几章的讨论, 关于热循环引起的非平衡晶界偏聚动力学, 已经给出了一个相对完整的架构. 本节我们将讨论分析, 在这一理论架构形成期间, 国内外同行们在此领域做了哪些主要工作, 以及他们的工作为我们的理论发展提供了怎样的一个基础. 通过对比分析, 也可以洞察到各个理论模型之间的优缺点, 以及他们之间的互补情况 (Faulkner, 1995, 1996; Faulkner et al., 1996).

5.5.1 动力学分析

如前所述, 自 20 世纪 70 年代末实验确证非平衡偏聚现象存在以来, 有许多学者都曾企图建立非平衡晶界偏聚的动力学理论. Bercovici 等 (1970) 对淬火过程中复合体在晶界上的浓度进行了分析. 这一分析的意义在于, 它允许淬火过程中随着时间的延长, 复合体扩散范围的大小可以变化, 并且考虑了自由杂质原子相对于复合体的反向扩散引起的对复合体的阻滞作用 (blocking effect). 按照此理论, 达到晶界的复合体的数目 N_c 由下式给出

$$N_c = \int_0^{t_f} x(t)(\mathrm{d}c_g - \mathrm{d}c_b) \tag{5-10}$$

这里 $x(t)$ 是在淬火 t 时间杂质原子扩散距离, c_g 是晶粒内部的复合体浓度, c_b 是晶界处复合体的浓度, t_f 是冷却时间. 这是一个很好的分析, 但是其限制在于包括了一个只能用数值分析来求解的积分, 也存在着估算淬火时间的问题. 关于估算淬火时间的问题, 最近已由 Doig 和 Flewitt (1981), Xu 和 Song(1989), 以及 Adetunji 等 (1991) 解决了.

Doig 和 Flewitt (1981) 的动力学理论包括了对晶界区空位浓度的分析. 用一系列小的时间间隔 Δt 代表淬火, 将误差函数用于菲克第二定律的解, 分析晶界区空位的分布:

$$(C_{vx} - C_{vb})/(C_{vg} - C_{vb}) = \mathrm{erf}(x/2D_v\Delta t)^{1/2} \tag{5-11}$$

这里 C_{vx} 是距离晶界 x 处空位的浓度, C_{vb} 是在淬火经历 Δt 时间后试样的温度对应的晶界空位浓度, C_{vg} 是在零时间, 即淬火开始时的晶界空位浓度, D_v 是空位在基体的扩散系数或自扩散系数. 牛顿冷却定律用作估算以冷却速率 ϕ 冷却 Δt 时间引起的温度的降低

$$T_n = T_i \exp(-\phi \cdot n \cdot \Delta t) \tag{5-12}$$

这里 n 是时间台阶的数目, T_i 是开始温度, T_n 是淬火经历 n 个 Δt 时间后的温度. 这样, 对于每一个温度和时间间隔, 可以得到一系列的空位分布曲线. 空位浓度分布的空间范围 X_n 可由下式给出

$$X_n = 2[D_{v(n)}\Delta t]^{1/2} \tag{5-13}$$

这里 $D_{v(n)}$ 是空位的扩散系数. 这一系列曲线的包迹表示最后的空位浓度分布. 时间间隔选得尽可能得小, 通过最小流差分析来确定其最小值. 应用质量作用定律, 假设平衡杂质浓度横跨界面时是不变的, 最终的非平衡晶界杂质浓度分布与空位浓度的分布正呈反转 (相反). 借助于开始温度和冷却速率, 用本模型预报晶界非平衡偏聚浓度的一个例子表示在图 5-14 中. 这里温度一淬火时间依存关系的确定, 是基于一个应用牛顿冷却定律. Xu 和 Song (1989) 已经对这个问题作了更加严格的温度一时间阶梯型折线的分析, 这一点已在 5.2 节中详细地讨论了. 另外, 从实验测量上讲, Adetunji 等 (1991) 用一个专门设计的热电耦, 测量了试样在淬火过程中温度的变化, 并用一个理论模型, 预报冷却速率与加热特征、试样形状之间的关系.

Williams 等 (1976) 的动力学分析将杂质原子与复合体分开, 建立了一个作为温度和时间函数的可测量的偏聚量的判据. 一系列的判据被建立起来, 指出了适当的偏聚状况, 但是这个研究完全是定性的. 这个工作的意义在于, 它形成了许多后来发展的模型的基础, 比如 Doig 和 Flewitt(1981, 1987) 的模型. Doig 和 Flewitt 的结果, 以及 Williams 等的结果都表明溶质原子和空位复合体的结合能在分析中的

重要性. 他们在文献 (Williams et al., 1976) 中专门考虑了奥氏体钢中 B 的偏聚情况.

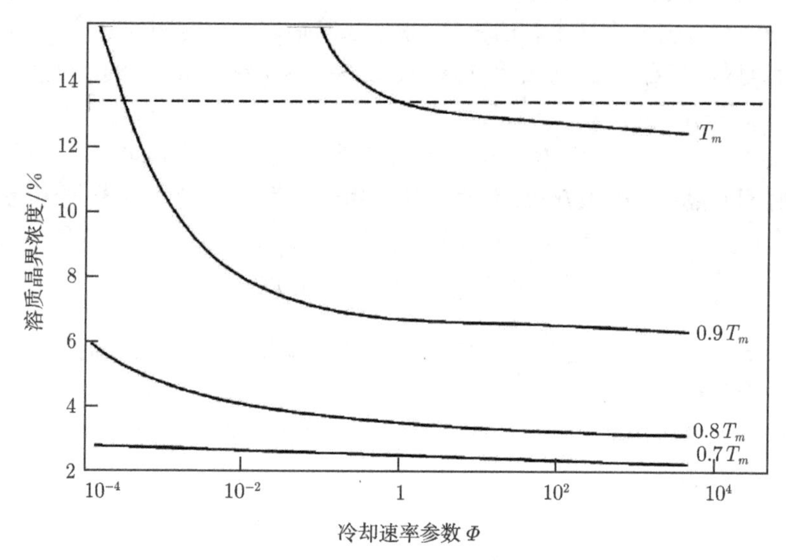

图 5-14 溶质晶界偏聚浓度随冷却速率和开始冷却的温度的变化 T_m 熔化温度 K (Doig et al., 1981)

Faulkner(1987) 提出了一个易于应用的动力学模型. 此模型基于冷却开始温度 T_i 和冷却最终温度 $T_{0.5T_m}$ 之间引起的最大非平衡晶界偏聚浓度. Faulkner 的冷却最终温度定为半熔点温度, 认为在此温度以下所有的物质扩散活动都停止了. 在这两个温度之间冷却产生的非平衡晶界浓度 C_b, 可以用下式近似表示

$$C_b/C_g = \exp\{[(E_b - E_f)/kT_i] - [(E_b - E_f)/kT_{0.5T_m}]\} \tag{5-14}$$

其中, C_g 是基体溶质浓度, E_b 和 E_f 分别是复合体结合能和空位形成能.

Faulkner 使用类似于 Doig 和 Flewitt 在求解式 (5-11) 用的边界条件 (Doig et al., 1981, 1987), 求解菲克扩散第二定律, 对于偏聚过程得到动力学关系式 (5-15),

$$(C_x - C_g)/(C_b - C_g) = \mathrm{erfc}\{x/[2(D_c t)^{1/2}]\} \tag{5-15}$$

这里 C_x 是距离晶界 x 处淬火的等效时间为 t 时的杂质浓度. 这里 C_b 由式 (5-14) 得到, D_c 是复合体扩散系数.

当时间长于临界时间时, 反偏聚方程由下式给出

$$(C_x - C_g)/(C_b - C_g) = [(D_c t_c)/(D_i t_i)]^{1/2} \exp[-x^2/(4D_i t)] \tag{5-16}$$

Faulkner 的动力学估算将淬火过程依据 Eyre 和 Maher(1970) 的下述关系式，用等效时间转换到 T_i 温度

$$t = RkT_i^2/\phi E_a \tag{5-17}$$

这里 E_a 是自扩散和杂质扩散激活能的平均值，ϕ 是淬火速率，R 是常数，通过经验方法确定为 R=0.01. 此模型的重要特点是，通过使用临界时间概念，它适合于溶质自晶界向晶内，沿着非平衡偏聚过程形成的溶质浓度梯度的相反方向的反偏聚. 这里复合体和单个溶质原子之间的相对扩散速率是很重要的. 当等效时间短于临界时间时，C_x 可以通过式 (5-15) 求得，当等效时间长于临界时间时，C_x 可通过式 (5-16) 求出. 显然，Faulkner, Doig 和 Flewitt 的这一工作是比较粗糙的，但是他们的工作又是重要的，因为他们的工作是后来徐庭栋发展的严格的动力学模型的开端.

在 Faulkner, Doig 和 Flewitt 的动力学模型中都用到复合体扩散系数，但当时关于此一扩散系数的知识和数据很少，也限制了他们理论的应用. Xu 在文献 (Xu et al., 1991) 中提出了通过临界时间求复合体扩散系数的方法，并用此方法求得硼一空位复合体在钢中的扩散系数. 后面将看到，也可以通过建立起来的动力学方程模拟实验测得的动力学曲线，求得复合体扩散系数. 这些进展都促进了各种动力学方程的应用.

溶质原子与空位的结合能是非平衡偏聚动力学研究中的另一个重要的参数. 对这个问题研究的有力方法是分析在静态和动态下复合体的应变场，监测其能量的变化，这样可以通过输入原子尺度上的数据得到关于结合能的合理参数. 在文献 (Faulkner, 1996) 中给出了 α-Fe 中各种元素与空位或间隙原子结合能的数据. 这种方法只适合于金属晶体点阵. 金属晶体点阵不存在由于键合作用引起的电子分布的方向效应. 这种方向效应通常湮灭应变效应，这种情况只发生在离子键和共价键的晶体中.

Karlsson 和 Norden(1988) 提出了非平衡晶界偏聚动力学的速率理论 (rate theory). 从数学上讲这一研究是严格的. 这个方法使用了一系列联立方程，描述在非平衡偏聚过程中，各溶质原子、空位和复合体的浓度对时间的依存关系，即方程 (5-18)~ 方程 (5-20)：

$$\delta C_v/\delta t = D_v\delta^2 C_v/\delta x^2 \tag{5-18}$$

$$\delta C_i/\delta t = D_i\delta^2 C_i/\delta x^2 \tag{5-19}$$

$$\delta C_c/\delta t = D_c\delta^2 C_c/\delta x^2 \tag{5-20}$$

这里 C_v, C_i 和 C_c 分别是晶界区空位、溶质原子和复合体的浓度. 这些方程可以同时用计算机求解，在偏聚过程中各个组元在晶界区的浓度都可以预报出来. 图 5-9 给出了此方法求出的 B 在不锈钢中的非平衡偏聚情况. 速率理论的缺点在于，在

方程中没有包含任何表示微结构和扩散特性对偏聚过程影响的参数, 而且三组元之间并不是相互独立的, 是由三者之间热力学平衡关系制约和联系着, 速率理论不能反映这种相互关系, 难于得出明确的关于偏聚过程的物理图像. 速率方法也被用于辐照引起的材料损伤.

5.5.2 实验研究

在许多情况下溶质晶界偏聚会提高材料的晶界强度. 在这种情况下, 就难于用溶质原子偏聚到晶界上脆化晶界获得沿晶断口, 然后用表面分析技术测量晶界的成分. 因此, 透射电子显微镜 (TEM) 在非平衡晶界偏聚研究中的作用正在增加. 最近, 原子探针场离子电子显微镜已经成功地用于晶界偏聚的研究, 工作主要集中在 P 和 B 在奥氏体和铁素体钢的晶界偏聚行为的研究上. 除了我们前面已经讨论的以外, Pelton (1981) 探讨了 B 在奥氏体钢中的行为, 其测量结果与 Xu(Xu, 1987; Xu et al., 1989) 的理论预期是一致的.

Faulkner (1989) 对非平衡晶界偏聚从事了系统的研究. 他研究了含 Nb 微合金化钢, 经焊接后热处理 (post-weld heat treatment, PWHT), P 的晶界偏聚浓度的变化. 他发现焊接后热处理 (PWHT) 落入从偏聚向反偏聚转换的时间区间里. 这一点由在此时间区间里 Charpy 冲击值的下降进一步证实. 类似的结果也在铁素体马氏体钢在 700℃的回火过程中发现 (Faulkner,1987): 在这里 Si 是起作用的元素, 它的偏聚浓度在 700℃大约回火 1h 出现峰值, 在出现峰值的时间, Charpy 冲击值明显升高. 这些实验观察是非常重要的, 它最早启示人们研究非平衡晶界偏聚对晶界力学性能的影响, 并进一步提出晶界脆性的非平衡偏聚机理. 这将在本书的第 8 章讨论.

Saindrenan 等 (Saindrenan et al., 1989) 在镍基合金的晶粒长大过程中发现一个有趣的现象, 晶界发生 S 的非平衡偏聚, 具有高非平衡偏聚 S 浓度的晶界向表面运动. 这个实验结果是重要的, 因为这是首次证实 S 可以发生非平衡晶界偏聚.

晶界偏聚对晶界扩散性的影响是实验研究的另一个重要问题. Bernardini 等 (1982) 就这个问题从事了先驱性的研究. 他们结论性地证实 Sb 偏聚到铁素体晶界上会降低晶界扩散系数. 类似的恒温动力学讨论, 从杂质的存在影响晶界能的角度, 预期各种元素对晶界扩散性的影响.

近期发展起来的三维原子探针技术 (three-dimensional atom probe tomography, 3DAPT), 已经能够定量测量晶界的溶质浓度. Minqing 等用此技术, 在 718Plus 合金中定量的测定了磷在晶界和相界上的偏聚, 并给出晶界处偏聚浓度的定量截面图, 如图 5-15 所示 (Minqing et al., 2015). 这项最新发展出来的试验技术, 必将大大推动金属内界面偏聚动力学及其相关领域的研究.

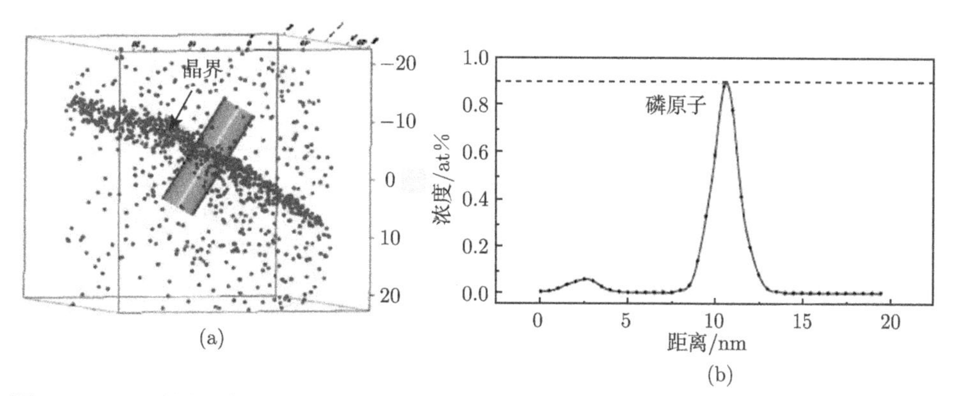

图 5-15 (a) 磷原子在晶界的成像; (b) 磷原子在晶界处的浓度截面 (Minqing et al., 2015)

5.6 修正因子推导

图 5-16 表示阶梯型折线的第 i 个台阶, 对应着温度 T_i 和时间间隔 $\Delta t_i = t_i - t_{i-1}$; 在 t_i 时刻偏聚浓度是 $C_b(t_i)$, 在 t_{i-1} 时刻的 B 值是 B_i^0, 在 t_i 时刻是 B_i. 由式 (5-5)

$$B_{i-1} = C_b(t_{i-1})/C_m(T_{i-1}) \tag{5-21}$$

当温度从 T_{i-1} 降低 ΔT 至 T_i, B_i^0 能够表示为

$$\begin{aligned} B_i^0 =& B_{i-1} = C_b(t_{i-1})/C_m(T_i) = C_b(t_{i-1})/[C_m(T_{i-1}) + \Delta C_m(T_{i-1})] \\ =& B_{i-1}/[1 + A(T_{i-1})\Delta T_i] \end{aligned} \tag{5-22}$$

在温度 T_i 恒温 Δt_i 过程中晶界偏聚量增加, B_i^0 也增加. 在此台阶的末尾的 B 值, 用 B_i 表示, 可写作

$$\begin{aligned} B_i =& [C_b(t_{i-1}) + \Delta C_b(T_i, \Delta t_i)]/[C_m(T_{i-1}) + \Delta C_m(T_{i-1})] \\ =& [B_{i-1} + C_b(T_i, \Delta t_i)/C_m(T_{i-1})]/[1 + A(T_{i-1})\Delta T_i] \end{aligned} \tag{5-23}$$

将方程 (5-22) 代入方程 (5-23) 得

$$C_b(T_i, \Delta t_i)/C_m(T_{i-1}) = \Delta B_i(1 + A(T_{i-1})\Delta T_i) \tag{5-24}$$

这里 $\Delta B_i = B_i - B_i^0$. 类似地, 下列方程也能得到

$$\begin{aligned} \Delta C_b(T_i, \Delta t_i)/C_m(T_{i-2}) =& \Delta C_b(T_i, \Delta t_i)/[C_m(T_{i-1}) - \Delta C_m(T_{i-1})] \\ =& [\Delta C_b(T_i, \Delta t_i)/C_m(T_{i-1})]/[1 - \Delta C_m(T_{i-1})/C_m(T_{i-1})] \end{aligned}$$

$$
\begin{aligned}
&=\Delta B_i[1+A(T_{i-1})\Delta T_i]/[1-A(T_{i-1})\Delta T_{i-1}] \qquad (5\text{-}25)\\
\Delta C_b(T_i,\Delta t_i)/C_m(T_{i-3}) &=[\Delta C_b(T_i,\Delta t_i)/C_m(T_{i-1})]/[C_m(T_{i-3})/C_m(T_{i-1})]\\
&=B_i[1+A(T_{i-1})\Delta T_i]/\{[C_m(T_{i-2})/C_m(T_{i-1})]\cdot\\
&\quad [C_m(T_{i-3})/C_m(T_{i-2})]\}\\
&=\Delta B_i[1+A(T_{i-1})\Delta T_i]/[1-A(T_{i-1})\Delta T_{i-1}]\cdot\\
&\quad [1-A(T_{i-2})\Delta T_{i-2}]
\end{aligned}
$$

$$
\cdots\cdots \tag{5-26}
$$

$$
C_b(T_i,\Delta t_i)/C_m(T_0)=\Delta B_i[1+A(T_{i-1})\Delta T_i]/\Pi[1-A(T_j)\Delta T_j] \tag{5-27}
$$

式 (5-27) 表示在第 i 个台阶上产生的非平衡晶界偏聚浓度与在固溶处理温度 T_0 产生的平衡晶界偏聚浓度之比. 修正因子 γ 是沿阶梯型折线冷却引起的非平衡偏聚浓度与在固溶处理温度 T_0 产生的平衡偏聚浓度之比. 因此, 修正因子 γ 的表达式是

$$
\gamma=\sum_{i=1}^{n}\Delta C_b(T_i,\Delta t_i)/C_m(T_0)=\sum_{i=1}^{n}\{\Delta B_i[1+A(T_{i-1})\Delta T_i]/\prod_{j=1}^{i-1}[1-A(T_j)\Delta T_j]\} \tag{5-28}
$$

为了计算 γ 的值, $\Delta B_i=B_i-B_i^0$ 的值必须已知. 因为 $B_{i-1}(B_0=1)$, B_i^0 可由式 (C-2) 求出, 对应于 B_i^0 的 ξ_i^0 的值可由式 (5-5) 求出

$$
\xi_i^0=f^{-1}(B_i^0) \tag{5-29}
$$

再从式 (5-5) 得

$$
\Delta\xi_i=(\beta/\xi_i^0)\Delta t_i,\qquad \beta=2D/\alpha^2d^2 \tag{5-30}
$$

由式 (5-30) 可从已知值 Δt_i, β 和 ξ_i^0 求出 $\Delta\xi_i$, 再由式 (5-5) 求出 ΔB_i

$$
\Delta B_i=f(\xi_i)-f(\xi_i^0),\qquad \xi_i=\xi_i^0+\Delta\xi_i \tag{5-31}
$$

因为 $B_0=1$, ΔB_1 和 B_1 能够从式 (5-22), 式 (5-29), ～ 式 (5-31) 求出. 类似地, 可以求出 ΔB_2 和 B_2, 依次类推, 求出所有的 ΔB_i 和 B_i.

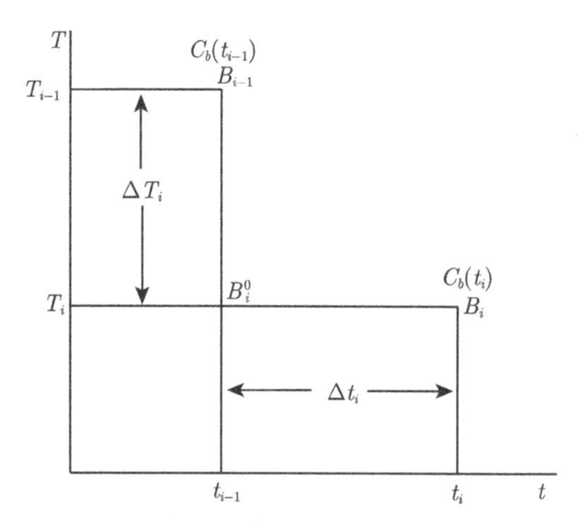

图 5-16 第 i 个台阶示意图

参 考 文 献

杨尚林, 李莉, 田无边, 等. 2003. 材料热处理学报, 24(4): 33

杨尚林, 李莉, 田无边, 等. 2004. 钢铁研究学报, 16(2): 37

Adetunji G J, Faulkner R G, Little E A. 1991: J. Mater. Sci., 26: 1847

Bannister C O, Jones W D J. 1931. J. Iron Steel Inst., 124: 71

Bercovici S J, Hunt C E L, Niessen P. 1970. J. Mat. Sci., 5: 326

Bernardini J, Gas P, Hondros E D, et al. 1982. Proc. R. Soc., A379: 159

Borland J C.1961. Br. Welding J., Nov: 526

Bowen A W, Leak G M. 1970. Metall. Trans., 1: 2769

Bowen P, Hippsley C A. 1988. Acta metall., 36(2): 425

Buffincton F S, Hirano K, Cohen M. 1961. Acta metall., 9: 434

Chen W, Chaturvedi M C, Richards N L, et al. 1998. Metall. Mater. Trans., 29A: 1947

Chen W, Chaturvedi M C, Richards N L. 2001. Metall. Mater. Trans., 32A: 931

Chown L H. 2008. 'The influence of continuous casting parameters on hot tensile behaviour in low carbon, niobium and boron steels', PhD thesis, University of Witwatersrand, South Africa

Dong J M, Eun J S, Kyung C C, et al. 2012. Met. Mater. Trans. A, 43: 1639

Doig P, Flewitt P E J. 1981. Acta Met., 29: 1831

Doig P, Flewitt P E J. 1987. Metall. Trans., 18A: 399

Emad EL-KASHIF, Kentaro ASAKURA, Koji SHIBATA. 2003. ISIJ International, 43(12): 2007

Eyre B L, Maher D M. 1970. AERE Report R-6618, December

Faulkner R G. 1981. J. Mater. Sci., 16: 373

Faulkner R G. 1987. Acta Met., 35: 2905

Faulkner R G. 1989. Mater. Sci. Tech., 5: 1095

Faulkner R G. 1995. Mater. Sci. Forum, 189-190: 81

Faulkner R G. 1996. Inter. Mater. Rev., 41: 198

Faulkner R G, Hopkins T C. 1977. X-ray Spectrometry, 6: 73

Faulkner R G, Norrgard K. 1978. X-ray Spectrometry, 7: 184

Faulkner R G, Song S H, Flewitt P E J. 1996. Mater. Sci. Technol., 12: 904

Genichi Shigesato, Taishi Fujishiro, Takuya Hara. 2014. METAL MATER. TRANS, 45A: 1876

Huang X, Chaturvedi M C, Richards N L. 1996. Metall. Mater. Trans., 27A: 785

Huang X, Chaturvedi M C, Richards N L, et al. 1997. Acta Mater, 45(8): 3095

Karlsson L, Norden H. 1985. 4th Japan Inst. of Metals Symp.((JIMIS4) on Grain Boundary Structure, Related Phenomena

Karlsson L, Norden H. 1988. Acta Met., 36: 13

Kobayashi H. 1991. ISIJ. Int., 31: 268

Macewan J R, Macewan J U, Yaffe L. 1959. Can. J. Chem., 37: 1623

Minqing W, Jinhui D, Qun D, et al. 2015. Mater. Sci. Eng., A626: 382

Mintz B, Crowther D N. 2010. Inter. Mater. Rev., 55 (3): 168

Nagasaki C, Aizawa A, Kihara J. 1987. Trans. Iron Steel Inst. Jpn., 27: 506

Ning C, Zong-sen Y. 1995. J. Mater. Sci. Lett., 14: 557

Ogura T, McMahon Jr C J, Feng H C, et al. 1978. Acta Metall., 26: 1317

Ogura T. 1981. Trans. Jap. Inst. Met., 22(2): 109

Pelton A R. 1981. in 39th Ann. Proc. EMSA, 332

Saindrenan G, Roptin D, Maufras J M, et al. 1989. Scr. Metall., 23: 1163

Seibel G. 1964. Mem. Sci. Rev. Met., 61: 413

Sevc P, Janovec J, Lucas M, et al. 1995. Steel Res., 66: 537

Song S, Weng L. 2005. J. Mater. Sci. Technol., 21(4): 445

Song S, Xu T. 1994. J. Mater. Sci., 29: 61

Song S, Xu T, Yuan Z. 1989. Acta metall., 37: 319

Stevens W, Haynes A G J. 1956. Iron Steel Inst., 183: 349

Suzuki H,Yamamoto K, Ohno Y, et al. 1983. US patent 4, 379, 482

Swalin R A, A Martin. 1956. Metall.Trans. A.I.M.E., 206: 576

Vorlicek V, Flewitt P E J. 1994. Acta Metall. Mater., 42: 3309

Warga M E, Wells C. 1953. J. Metals, 5: 5

Williams T M, Stoneham A M, Harries D R. 1976. Met. Sci., 10: 14

Xu T. 1987. J. Mater. Sci., 22: 337

Xu T. 1988. J. Mater. Sci. Lett., 7: 241

Xu T. 2016. Interfacial Segregation and Embrittlement. In: Saleem Hashmi (editor-in-chief) Reference Module in Materials Science and Materials Engineering. Oxford: Elsevier: 1-17

Xu T, Song S. 1989. Acta Metall., 37: 2499

Xu T, Song S, Shi H, et al. 1991. Acta metall. mater., 39: 3119

Xu T, Cheng B. 2004. Prog. Mater Sci., 49: 109

Yasumoto, et al. 1985. Mater. Sci. Technol., 1: 111

Yuan Z X, Jia J, Guo A-M, et al. 2003. Scr. Mater., 48: 203

Zhang S, He X, Ko T.1994. J. Mater. Sci., 29: 2663

Zhang Z L, Lin Q Y, Yu Z S. 2000. Mater. Sci. Technol., 16: 305

Zheng Z W, Yu H Y, Liu Z J, et al. 2015. J mater. Res., 30 (10): 28

Zong-sen Y, Ning C. 1993. Sience in China, 36 (7): 888

第 6 章　非平衡晶界共偏聚 (NGCS)

6.1　引　　言

正如 1.2.3 节所述, 1975 年 Guttmann(Guttmann, 1975) 在多组元非理想系统中发展了一个平衡晶界共偏聚模型, 描述平衡偏聚到晶界上的溶质原子之间的交互作用, 并就一个简单三元系给出此模型的解析表达式. 假设两个溶质元素具有很强的相互吸引作用, 它们将在基体里形成沉淀相; 假若它们之间的相互吸引作用较弱, 不足以形成沉淀相, 它们将共偏聚到晶界上, 以降低体系的自由能. 进一步地, 两个组元中的一个发生偏聚, 可以诱发另一个组元也发生偏聚, 反之亦然. 比如考虑 3 为溶剂, 1 和 2 是弱相互作用的溶质. 假如 1 是很强的表面活性元素, 在 3 中易于发生晶界偏聚, 而 2 不是表面活性元素, 在 3 中不发生偏聚. 在由 1, 2 和 3 形成的三元系中, 组元 1 发生晶界偏聚, 也会诱发 2 发生晶界偏聚. Guttmann 进一步指出, 假如 1 和 2 都不是表面活性元素, 他们单独在溶剂 3 中都不发生晶界偏聚. 若将它们加入到 3 中形成三元系, 由于 1 和 2 之间的相互吸引作用, 也会发生两种元素的共偏聚. 这一模型能够解释为什么合金元素的加入会增加杂质元素的晶界偏聚. 此理论模型是 20 世纪 70 年代微合金化理论的最重要进展之一.

1976 年 Ohtani 等 (Ohtani et al., 1976 a,b) 报告 Ni-Cr 钢中 Ti 通过 Sb 对回火脆性的影响. 他们开始设计实验时设想, 加入 Ti 使它与碳形成沉淀相, 从而在低固溶碳的情况下研究钢的回火脆性. 但当他们的实验研究完成后发现情况比预想的复杂. 最让他们感兴趣的实验结果是 Ti 的效应, 不加 Ti 的 Ni-Cr 钢淬火后在 480℃或 520℃恒温回火, 随着恒温时间的延长, Sb 和 Ni 的晶界浓度增加, 最后达到一个稳定的浓度值. 而加 Ti 的相同成分的钢, 在恒温回火开始, Ti、Sb 和 Ni 的晶界浓度均增加, 在回火的某一时刻出现三元素晶界浓度的极大值, 然后随恒温时间延长而降低. 显然, 在回火开始阶段, 迅速建立起 Ti、Sb 和 Ni 的晶界区的高浓度, 然后紧跟着发生三个元素的反偏聚, 又使三元素的晶界浓度降低. 在三元素浓度极大值对应的恒温时刻, 也出现了韧—脆转变温度的极大值. 他们说, 他们面临着一个瞬态过程, 其本质仍然是不清楚的. 基于上述观察, Xu(Xu, 1997) 提出了一个新的模型, 非平衡晶界共偏聚模型 (non-equilibrium grain-boundary co-segregation, NGCS), 解释了上述现象. 这个模型是在多元固溶体中, 不同溶质原子之间, 以及溶质原子和空位之间的交互作用基础上, 建立的一个新的关于非平衡晶界偏聚动力学过程中, 溶质之间交互作用的模型, 在非平衡偏聚理论中所处的地位, 正如 Guttmann 模型在平衡偏聚领域中所处的地位一样. 它和 Guttmann 模型区别在于, Xu 模型是一个动力学模型, Guttmann 模型是热力学平衡模型. 本章将讨论这一问题.

6.2 模 型

6.2.1 从 Guttmann 模型到非平衡共偏聚模型

由于偏聚过程中晶界溶质浓度可以很高, 溶质之间的化学相互作用不能被忽略. 也就是说, 晶界固溶体的性质不能像 McLean 模型那样认为是理想的. 一个传统的以直接的方式处理此类问题的方法是 Defay 和 Prigogine (Defay et al., 1951) 提出的层模型 (layer model). 这个模型将内界面看作为二维相 ϕ, 也可以像基体相 β 一样, 在其上定义所有经典热力学函数. 因此, 晶内基体和晶界之间处于相平衡时, 组元 i 在基体相 β 和晶界二维相 ϕ 中的化学位相等

$$\mu_i^{\phi} = \mu_i^{\beta} \tag{6-1}$$

Xu 假设在整个非平衡偏聚过程中, 即在复合体向晶界扩散和溶质原子自晶界扩散回晶内的动力学过程中, 式 (6-1) 所表示的热力学平衡关系始终是成立的. 这一假设的合理性在于, 这样一个平衡只涉及到复合体和溶质原子在晶界附近极小的范围内的扩散, 因为是极小的空间范围内的扩散, 达到平衡的扩散时间也是极短的, 因此是在极小的空间和时间的相空间中建立这样一个热力学平衡, 是极小范围内的局部平衡, 无须整个体系的大范围内的热力学平衡. 在这样一个基本假设的基础上, 采用 Guttmann 模型中的简化假设 (Xu, 1997; Briant et al., 1978), 就可在非平衡晶界偏聚过程中得到关系式 (6-2) 至式 (6-6)(推导见 6-4 节):

$$N_i^{\phi} = \{N_i^B \exp(\Delta G_i/RT)\} / \left\{1 + \sum_{j=1}^{n-1}[N_j^B(\exp(\Delta G_j/RT) - 1)]\right\}$$

$$i = 1, 2, 3, \cdots, n-1 \tag{6-2}$$

这里 N_i^{ϕ} 和 N_i^{β} 分别是 i 组元在ϕ 和β 相的原子分数, 而且

$$\Delta G_1 = \Delta G_1^0 + \alpha' N_2^{\phi} \tag{6-3}$$

$$\Delta G_2 = \Delta G_2^0 + \alpha' N_1^{\phi} \tag{6-4}$$

这里 ΔG_i^0 是 McLean 偏聚能, 在溶质 1 或 2 与溶剂 3 形成的二元固溶体中, 偏聚驱动力完全由 ΔG_i^0 项来描述. ΔG_i 是溶质 1、2 与溶剂 3 形成的三元系中的溶质 i(i =1 或 2) 偏聚驱动力, 其中,

$$\alpha' = \alpha_{12}^{\phi} - \alpha_{13}^{\phi} - \alpha_{23}^{\phi} \tag{6-5}$$

和

$$\alpha_{ij}^T = Z^T N_0 \left\{\varepsilon_{ij}^T - \left[(\varepsilon_{ii}^T - \varepsilon_{jj}^T)/2\right]\right\} \tag{6-6}$$

这里 Z^T 是 T 相中的配位数, $T = \phi$ 或 β, N_0 是阿佛伽德罗常数, ε_{ij}^T 是 i, j 组元对, 在 T 相中的结合能.

6.2.2 空位与溶质原子结合能

空位与溶质原子形成复合体的结合能 E_b 明显地影响非平衡晶界偏聚. 如第 3 章的图 3-3 和文献 (Faulkner,1981) 的图 2 所示, 只有当溶质原子与空位的结合能 E_b 在 0.15eV 至 0.6eV 之间时, 溶质才有较大的并且保持适当不变的非平衡偏聚效应. E_b 的值可以用弹性理论计算. 依据 Cottrell (1967) 的观念, 下面式 (6-7) 可以近似地表示空位与外来原子的结合能,

$$E_b = 8\pi\mu r_0^3\varepsilon^2 \tag{6-7}$$

这里 μ 是基体的切变模量, r_0 是基体原子半径, ε 是外来原子与基体点阵的错配度, 并且有

$$\varepsilon = \pm(r_1 - r_0)/r_0 \tag{6-8}$$

这里 r_1 是溶质原子半径.

在溶质 1 或 2 与溶剂 3 形成的二元系中, 假设溶质 2 与空位的结合能 E_b 超出了上述所说的适合于发生非平衡偏聚的范围, 那么在这个 2-3 二元系中, 很少或没有溶质 2 的非平衡偏聚. 假若溶质 1 与空位的结合能在溶质发生非平衡偏聚的范围, 大约在 0.15eV 至 0.6eV 之间, 那么溶质 1 将在 1-3 二元系中发生非平衡晶界偏聚. 假若溶质 1 加入到 2-3 二元系中形成 1-2-3 三元系, 组元 1 将偏聚到晶界上. 当溶质 1 和溶质 2 的结合能大于溶质 1、2 与溶剂 3 的结合能 (即 $\alpha' > 0$) 时 (见式 (6-5)), 溶质 1 的晶界浓度 N_1^ϕ 增加, 从式 (6-4) 可以看出, 溶质 2 的偏聚驱动力 ΔG_2 也相应地增加, 再由式 (6-2) 可知, 溶质 2 的偏聚驱动力增加会使溶质 2 的晶界浓度 N_2^ϕ 也增加, 这样溶质 1 的非平衡晶界偏聚就引起了溶质 2 的非平衡晶界偏聚. 同样的道理, 若组元 1 发生反偏聚, 使其晶界浓度 N_1^ϕ 降低, 组元 2 的晶界偏聚驱动力 ΔG_2 也降低, 其晶界浓度 N_2^ϕ 也降低, 溶质 2 又在溶质 1 的驱动下发生反偏聚. 由于式 (6-3) 和式 (6-4) 在结构上的对称性, 若溶质 2 发生非平衡偏聚, 也会诱发溶质 1 发生非平衡偏聚. 这就是非平衡晶界共偏聚发生的热力学基础.

上述依据 Cottrell (1967) 的观念提出的计算空位和溶质原子结合能的模型, 是一种以原子尺寸因素为基础的模型, 不是唯一的模型. 这就是说, 决定空位与外来原子结合能的因素并非只有原子体积因素, 如电场相互作用因素, 外来原子和空位的电负性 (electronegativity) 因素, 电子浓度因素等, 都会影响它们之间的作用能,

不同的体系由不同的因素起作用, 并且也可能是几个因素共同作用的结果. 曾经有人想通过空位与溶质原子结合能的大小寻找出规律, 确定哪些元素可以发生非平衡偏聚. 这种努力至今收效甚微, 可能是因为上面所说的相互作用的因素很多, 很复杂的原因吧. 最近 Song 等 (Song et al., 2005) 分析研究了空位和间隙式溶质原子或替代式溶质原子, 在面心立方晶体和体心立方晶体中, 形成各类复合体的微观结构. 可以期望通过这些微观结构的具体分析, 确定各类复合体的空位和溶质原子结合能.

6.3 模型与实验数据的比较

6.3.1 钢中 Ti 和 Sb, Ni 的非平衡共偏聚

如前已述, 文献 (Ohtani et al., 1976 a, b) 报道, 对于加 Ti 的 Sb-Ti 合金钢和不加 Ti 的 Sb2 低碳 NiCr 合金钢, 除 Ti 以外它们的基本成分相同, 淬火后在 480℃和 520℃恒温脆化, 用俄歇谱测量相应的晶界成分. 两种合金的成分列于表 6-1.

表 6-1 实验合金的化学成分 (重量百分比)

合金	Ni	Cr	C	Sb	Ti	O
Sb2	3.5	1.7	0.008	0.070	—	0.017
Sb-Ti	3.5	1.7	0.003	0.065	0.1	0.012

两种合金在 480℃和 520℃恒温脆化过程中晶界成分和脆性的变化分别列于表 6-2 和表 6-3. 从表 6-2 可以看出, 对于没有加 Ti 的 Sb2 合金, 在 480℃和 520℃恒温时效, Ni 和 Sb 的晶界偏聚浓度随恒温时间的延长而增加, 趋近于一个稳定的状态, 这表明 Ni 和 Sb 的晶界偏聚具有平衡偏聚特征. 可是, 令人吃惊的是 Ti 加入的 Sb-Ti 合金中的情况, 如表 6-3 所示, Ni 和 Sb 的晶界浓度随时效时间先增加到一个极大值, 然后降低. Ti 的晶界浓度也与 Ni 和 Sb 相同, 经历一个浓度极大值. 显然, 在恒温时效过程中 Ni, Sb 和 Ti 三个元素先快速偏聚到晶界上, 然后紧接着发生了三种元素的反偏聚, 回到晶内. 相应的晶界脆性也处于不稳定状态, 亦经历一个脆性极大值. 从上述实验结果可以看出, 对于先淬火加回火的试样, 再在 480℃恒温脆化, Sb 和 Ti 的临界时间在大约 160 小时, Ni 的临界时间将不超过 100 小时; 在 520℃脆化的样品, Ni, Sb 和 Ti 的临界时间分别是 5 小时, 20 小时, 和 5 小时; 对于先淬火加再结晶的样品, 在 520℃恒温脆化, 它们的临界时间都在 150 小时左右. 如前所述, 临界时间是非平衡晶界偏聚的最主要特征之一, 因此可以得出结论 Ti 加入引起的最重要的效应是, Ti 的非平衡晶界偏聚引发了 Sb 和 Ni 的非平衡晶界偏聚.

为什么会出现这样明显的效应呢? Xu 在文献 Xu(1997) 中作了如下分析: Sb 和

Ni 在钢中与空位的结合能, 根据式 (6-7) 和式 (6-8) 计算, 分别是 1.39eV 和 0.001eV, 见表 6-4, 两者均超出了在钢中发生非平衡偏聚的范围, 0.15eV 至 0.6eV 之间, 因此, 正如 Ohtani 等对 Sb2 的晶界偏聚实验结果, 没有晶界偏聚的极大值在恒温脆化过程中发生, 表现为平衡偏聚特征.

表 6-2 合金钢 Sb2 的晶界偏聚数据 (Ohtani et al., 1976a)

	时间	2.7J 韧脆转变温度/°C	90°C晶间断裂百分比	平均俄歇峰高比		权重俄歇峰高比		晶界成分/% (原子分数)	
				Ni	Sb	Ni	Sb	Ni	Sb
Sb2 固溶+淬火并在 480°C 时效	0	−85	0	2.4	0.2	—	—	—	—
	5	−85	18	3.3	0.6	—	—	—	—
	50	−25	29	3.3	1.0	5.5	2.9	7.2	1.3
	100	45	65	4.8	2.4	6.1	3.6	8.0	1.6
	150	80	83	6.0	4.5	6.7	5.4	8.8	2.4
	300	190	87	9.1	10.2	10.1	11.7	12.2	5.1
	1000	> 300	99	11.6	19.4	11.6	19.6	13.7	8.6
	8500	> 300	98	13.6	29.7	13.9	30.3	16.1	13.3
Sb2 固溶+淬火并在 520°C 时效	5	−30	8	2.8	0.3	—	—	—	—
	20	35	16	3.9	1.7	—	—	—	—
	50	85	—	—	—	—	—	—	—
	100	205	80	8.0	11.0	9.4	13.7	11.5	6.0
	300	300	90	8.2	12.7	8.8	14.1	11.0	6.3
	1000	> 300	100	11.3	20.6	11.3	20.6	13.4	9.0
	8400	> 300	100	11.8	21.5	11.8	21.5	14.0	9.4
Sb2 固溶+再结晶并在 520°C 时效	20	−110	9	2.8	0.2	—	—	—	—
	100	−20	24	3.2	0.7	5.7	2.2	7.5	1.0
	200	105	—	—	—	—	—	—	—
	300	160	95	8.4	9.3	8.7	9.8	10.7	4.3
	1000	> 270	98	10.1	14.8	10.3	15.1	12.5	6.6
	8400	> 280	100	11.6	19.0	11.6	19.0	13.7	8.3

表 6-3 合金钢 Sb-Ti 的晶界偏聚数据 (Ohtani et al., 1976b)

	时间	2.7J 韧脆转变温度/°C	90°C晶间断裂百分比	平均俄歇峰高比			权重俄歇峰高比			晶界成分/% (原子分数)		
				Ni	Sb	Ti	Ni	Sb	Ti	Ni	Sb	Ti
合金固溶+淬火并在 480°C 时效	0	−132	12	3.3	0.7	0.6	11.5	3.4	4.0	13.2	1.5	1.4
	1	−122	—	—	—	—	—	—	—	—	—	—
	20	−118	36	4.7	1.2	0.9	9.2	2.8	2.6	10.8	1.2	0.9
	100	−100	63	6.4	3.2	1.7	8.9	4.9	3.2	10.6	2.2	1.1
	160	−64	68	6.3	3.8	2.7	8.3	5.4	4.8	10	2.4	1.7
	300	−50	70	6.2	2.9	1.9	7.9	3.9	3.3	9.6	1.8	1.2
	500	−68	65	5.1	2.1	1.8	6.5	3.0	3.3	8.1	1.3	1.1
	1000	−92	61	4.7	1.2	1.1	6.3	1.8	2.1	7.8	0.8	0.7
	8400	−85	58	5.3	1.5	0.9	7.5	2.4	1.8	9	1.1	0.6

表 6-4 用公式 (6-7) 和式 (6-8) 计算的空位和溶质 Sb, Ti 和 Ni 的结合能 (Xu, 1997)

参数	钢中 Sb	钢中 Ti	钢中 Ni
$\mu/\text{N}\cdot\text{m}^{-2}$	5×10^{10}	5×10^{10}	5×10^{10}
r_0/m	1.25×10^{-10}	1.25×10^{-10}	1.25×10^{-10}
r_1/m	1.61×10^{-10}	1.45×10^{-10}	1.24×10^{-10}
ε	0.288	0.16	0.008
E_b/eV	1.39	0.43	0.001

Ti 在钢中与空位的结合能, 根据式 (6-7) 和式 (6-8) 计算是 0.43eV, 见表 6-4, 正处于易发生非平衡偏聚的能量区间内, 0.15eV 至 0.6eV 之间. 而且, Faulkner (1981) 已经实验证实, Ti 在钢中发生非平衡晶界偏聚. 实验已经证实 Ni 和 Ti 在几种合金钢中均相互吸引形成化合物, 因此认为在现在的 Sb-Ti 合金钢中, Ni 和 Ti 会发生相互吸引作用是合理的. 因此根据式 (6-2)~ 式 (6-6), Ti 的非平衡偏聚也会引起 Ni 的非平衡偏聚. 同样地, 当 Ti 反偏聚从晶界回到晶内时, Ni 也会发生反偏聚, 从晶界回到晶内, 使 Ni 的晶界浓度降低. 正如文献 (Ohtani et al., 1976 a,b) 报道的, Ni 和 Sb 在钢中有相互吸引作用. 值得指出的是, Ni 和 Sb, Fe 和 Sb 的相互作用系数分别是 $\alpha_{\text{Ni-Sb}}$=31600 cal/g, 和 $\alpha_{\text{Fe-Sb}}$=4400 cal/g. Ni 和 Sb 在钢中的相互作用系数应该是上述两者之差. 即 $\alpha'_{\text{Ni-Sb}}$ 是 27200 cal/g,(Briant et al., 1978). 因此 Sb 的晶界浓度也应随着 Ni 和 Ti 的变化而变化. 显然, 三个元素的非平衡晶界共偏聚, 是 Ti 加入到 Sb2 合金中引起三元素的反偏聚, 以及在恒温回火脆化过程中出现浓度和晶界脆性峰值的原因.

具有较高 G_i^0 的表面活性元素会优先占据可以用于发生偏聚的晶界位置, 这样阻碍了其他元素的偏聚, 这被称为偏聚组元的位置竞争. 从表 6-2 和表 6-3 可以看出, Ti 加入到 Sb2 合金中, 使 Ni, Sb 和 Ti 迅速共同偏聚到晶界上, 紧接着三个元素的共同反偏聚. 因此, 没有元素之间的位置竞争问题.

比较表 6-2 和表 6-3 发现, 对于无 Ti 的 Sb2 合金, 在 520°C温度 Ni 和 Sb 的晶界热平衡浓度分别是 14.0 和 9.4 原子百分数, 而对于加 Ti 的 Sb-Ti 合金, 分别是 6.6 和 0.3 原子百分数. 因此可以得出结论, Ti 加入到合金中可以降低 Ni 和 Sb 的平衡晶界偏聚浓度, Ti 引起的两元素的晶界平衡偏聚浓度的降低是如此之大, 使过饱和空位引起的非平衡晶界偏聚浓度易于大大地超过平衡偏聚浓度, 发生非平衡晶界偏聚. 这是非平衡偏聚发生的一个先决条件. 因此, Ti 在 Sb-Ti 合金中的作用是双重的: Ti 将易于与空位结合形成复合体向晶界扩散导致较大的非平衡晶界偏聚; 另一方面, Ti 与 Sb 和 Ni 在基体内相互吸引阻止了 Sb 和 Ni 的平衡晶界偏聚, 使平衡偏聚浓度降低, 也使 Sb 和 Ni 的非平衡晶界偏聚易于发生. 此外, 从表 6-3 可以看出, 随着时效温度的升高, 同样先淬火然后回火的 Sb-Ti 的试样, 其临界时间变短. 这与临界时间公式 (2-6) 的计算预期是一致的.

Titchmarsh 等 (Titchmarsh et al., 1979) 实验发现在 Ni-Cr 钢的晶界上有直径是 20 nm 微小粒子, 其上包含 Sb, Mn, Sn 和 Ni , 但并不包括 P, 虽然一个相应的俄歇谱观察发现晶界上有大约 15at%的 P 存在 (Titchmarsh, 1977). 这些粒子在 500℃随时效时间从 100h 增加至 5000h 而增加. 这些偏聚元素将沿晶界扩散到这些粒子上去, 从而也会引起同样的偏聚极大值和脆性极大值. 假若这个机理在 Sb2 和 Sb-Ti 合金时效至 8400h 也起作用, 那么 Sb 和 Ni 的偏聚峰值也应该在 Sb2 合金中发生, 可是它并没有发生. Furubayashi (Ohtani et al., 1976b) 用 500 kV 的透射电子显微镜观察 Sb-Ti 合金试样, 没有发现晶界化合物粒子存在, 却在基体内发现了 TiO 和 TiC 粒子. 因此 Titchmarsh 等的上述机制不是引起 Sb-Ti 合金中 Ni, Sb 和 Ti 出现晶界浓度峰值的原因.

最近 Song 等 (Song et al., 2000) 观察到 2.25Cr1Mo 钢由于中子辐照引起的 P 和 Mo 的非平衡共偏聚现象, 并且他们明确指出是属于我们提出的非平衡晶界共偏聚. 这应该是支持本模型的一个证据.

6.3.2　钢中 Cr 和 N 的非平衡共偏聚

在许多的共偏聚行为中, Cr 和 N 之间的共偏聚引起了很大关注 (Hendry et al.,1979; Misra et al., 1987; Grabke, 2000), 甚至在 Ni 基合金中也发现了二者的共偏聚行为 (Burton et al., 1979). Misra 等已明确指出 (Misra et al., 1989), 在 700 ~900 K 温度范围内, NiCrMoV 钢中 Cr 和 N 之间发生了晶界共偏聚, 但未指明是平衡的还是非平衡的共偏聚动力学过程. Zheng 等 (Zheng et al., 2005) 分析了 Misra 等实验测量的 Cr 和 N 的晶界共偏聚动力学. 结果表明, Cr 和 N 的共偏聚是非平衡晶界共偏聚. 本节将讨论这一问题.

Misra 等 (Misra et al., 1989) 将尺寸为 Φ3.68mm×32mm 的 NiCrMoV 钢试样在 700~900K 温度下进行恒温时效, 并用俄歇谱仪测量了各元素的偏聚动力学, 如图 6-1 所示. 试样化学成分如表 6-5 所示. 图 6-1 中纵坐标为各元素与 Fe(703eV) 的峰高比值, 横坐标为恒温时间. 在各元素的恒温偏聚动力学曲线图中, 可以发现 Cr 和 N 的晶界偏聚浓度是相互平行的先随恒温时间增长, 同时达到一极大值, 然后随恒温时间而降低. 图 6-1(a) 为 773 K 温度下各元素的恒温偏聚动力学曲线, 表明 Cr 和 N 在恒温开始快速偏聚到晶界上, 在 13 ks 左右达到浓度极大值, 并随之有一个反偏聚过程, 二者俄歇谱峰高比极大值分别为 0.35 和 0.43. 图 6-1(b) 中 823 K 下 Cr 和 N 的晶界浓度在 10 ks 之前平行地增加达到一浓度峰值, 随后两者同时降低, 峰值的峰高比分别为 0.38 和 0.47. 图 6-1(c) 中 853 K 下 Cr 和 N 的偏聚动力学较快, 峰高比极大值在 0.3 ks 内即出现, 峰高比分别为 0.31 和 0.34, 随后是二者浓度下降的过程. 图 6-1(d) 中在更高的 883 K 温度下, 由于峰值出现得更早, Misra 等没有测量到, 仅测量到 Cr 和 N 出现峰值后晶界浓度逐渐降低的反偏聚过程, 由恒温曲线可以推测, 此温度下二者峰高比极大值分别不会超过 0.15 和 0.2.

表 6-5 实验用 NiCrMoV 钢化学成分 (wt%)(Misra et al., 1989)

C	Si	Mn	Ni	Cr	Mo	V	S	P	N	Sn	Bal
0.24	0.24	0.34	2.60	0.40	0.28	0.10	0.01	0.01	0.006	0.04	Fe

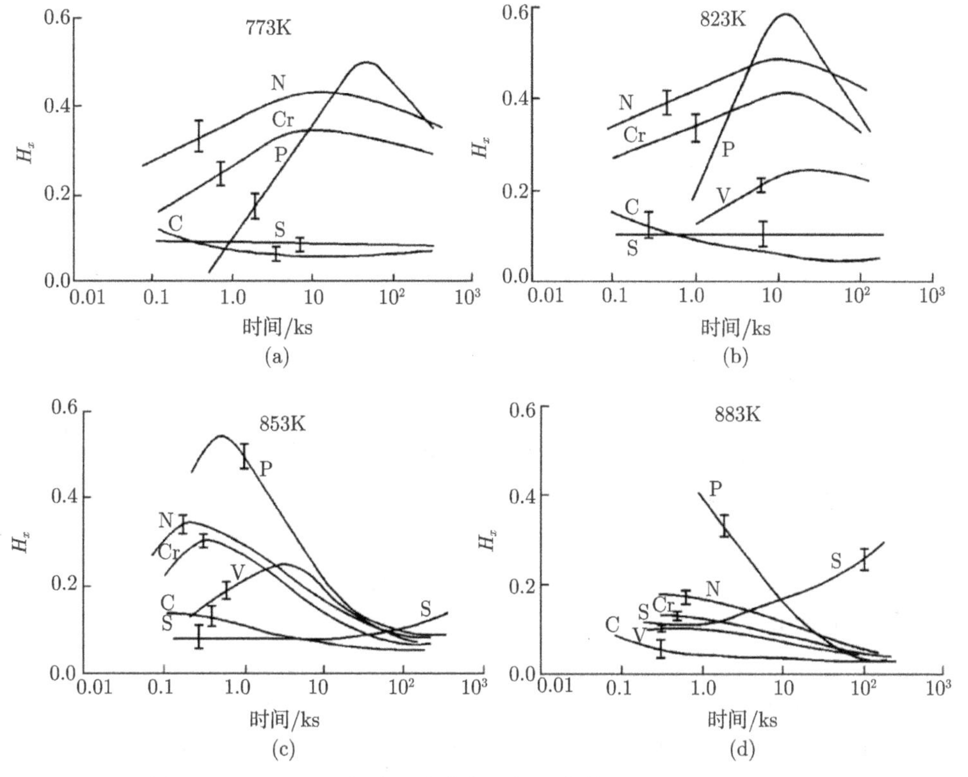

图 6-1 NiCrMoV 钢中元素的偏聚恒温曲线 (Misra et al., 1989)

(a) 773K; (b) 823K; (c) 853K; (d) 883K

Misra (2001) 分析实验结果后指出 Cr 和 N 在不同温度下的时效过程中呈现出了晶界共偏聚特征. 如图 6-2 所示, 在 773K 温度下, Cr 和 N 晶界浓度比值随时间延长保持恒定并接近于 1 (Misra, 2001), 明确显示出了晶界共偏聚行为.

Doig 和 Flewitt (Doig et al., 1981, 1987) 实验证实了铁素体基 2.25Cr1Mo 钢水淬后时效过程中沿原奥氏体晶界产生了 Cr 的非平衡晶界偏聚, 氩气冷却的 316 奥氏体不锈钢在冷却过程中也发生了 Cr 的非平衡晶界偏聚, 并且由实验结果得出 Cr 与空位的结合能为 0.5 eV. Xu 等 (Xu, 1989; Xu et al., 2004) 用等效时间公式和非平衡偏聚动力学公式估算了 Cr 的非平衡晶界偏聚量, 与 Doig 和 Flewitt 的实验结果吻合很好. 最近, Faulkner 等 (Faulkner et al., 1999) 用非平衡偏聚理论解释了 Cr 在辐照情况下的晶界贫化规律. 上述实验及计算结果指明了钢中 Cr 非平衡偏聚特性.

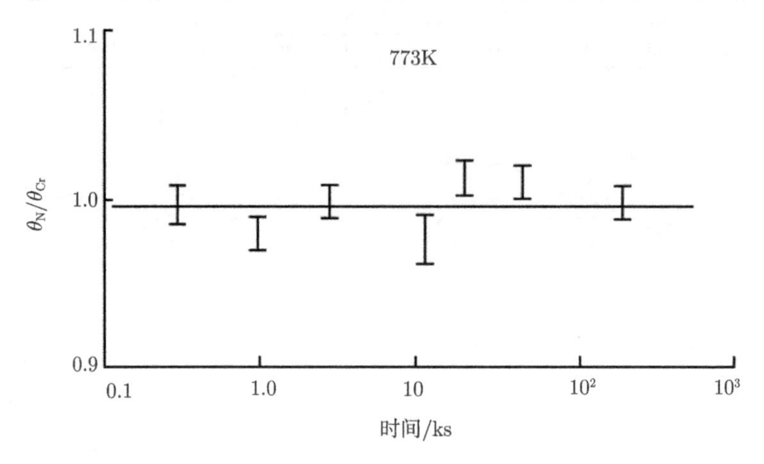

图 6-2 在 773K 温度下, Cr 和 N 晶界浓度比值随时间变化 (Misra et al., 1989)

Hondros (1967) 研究了 Fe-N 二元合金中氮在晶界的分布, 基于 McLean 的平衡晶界偏聚模型, 由实验结果计算了氮原子从晶格位置移动至晶界位置焓的变化, 表明了钢中氮的平衡偏聚性质.

临界时间是非平衡偏聚区别于平衡偏聚的主要特点, 它对应于晶界上溶质浓度极大值 (Xu et al., 1991; Xu et al., 1989). 图 6-1(a) 中, Cr 和 N 大约在 13 ks 达到浓度极大值, 可知在 773 K 下 Cr 和 N 的临界时间为 13 ks. 同样, 图 6-1(b) 和图 6-1(c) 中 Cr 和 N 在 823 K 和 853 K 温度的临界时间分别为 10 ks 和 0.3 ks. 图 6-1(d) 中仅呈现出 Cr 和 N 浓度逐渐降低的反偏聚过程, 但可以合理地推断在 883 K 的较高温度下, Cr 和 N 浓度极大值的出现应早于 853 K 温度下的 0.3 ks. 因此, 当温度升高时, Cr 和 N 的临界时间同时变短. 由临界时间公式 (2-6) 的计算可看出 (如图 2-15 和图 2-16), 随时效温度的升高, 溶质非平衡偏聚的临界时间缩短. Misra 实验结果中 Cr 和 N 的临界时间在不同温度下的变化与公式 (2-6) 的预测趋势相一致, 说明 Cr 和 N 的偏聚过程符合非平衡晶界偏聚模型, 二者都发生了非平衡晶界共偏聚.

图 6-1 中不同时效温度下 Cr 和 N 的峰高比极大值分别为 0.35 和 0.43, 0.38 和 0.47, 0.31 和 0.34, 以及 0.15 和 0.20. 图 6-1(a) 中 Cr 和 N 的峰高比值比图 6-1(b) 中稍低, 若考虑到实验结果测量误差的范围, Cr 和 N 峰高比极大值的变化符合非平衡偏聚的热力学关系式 (3-5) 式和图 3-1 的预测趋势, 即冷却温差越大, 最大非平衡晶界偏聚浓度越高. 这再次说明 Cr 和 N 都发生了非平衡晶界共偏聚.

从图 6-1(a) -(d) 可以看出, C 的晶界浓度随时间延长而降低, 始终表现为反偏聚过程, 而 N 呈现出初期快速偏聚并在一定时间后反偏聚过程发生, 说明 C 和 N 的偏聚过程相互独立, N 的峰值不是 C 引起的.

从图 6-1 也可以看出, 试样时效过程中也出现了 V 的晶界偏聚. 由表 6-6 中表面偏聚的交互作用系数可知 (Dumoulin et al., 1980), V-N 之间与 Cr-N 之间的交互作用相差不多, 分别为 $26\text{kJ}\cdot\text{mol}^{-1}$ 和 $24\text{kJ}\cdot\text{mol}^{-1}$, 但是 V-C 之间的交互作用 ($44\text{kJ}\cdot\text{mol}^{-1}$ 远大于 V-N 间的交互作用 ($26\text{kJ}\cdot\text{mol}^{-1}$), 而且萃取的碳化物分析表明 V 大部分以碳化物沉淀形式存在 (Misra et al., 1989; Misra, 2001). 因此 V 与 C 的强烈交互作用使得晶界上 V-N 作用较弱, 因而 Cr-N 作用较明显. 另外, Cr 的基体浓度比 V 高也是促使 Cr-N 作用较明显的原因之一 (Misra et al., 1989; Misra, 2001). 同时, 图 6-1(c) 中 V 晶界浓度极大值与 Cr 和 N 的浓度极大值明显处于不同的恒温时效时间. 所以, Cr 和 N 的偏聚独立于 V 的偏聚, 它们的偏聚浓度峰值也不会是 V 引起的.

表 6-6 元素间的表面偏聚交互作用系数 (Dumoulin et al., 1980)

相互作用元素	作用系数 $\alpha'_{M-1}/\text{kJ}\cdot\text{mol}^{-1}$
Cr-S	0
Cr-N	24
V-N	26
V-C	44

在 773K 和 823K 温度下 S 晶界浓度几乎没有变化, 但 Cr 和 N 平行的偏聚和反偏聚过程非常明显. 在 853 K 温度下, S 偏聚量在超过 100 ks 后才有较明显的上升趋势, 此时 Cr 和 N 的偏聚过程已接近完成. S 在 883 K 温度下的偏聚较为显著, 但 Cr 和 N 由于较快的动力学过程而只显示出反偏聚过程. 因此, Cr 和 N 的偏聚与 S 的偏聚处于不同的阶段. 除此之外, 由表 6-6 中数据可知 Cr 和 S 之间在偏聚过程中几乎没有交互作用. 因此, Cr 和 N 的偏聚与 S 偏聚相互独立, S 对 Cr-N 之间的非平衡共偏聚行为没有影响.

Woodward 等 (Woodward et al., 1980) 和 Kearns 等 (Kearns et al., 1985) 分别研究了 3Cr-0.5Mo 钢和 NiCrMoV 钢中 Cr 和 N 的表面共偏聚行为, 认为 Cr 和 N 表面共偏聚中浓度的降低是偏聚的 P 与 N 形成易挥发的 PN, 使 N 的表面偏聚浓度降低, 并引起 Cr 的反偏聚. 但晶界偏聚不同于表面偏聚, N 不可能以 PN 的形式从晶界挥发而降低晶界浓度 (Misra et al., 1989; Misra, 2001). 在图 6-1 中, P、Cr 和 N 的晶界浓度经过一定的保温时间都逐渐下降, 且图 6-1(a) 和图 6-1(c) 中清楚地表明 P 与 Cr 和 N 的浓度极大值位置不同, 说明 Cr 和 N 浓度的下降不是 P 和 N 在晶界上位置竞争的结果, 也不是 Cr-P 之间相互作用的结果, 所以 P 对 Cr-N

间的共偏聚行为没有明显影响.

图 6-1 中的恒温时效过程, Cr 和 N 在晶界上的浓度有一个峰值, 此后随时间的延长而下降. 这个现象说明在时效过程中没有因 Cr 或 N 的偏聚而在晶界上生成氮化物沉淀或者 Cr 与其他溶质元素生成沉淀. 如果生成沉淀, 晶界会保持一个恒定的 Cr 和 N 的化学成分, 而不出现元素浓度下降的现象. 只有发生两种元素的反偏聚, 晶界上 Cr 和 N 浓度才会下降, 并逐渐接近于二者晶界平衡浓度.

综上所述, Cr 和 N 之间的共偏聚行为独立于其他元素的偏聚过程. 因此 Cr 和 N 在偏聚过程中出现的极值与其他元素的偏聚无关. 如前所述, N 具有平衡偏聚特性, 但四个温度下的时效过程中都没有体现这个特性. 同时, 图 6-1 中 Cr 和 N 在不同温度下的共偏聚过程中都出现了浓度极大值, 此现象不符合平衡晶界共偏聚动力学过程, 属于 Cr 和 N 的非平衡晶界共偏聚现象.

6.3.3 钢中 Mn 和 Sb 的非平衡共偏聚

Guo 和 Yuan 等 (Guo et al., 2003; Yuan et al., 2003) 研究了加 Ce 和不加 Ce 的 Fe-2%Mn-Sb 钢的 Sb 和 Mn 的晶界偏聚, 以及由于这些元素的晶界偏聚引起的晶界脆性 (加 Ce 钢标为 76, 不加 Ce 的钢标为 77). 他们的实验程序是: 样品先在 980℃奥氏体化 30min, 油淬到室温, 再在 650℃回火 1h 然后水淬至室温, 再分别在 460℃, 500℃和 540℃恒温时效不同的时间, 测量各个温度下不同时效时间韧—脆转换温度的变化, 结果见图 6-3. 从图可以看出在 500℃和 540℃时效, 开始时晶界脆性迅速增加, 并分别在 68h 和 16h 达到脆性极大值, 然后随时效时间延长而降低. 对于在 460℃时效, 脆性直到时效 200h 还在增加. 他们基于晶界脆性的非平衡偏聚机理 (Xu, 1999), 用临界时间公式 (2-6), 根据他们的实验条件, 计算了 Sb 晶界偏聚的临界时间并与图 6-3 表示的脆性极大值出现的时间比较 (见表 6-7), 获得很好的一致, 从而证实 Sb 在钢中发生了非平衡晶界偏聚, 并引起相应的晶界脆性. 因为所有试样在从 980℃淬火后, 在各个温度时效之前都在 650℃预先回火 1h, 1h 的恒温时间正好等于此温度的临界时间, 650℃1h 回火引起的 Sb 晶界偏聚将保持到各个时效温度, 因此在表 6-7 中, 将 650℃回火 1h, 用等效时间公式 (5-2) 转换到各个温度 (Xu et al., 2004). 计算所用数据及其文献来源列于表 6-8.

Ohtani 等 (Ohtani et al., 1976a) 已经实验证实 Sb 在钢中不发生非平衡偏聚, 那么这里 Sb 的非平衡晶界偏聚是如何发生的呢? Guo 和 Yuan 等 (Guo et al., 2003; Yuan et al., 2003) 对这个问题作了如下分析. 他们用俄歇谱结合离子溅射测量了 Sb 和 Mn 沿晶界面垂直方向的晶界偏聚宽度, 结果如图 6-4 和图 6-5 所示, 可以看出 Mn 和 Sb 发生了共偏聚, 这一点也由 Coad 等 (Coad et al., 1977) 的实验结果所证实. Guo 和 Yuan 等分析了 Heo 和 Lee 的下述实验结果, 认为 Mn 在钢中具有非平衡偏聚特征. Heo 和 Lee(Heo et al., 1996) 将 Fe-8Mn-7Ni 合金 (0.004%C,

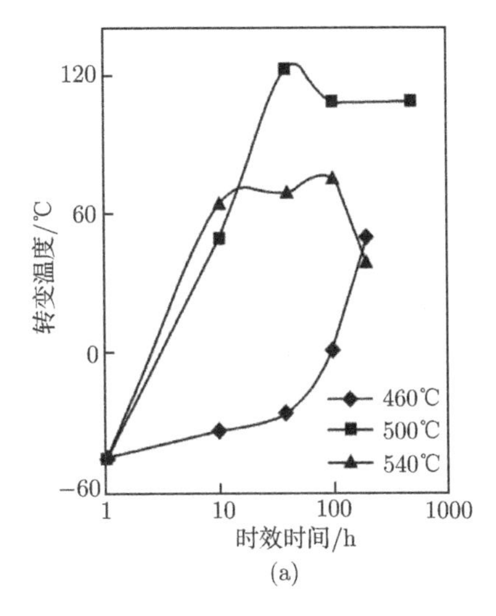

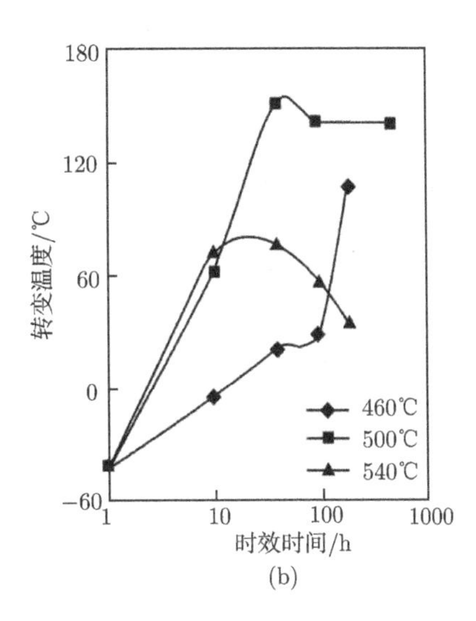

图 6-3 76(图 (a)) 和 77(图 (b)) 号钢在 460°C, 500°C, 540°C恒温时效的韧—脆转变温度的变化 (Guo et al., 2003)

表 6-7 用式 (2-6) 计算的临界时间与韧一脆转变温度在时效过程中出现极大值的时间的比较 (Guo et al., 2003)

时效温度/°C	计算的临界时间/h	650°C恒温 1h的等效时间/h	韧—脆转变峰值出现的时间/h	两项相加值/h
650	1	1	0	1
540	43	31	16	47
500	217	138	68	206
460	1320	723	—	—

表 6-8 用式 (2-6) 计算所用的参数及其文献来源

参数	在 Fe 中	文献来源
Sb 的扩散系数 $D_i/\mathrm{m^2 \cdot s^{-1}}$	$0.11\exp(-2.86\mathrm{eV}/kT)$	(Smithells et al., 1976)
Sb-空位复合体扩散系数 $D_v/\mathrm{m^2 \cdot s^{-1}}$	$0.5\exp(2.02\mathrm{eV}/kT)$	(Faulkner., 1981)
复合体激活能 E_A/eV	2.0	(Faulkner., 1981)
空位迁移能/eV	1.2	(Kiritani et al., 1975)
晶粒半径 R/m	5×10^{-5}	(Guo et al., 2003)
临界时间常数 δ	1162	(Guo et al., 2003)

0.001%P, 0.002%S, 7.8%Mn, 6.9%Ni) 先在 950°C氩气气氛中固溶处理 1h 后水淬，然后在 450°C恒温时效，俄歇谱测量晶界成分，发现 Mn 和 Ni 的晶界偏聚浓度相互平行发展，两者均随恒温时间先增加，同时达到极大值，然后降低，明显地说明两者发生了非平衡晶界共偏聚 (图 6-6). Ohtani 等 (Ohtani et al., 1976) 也已经实验证实，Ni 在钢中也不发生非平衡偏聚. 由此可以断定 Heo 和 Lee 实验中的 Ni 和 Mn

的非平衡共偏聚是由 Mn 的非平衡偏聚引起的. 因此, Guo 和 Yuan 等认为, 在他们的实验中 Mn 的非平衡偏聚引起了 Sb 的非平衡偏聚, 并指出 Sb 和 Mn 之间的共偏聚, 是属于徐庭栋提出的非平衡晶界共偏聚现象 (Guo et al., 2003). 从图 6-4 也可以看出 Sb 和 Mn 的晶界偏聚有较大的宽度, 这与非平衡偏聚特征一致. 比较

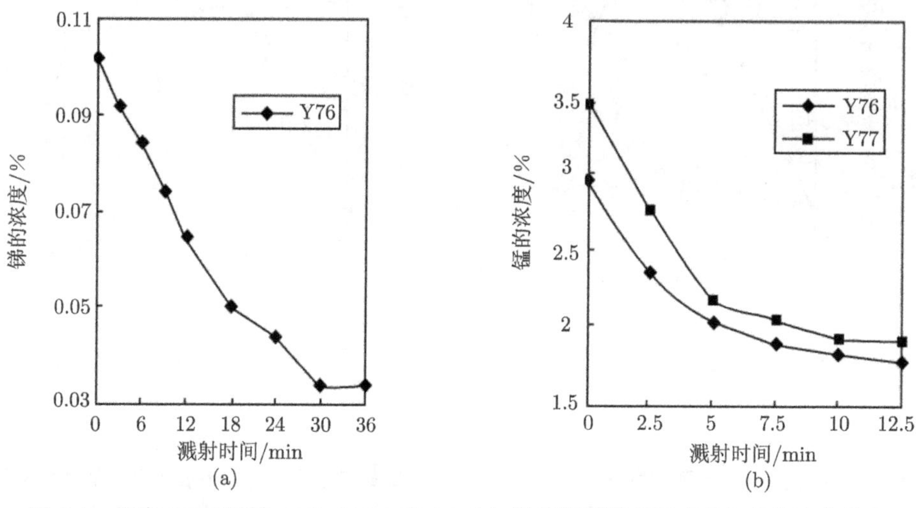

图 6-4　钢在 500℃时效 100h Sb(a) 和 Mn(b) 沿晶界断裂表面垂直方向的浓度分布 (Guo et al., 2003)

纵坐标是 wt%浓度, 横坐标是离子溅射时间

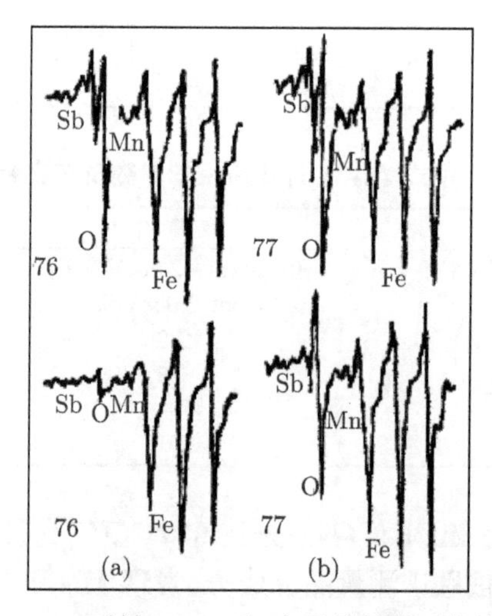

图 6-5　76 和 77 号钢在 500℃时效 100h 后, 离子溅射前后的俄歇谱 (Guo et al., 2003)

上图是溅射前, 下图为溅射后

我们在 6.3.1 节的分析可以发现, Mn 和 Ti 在钢中的作用是相似的. 在 Ohtani 等 Sb2 和 Sb-Ti 钢的实验中, 首先证实了钢中 Ni 和 Sb 只发生平衡晶界偏聚 (Ohtani et al., 1976), 然后证实 Ti 的加入引起了 Ni 和 Sb 的非平衡偏聚 (Ohtani et al., 1976b); 在 Heo 和 Lee 的实验中, 证实 Mn 引起了 Ni 的非平衡偏聚 (Heo et al., 1996); 在 Guo 和 Yuan 等的实验中, 证实 Mn 引起了 Sb 的非平衡偏聚. 可见, 我们提出的不同溶质原子之间的非平衡晶界共偏聚现象是普遍存在的.

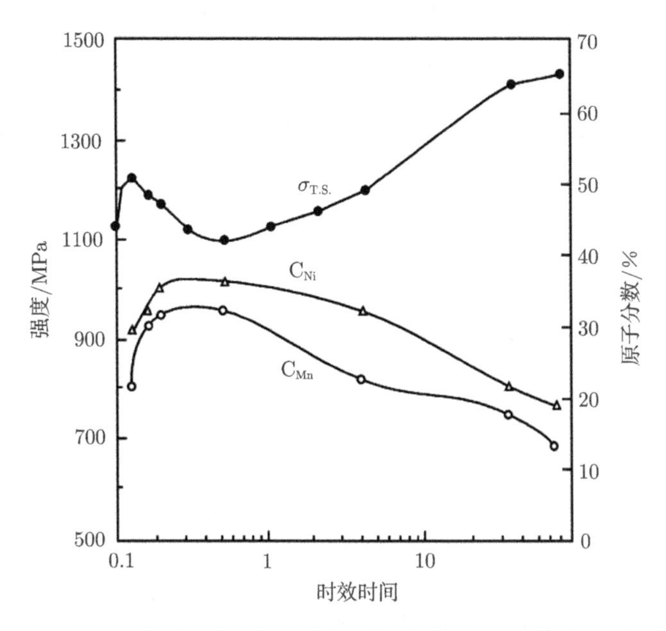

图 6-6 Ni 和 Mn 晶界成分和相应的晶间断裂强度 $\sigma_{T,S}$ 随时效时间的变化 (Heo et al., 1996)

对于 Heo 和 Lee 的实验中 Mn 和 Ni 在时效过程中出现图 6-6 所示的浓度峰值, 曾有人给出如下解释 (Heo et al., 1996): 合金在 450°C时效的开始, Mn 的晶界浓度因与其基体浓度平衡而偏聚到晶界上使 Mn 和 Ni 的晶界浓度增高, 同时在基体里发生 MnNi 金属间化合物的沉淀, 使基体 Mn 浓度降低. 又由于基体和晶界之间的 Mn 浓度的平衡, 使 Mn 从晶界回到晶内, 从而引起晶界 Mn 和 Ni 的浓度在时效过程中的降低和浓度峰值. 这一分析的不合理之处在于, 既然在晶界处已经形成了高浓度的 Mn 和 Ni 的区域, 晶界处无论从结构还是从成分上讲, 都是 MnNi 金属间化合物优先形成的场所, 不可能通过消耗已经形成的高 Mn 和 Ni 浓度的区域, 而在低 Mn、Ni 浓度的晶内基体再形成 MnNi 化合物. 自然界的过程总是按能量最低, 最易发生的方式进行的, 是不会按我们的想象去做无用功的.

另外, Lin 等 (Lin et al., 2003) 报告, 用 Auger 深度剖层分析, 确定了在 1023-

1373K 的初始温度范围和 0.05−268.91K·s^{-1} 的冷速范围内, 在 Ni_3Al-B-Mg 合金中 B 和 Mg 也发生了非平衡晶界共偏聚. 这里就不再赘述了.

6.3.4 钢中 Ni 和 Sn 的非平衡共偏聚计算和模拟

Misra 等 (Misra et al., 1990; Misra, 2001) 用俄歇谱测量了 2.6NiCrMoV 钢经 1223K 固溶处理 1h 后水淬, 然后在 700—900K 范围内时效不同的时间, 测量其晶界成分, 结果如图 6-7 和图 6-8 所示. 他们发现晶界上 Sn 和 Ni 的成分随恒温时效时间的延长先增加, 达到一浓度峰值后, 又随恒温时间的延长而降低, 两元素的晶界浓度比值保持不变, 接近 1.1(图 6-8). 对于这样的实验结果, Misra 等认为是两种元素发生了共偏聚. 但为什么在恒温过程中出现浓度峰值, Misra 等没有能给予解释.

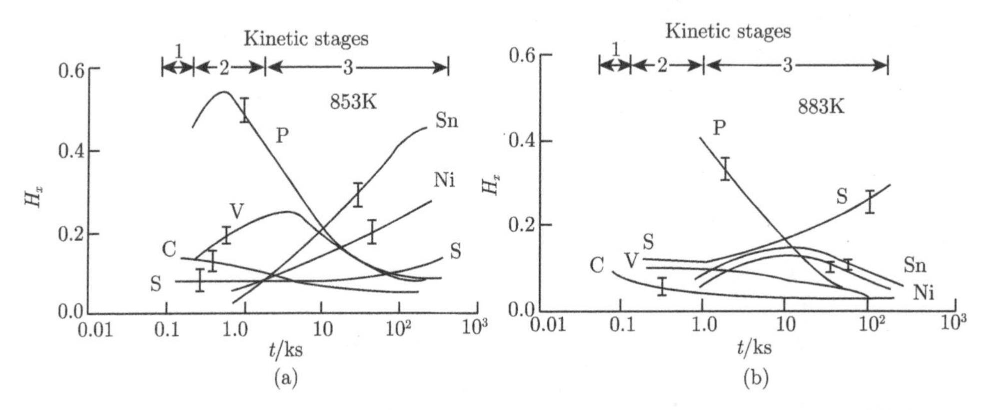

图 6-7 实验测量的 2.6NiCrMoV 钢偏聚动力学 (a) 在 853K 和 (b) 在 883 K 误差棒表示测量范围

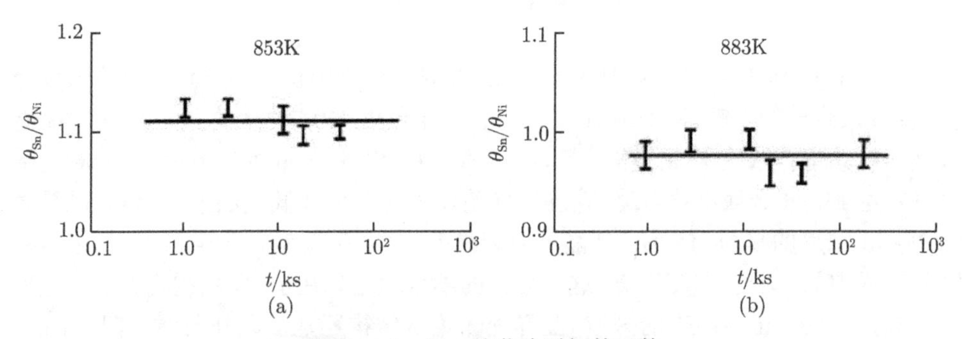

图 6-8 θ_{Sn}/θ_{Ni} 比作为时间的函数

(a)853K 和 (b)883K, 误差棒表示测量范围

Wang 等 (Wang et al., 2009) 根据非平衡晶界共偏聚理论模型, 分析 Misra 等的实验结果, 用式 (6-2) 至式 (6-6), 在恒温的各个时刻, 由 Misra 测量的晶界 Sn 浓

度值, 计算 Ni 浓度值, 所得结果绘于图 6-9. 图 6-9 表示了当式 (6-5) 中的相互作用系数 $\alpha'_{\mathrm{Ni-Sn}}$ 变化时, 对上述两元素偏聚浓度之间的影响. Wang 等通过式 (6-2) 至式 (6-6) 的计算, 不同的 Ni 和 Sn 的相互作用系数, 得到不同的 Ni 和 Sn 浓度之间的变化关系, 再与 Misra 实验得到的 Ni 和 Sn 浓度之间关系图 6-7 比较, 求出了 Ni 和 Sn 在钢中的相互作用系数是 $6500\mathrm{J\cdot mol^{-1}}$. 这应该是通过实验求溶质元素之间相互作用系数的一种新方法.

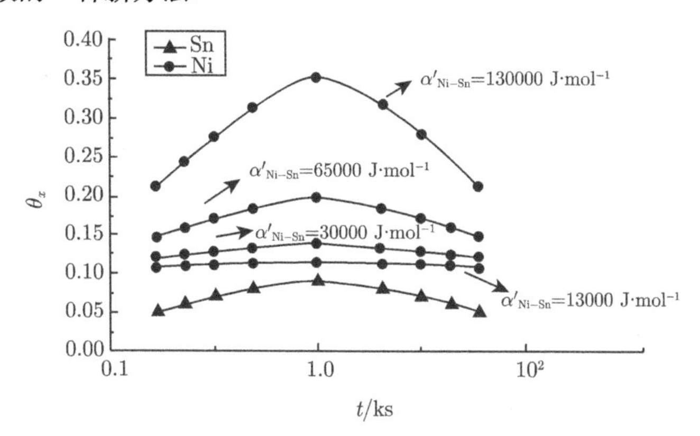

图 6-9 钢中 Ni 和 Sn 的非平衡晶界共偏聚模拟求两者的相互作用系数 (Wang et al., 2009)

6.4 非平衡晶界共偏聚的热力学表述及其意义

为了给出非平衡晶界共偏聚 (NGCS) 的热力学基础, 得到简单三元系中描述它的解析关系式, 将先给出一些重要和普适的概念和假设, 然后得到本模型用于实验系统的相关方程, 并指出获得方程的简化假设 (Xu et al., 2004).

如前所述, 在 Defay 和 Prigogine (Defay et al., 1951)"层模型" 的基础上建立起晶界相 ϕ 和基体相 β 之间的局部相平衡, 即

$$\mu_i^{\phi} = \mu_i^{B} \tag{6-9}$$

类似于基体相的化学位的表示

$$\mu_i^{B} = \mu_i^{oB}(p,T) + RT\ln\alpha_i^{B} \tag{6-10}$$

这里 α_i^B 是 i 组元在基体相 B 中的活度, 晶界相的化学位可定义为

$$\mu_i^{\phi} = \mu_i^{o\phi}(p,T,\sigma) + RT\ln\alpha_l \tag{6-11}$$

标准化学位 $\mu_i^{o\phi}$, 是表面张力 σ 的函数, 可近似地表示为

$$\mu_i^{o\phi} = \xi_i^{o\phi}(p,T) - \sigma\omega_i \tag{6-12}$$

这里 ξ_i^o 只是压力 p 和温度 T 的函数, ω_i 是 i 组元在晶界相中的偏克分子面积. 如文献 Guttmann(1977) 所解释的, 方程 (6-12) 是一个严格的表述, 人们必须认为 $\mu_i^{o\phi}$ 是 σ 的函数 (方程 (6-11)), 引入的符号 ξ_i^o 表示标准偏克分子 Helmholtz 自由能. μ_i^o 应该只表示标准偏 Gibbs 自由能. 引入原子浓度 N_i 和活度系数 $f_i(\alpha_i = N_i f_i)$, 用方程 (6-10) 至方程 (6-12) 展开方程 (6-9), 我们对 $n-1$ 个溶质和溶剂得到式 (6-13) 和式 (6-14)

$$\xi_i^{o\phi} + RT\ln N_i^{\phi} + RT\ln f_i^{\phi} - \sigma\omega_i = \mu_i^{oB} + RT\ln N_i^B + RT\ln f_i^B \tag{6-13}$$

$$\xi_n^{o\phi} + RT\ln N_n^{\phi} + RT\ln f_n^{\phi} - \sigma\omega_n = \mu_n^{oB} + RT\ln N_n^B + RT\ln f_n^B \tag{6-14}$$

其中溶质用下标 i 表示, 溶剂用下标 n 表示. 从方程 (6-13) 和方程 (6-14) 中消去 σ, 即可得到一个普遍的偏聚方程. 这可以通过将方程 (6-13) 先乘以 (ω_i/ω_n), 然后减去方程 (6-14) 而得到. 因为这在最终的方程中引起了一个指数项, 为简化, 假设所有的 ω 项都相等, 得到

$$RT\ln(N_i^{\phi}/N_n^{\phi}) = RT\ln(N_i^B/N_n^B) + \Delta G_i \tag{6-15}$$

这里

$$\Delta G_i = [(\xi_n^{o\phi} - \mu_n^{oB}) - (\xi_i^{o\phi} - \mu_i^{oB})] + RT\ln[(f_n^{\phi}/f_n^B)/(f_i^{\phi}/f_i^B)] \tag{6-16}$$

它能被简化为

$$\Delta G_i = \Delta G_i^o(p,T) + RT\ln F_i(p,T,N_i^{\phi},N_i^B) \tag{6-17}$$

在方程 (6-17) 中与浓度无关的项 ΔG_i^o 等于 McLean 偏聚能, 而 $RT\ln(F_i)$ 项表示化学相互作用. 为使能通过解析式进行计算, 引入另外一套简化假设. 它将 ϕ 和 B 相均作为纯的替代式固溶体, 得到

$$\sum_{j=1}^{n-1} N_i^{\phi} = 1 = \sum_{j=1}^{n-1} N_i^B \tag{6-18}$$

这里的相互作用是用零级规则固溶体近似. 在任何这样的三元固溶体中 ($\tau = \phi$ 或 B), 熵项等于随机理想固溶体的熵. 而且过量熵由 Darken(1967) 给出

$$\Delta H^{\tau XS} = -\alpha^{\tau xs} = -\alpha_{12}^{\tau}N_1^{\tau}N_2^{\tau} - \alpha_{23}^{\tau}N_2^{\tau}N_3^{\tau} - \alpha_{13}^{\tau}N_1^{\tau}N_3^{\tau} \tag{6-19}$$

这里

$$\alpha_{ij}^{\tau} = Z^{\tau}N_o\{\varepsilon_{ij}^{\tau} - [(\varepsilon_{ii}^{\tau} + \varepsilon_{jj}^{\tau})/2]\} \tag{6-20}$$

这里 Z^τ 是配位数, N_0 是阿佛伽德罗常数, ε_{ij} 是 i,j 组元对的结合能. 由此 Darken (1967) 得到了 1 和 2 为溶质 3 为溶剂的三元系的活度系数:

$$-RT\ln f_1^\tau = \alpha_{13}^\tau(1-N_1^\tau)^2+\alpha_{23}^\tau(N_2^\tau)^2 + (\alpha_{12}^\tau-\alpha_{23}^\tau-\alpha_{13}^\tau)N_2^\tau(1-N_1^\tau) \tag{6-21a}$$

$$-RT\ln f_2^\tau = \alpha_{23}^\tau(1-N_2^\tau)^2+\alpha_{13}^\tau(N_1^\tau)^2 + (\alpha_{12}^\tau-\alpha_{23}^\tau-\alpha_{13}^\tau)N_1^\tau(1-N_2^\tau) \tag{6-21b}$$

$$-RT\ln f_3^\tau = \alpha_{13}^\tau(N_1^\tau)^2+\alpha_{23}^\tau(N_2^\tau)^2 - (\alpha_{12}^\tau-\alpha_{23}^\tau-\alpha_{13}^\tau)N_2^\tau N_1^\tau \tag{6-21c}$$

对于基体相 (即 $\tau=B$), 假设是稀固溶体, N_1 和 N_2 都大大的小于 1. 因此, 对于基体相方程 (6-21a) 至方程 (6-21c) 变为

$$-RT\ln f_1^B \cong \alpha_{13}^B \tag{6-21d}$$

$$-RT\ln f_2^B \cong \alpha_{23}^B \tag{6-21e}$$

$$-RT\ln f_3^B \cong 0 \tag{6-21f}$$

因为 α_{13}^B 和 α_{23}^B 是常数, 方程 (6-21d) 至方程 (6-21f) 表明基体相遵循 Henry 定律. 这样, $RT\ln f_1^B$ 项是常数, 它能在 ΔG_i^o 中合为一体.

正如 Guttmann(1975) 所指出的, 可以期望, 由于基体相和晶界相在一级近似上配位数和原子间距是不同的, 在这两相之间相互作用系数 α_{ij}^τ 也是多少有些不同的. 但是即使我们假设 $\alpha_{ij}^B=\alpha_{ij}^\phi$, 体系的一般的行为模式仍保持相同. 替代方程 (6-18) 到方程 (6-15) 中去, (取代性质: $N_n = 1-\sum\limits_{j=1}^{n-1}N_i$)

$$N_i^\phi = \{N_i^B\exp(\Delta G_i/RT)\}/\{1+\sum_{j=1}^{n-1}[N_j^B(\exp(\Delta G_j/RT)-1)]\}$$

$$i=1,2,3,\cdots,n-1 \tag{6-22}$$

式 (6-22) 即式 (6-2). 将方程 (6-18) 代入到方程 (6-16) 和方程 (6-17) 中 (规则性质):

$$\Delta G_1 = \Delta G_1^o - 2\alpha_{13}^\phi N_1^\phi + (\alpha_{12}^\phi-\alpha_{23}^\phi-\alpha_{13}^\phi)N_2^\phi \tag{6-23}$$

$$\Delta G_2 = \Delta G_2^o - 2\alpha_{23}^\phi N_2^\phi + (\alpha_{12}^\phi-\alpha_{23}^\phi-\alpha_{13}^\phi)N_1^\phi \tag{6-24}$$

这里 $\alpha' = (\alpha_{12}^{\phi} - \alpha_{23}^{\phi} - \alpha_{13}^{\phi})$, 表示溶质原子 M 与杂质原子 I 之间的相互作用. 在这个方程中第一项是与浓度无关的在 McLean 方程中就有的项, 是 McLean 偏聚自由能. 第二项 $-2\alpha_{i3}^{\phi}N_i^{\phi}$ 是各溶质 i 与溶剂 3 形成 $i-3$ 二元系时的相互作用能. 只有第三项是新项. 为了集中讨论不同溶质原子 1 和 2 之间的交互作用 (由第三项表示), 这种交互作用特别与回火脆性问题相联系, Guttmann 作了进一步的假设, 忽略 Fowler 项, 得到:

$$\Delta G_1 = \Delta G_1^o + \alpha' N_2^{\phi} \tag{6-25}$$

$$\Delta G_2 = \Delta G_2^o + \alpha' N_1^{\phi} \tag{6-26}$$

式 (6-25) 和式 (6-26) 分别是式 (6-3) 和式 (6-4).

在由 1 或 2 与溶剂 3 形成的二元系中, 偏聚驱动力完全由 ΔG_i^o 项描述. 假若 2 在溶剂 3 中仅仅是弱表面活性元素 (即 $\Delta G_2^o = 0$), 而且 2 与空位的结合能超出了适合发生非平衡晶界偏聚的范围, 那么在 $2-3$ 二元系中极少或没有 2 的非平衡晶界偏聚发生. 假若 1 与空位的结合能适合于在溶剂 3 中发生非平衡晶界偏聚, 并且溶质 $1-2$ 的吸引作用强于 $1-3$ 和 $2-3$ 之间的吸引作用 (即 $\alpha' > 0$), 那么在由 1, 2 和 3 形成的三元系中, 由式 (6-22) 至式 (6-26) 可以看出溶质 2 也将随着溶质 1 发生非平衡晶界偏聚, 因为 $\Delta G_2 \cong \alpha' N_1^{\phi}$. 由于溶质之间的相互作用引起的这种晶界偏聚现象, 称为溶质非平衡晶界共偏聚.

理论发展有它自身的对称性. McLean 于 20 世纪 50 年代提出平衡晶界偏聚的热力学和动力学理论后, Guttmann 于 70 年代提出了平衡共偏聚理论模型, 使平衡偏聚理论成为完备的理论系统. Xu 等于 20 世纪 80 年代末提出非平衡晶界偏聚的动力学理论后, 于 20 世纪 90 年代中期又提出了非平衡共偏聚理论模型, 使非平衡偏聚理论的完备程度达到平衡偏聚理论的水平. 从理论的应用上讲, 这一模型丰富了微合金化的途径: 用一种元素改变另一种元素的偏聚特征, 从平衡偏聚变为非平衡偏聚, 从而控制材料的晶界成分, 达到改变材料性能的目的.

参考文献

Briant C L, Banerji S K.1978. Int. Metall. Rev., 4: 164

Burton J J, Berkowitz B J, Kane R D. 1979. Metall. Trans., 10A(6): 677

Coad J P, Reviere J C, Guttmann M.1977. Acta Met., 25: 161

Cottrell A H. 1967. An Introduction to Metallurgy. London: Edward Arnold: 345

Darken L S. 1967. Trans. AIME, 239: 80

Defay R, Prigogine I. 1951. Tension Suerficielle et adsorption Paris. Dunod

Doig P, Flewitt P E J. 1981. Acta Metall., 29(11): 1831

Doig P, Flewitt P E J. 1987. Metall Trans., 18A(3): 399

Dumoulin Ph, Guttmann M. 1980. Mater. Sci. Eng., 42(2): 249
Faulkner R G. 1981. J. Mater. Sci., 16: 373
Faulkner R G, Song S H, Meade D. 1999. Mater. Sci. Forum., 294-296: 67
Grabke H J. 2000. Surf Interface Analysis, 30(1): 112
Guo A, Yuan Z, Shen D, et al. 2003. Journal of Rare Earths, 21: 210
Guttmann M. 1975. Surf. Sci., 53: 213
Guttmann M. 1977. Metall. Trans., 8A: 1383
Hendry A, Mazur Z F, Jack K H. 1979. Metall Sci.,13(10): 482
Heo N H, Lee H C. 1996. Metall. Mater. Trans., 27A: 1015
Hondros E D. 1967. Metal Sci., 1(1): 36
Kearns M A, Burstein G T. 1985. Acta metal., 33(6): 1143
Kiritani M, Yoshida N, Takata H. 1975. J. Phys. Sco. Jpn., 38:1677
Lin D, Hu J, Zhang Y. 2003. J. mater. Sci., 38: 261
Misra R D K. 2001. Surf. Inter. Anal., 31(7): 509
Misra R D K, Balasubramanian T V, Rama Rao P. 1987. Acta metal., 35(12): 2995
Misra R D K, Balasubramanian T V. 1989. Acta metal., 37(5): 1475
Misra R D K, Balasubramanian T V. 1990. Acta Metall., 38(11): 2357
Ohtani H, Feng H C, McMahon JR C J, et al. 1976a. Metall. Trans., 7A : 87
Ohtani H, Feng H C, McMahon JR C J. 1976b. Metall. Trans., 7A: 1123
Smithells C J, Brandes E A.1976. Metal Reference Book. 5th edition. Butterworths London
Song S-H, Faulkner R G, Flewitt P E J. 2000. Mater. Sci. Eng., A286: 230
Song S-H, Weng L-Q. 2005. Mater. Sci. Technol., 21(3): 305
Titchmarsh J M, Edwards B C, Gage G, et al. 1979. Nature,278: 38
Titchmarsh J M. October, 1977. AERE Rep. R8823
Wang M-Q, Wang K, Deng Q. 2009. Mater. Sci. Technol., 25(1): 1238
Woodward J, Burstein G T. 1980. Metal Sci., 14(11): 529
Xu T, Song S. 1989. Acta metall., 37(9): 2499
Xu T. 1997. Scr. Mater., 37: 1643
Xu T, Cheng B. 2004. Prog. Mater. Sci., 49(2):109
Xu T, Song S, Shi H, et al. 1991. Acta Metall. Mater., 39(12): 3119
Yuan Z X, Guo A X, Liu J, et al. 2003. Acta Metall. Sinica (English Letters), 16(3):175
Zheng L, Xu T. 2005. Mater. Metall. Trans., 36A(12): 3311

第 7 章　平衡偏聚和非平衡偏聚之间的关系

当一个样品在高温充分恒温, 然后以一定的速率淬火至室温, 在高温恒温过程中将发生溶质的平衡晶界偏聚, 在淬火冷却过程中会发生非平衡晶界偏聚. 因此, 淬火冷却后最终的溶质晶界偏聚量是这两种偏聚的复合. 在淬火速率一定的情况下, 这两种偏聚将随恒温温度如何变化? 最终的复合偏聚量如何随恒温温度变化? 在这个过程中平衡偏聚和非平衡偏聚之间存在什么样的关系? 这些问题 Xu 等已在文献 (Xu et al., 1990) 中进行了实验的研究, 并引入了两个在实际应用上很重要的概念: 平衡偏聚和非平衡偏聚的复合偏聚量最小的温度和两种偏聚之间相互转换的温度. 本章将讨论这些问题.

7.1 实验方法

7.1.1 实验合金和热处理

以加入微量 B 的 Fe-30wt%Ni 奥氏体合金作为实验合金 (Xu et al., 1990). 合金的成分是 C: 0.08, S: 0.006, P: 0.009, Ni: 29.1, Ti: 0.033, B: 0.001(重量百分比), 其余是 Fe. 所有试样都在 1220℃ 氩气气氛中加热 0.5h, 获得直径大约是 290μm 的晶粒, 以消除由于试样间晶粒度的差别引起的晶界偏聚的不同. 试样然后以 $600℃\cdot s^{-1}$ 的冷却速率冷至室温. 这样处理的试样再分别加热到 750℃, 850℃, 950℃, 1050℃, 1150℃ 和 1220℃ 保温 0.5h, 然后分别以 $1200℃\cdot s^{-1}$ 和 $50℃\cdot s^{-1}$ 的冷速冷至室温.

7.1.2 PTA 法探测硼和半定量分析

上述处理的试样 B 的晶界分布用粒子经迹显微照相技术 (particle tracking autoradiography, PTA)(He et al., 1982) 测量, 此技术的详细步骤已在 2.3.1 节中说明. 为了确定 B 在奥氏体晶界上的偏聚行为, 蚀刻膜上的蚀刻点用 "M-2" 图像分析仪作半定量的分析. 依据 PTA 方法, 蚀坑密度 (单位面积的蚀刻膜上的蚀坑个数)ϑ, 相应的 B 的浓度 C_B, 热中子辐射的积分通量 $\varPhi$ 之间的关系可表示为 (He et al., 1982)

$$\vartheta = K_1 C_B \varPhi \tag{7-1}$$

这里 K_1 是与实验条件相关的常数. 由于精确测量 K_1 和 $\varPhi$ 十分困难, 我们在本工作中测量同一个试样的晶界和晶内 B 浓度的相对变化, 以避免测量这两个参数. 当蚀坑的大小和密度充分大时, 蚀坑之间会有相互交迭, 使显现在蚀刻膜上的表观蚀坑密度 ϑ' 不同于公式 (7-1) 中的真实蚀坑密度 ϑ. 两种蚀坑密度之间的关系可由式 (7-2) 给出 (Armij et al., 1967):

$$\vartheta = -\ln(1-\vartheta'\alpha)\alpha \tag{7-2}$$

这里α是单个蚀坑的面积. 显然, 真实蚀坑密度ϑ 能够通过式 (7-2) 由测量的表观蚀坑密度获得. 由式 (7-2) 可以得到式 (7-3)

$$S = -\ln(1-S') \tag{7-3}$$

这里 $S=\vartheta\alpha$ 和 $S'=\vartheta'\alpha$. S' 是表观面积分数, 即蚀刻膜上被蚀坑占据的面积. 这样在测量 B 的分布时, 蚀坑密度将由面积分数 S 来代替. 因此, 测量的结果将因不同试样上蚀坑大小的变化而受到影响. 为了减小或消除蚀坑大小对测量结果的影响, 控制实验过程, 使不同试样获得尽量相同的蚀坑大小. 用 “M-2” 图像仪测量不同样品的蚀坑大小的平均值, 结果表明不同样品间蚀坑平均面积在 0.87μm^2 和 1.13μm^2 之间, 而平均蚀坑直径在 1.04μm 和 1.19μm 之间. 因此, 假定不同样品上蚀坑大小是相同的.

依据 PTA 方法的空间分辨率和蚀坑的大小, 选取 3μm×40μm 的矩形面积来确定此面积内的表观面积分数. 当此面积置于晶界上时, 测量的表观面积分数由 S' 表示, 置于晶粒内部时用 S_0' 表示. B 在晶界上的偏聚水平用比值 S'/S_0' 来表示, 在本文中以此表示晶界偏聚的相对水平.

7.2 概　念

7.2.1 最小偏聚温度

图 7-1 的曲线 a 表示图像仪测量以 1200℃·s^{-1} 冷却的试样, S'/S_0' 随固溶处理温度的变化; 曲线 b 表示以 50℃·s^{-1} 冷却的试样, S'/S_0' 随固溶处理温度的变化. 从图 7-1 曲线 a 可以看出试样从 1050℃ 以上以 1200℃·s^{-1} 的速率淬火冷却, 没有 B 沿晶界发生的偏聚, 这意味着在 1050℃ 恒温过程中没有明显的 B 平衡晶界偏聚发生, 而且 1200℃·s^{-1} 的淬火冷却速率已足够快, 完全抑制了 B 和空位复合体在冷却过程中的扩散. 从图 7-1 曲线 a 还可以看出, 试样从 1050℃ 以下以 1200℃·s^{-1} 速率淬火冷却, 有 B 的晶界偏聚发生, 并且随固溶处理温度降低, 晶界偏聚量增加. 显然, 图 7-1 曲线 a 所表示的 B 晶界偏聚是在固溶处理的恒温过程中发生, 不是在冷却过程中发生, 是 B 的平衡晶界偏聚. 曲线 a 表示的晶界偏聚水平随固溶处理温度的降低而增加, 这也与平衡偏聚的基本规律符合 (Mclean, 1957; SEAH et al., 1977).

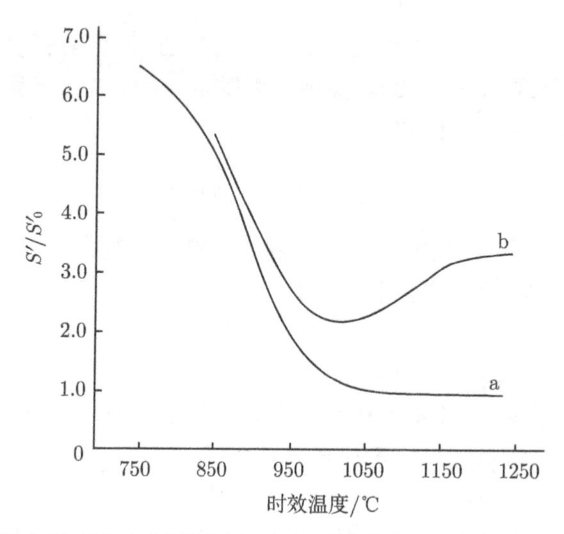

图 7-1　B 晶界偏聚水平 S'/S'_0 在不同冷却速率下随固溶处理温度的变化 (Xu et al., 1990)

(a) 冷却速率为 1200℃·s^{-1}; (b) 冷却速率为 50℃·s^{-1}

比较试验结果图 7-1 中相同固溶处理温度, 分别以 50℃·s^{-1} 和 1200℃·s^{-1} 速率冷却的样品的 B 晶界偏聚量, 我们会发现如下.

(1) 当固溶处理温度高于 1050℃ , 以 1200℃·s^{-1} 速率冷却的样品, 没有 B 的晶界偏聚发生 (见图 7-1 曲线 a), 而以 50℃·s^{-1} 速率冷却的样品, 有明显的 B 晶界偏聚 (见图 7-1 曲线 b). 因此, 我们可以得出结论, 从 1050℃ 以上温度以 50℃·s^{-1} 速率冷却的样品, B 的晶界偏聚发生在冷却过程中, 偏聚以非平衡偏聚为主. 而且偏聚水平随固溶处理温度升高而升高, 这与非平衡晶界偏聚的基本特征相一致.

(2) 当固溶处理温度高于 1050℃ 时, 以 50 ℃·s^{-1} 速率冷却的试样的 B 偏聚量明显高于从相同固溶处理温度以 1200℃·s^{-1} 速率冷却引起的 B 晶界偏聚量. 这就意味着以 50℃·s^{-1} 速率冷却的样品, B 的晶界偏聚量既包括在固溶处理温度恒温产生的偏聚, 也包括冷却过程中产生的偏聚, 即图 7-1 中曲线 b 表示的偏聚水平, 是 B 的平衡偏聚和非平衡偏聚的叠加.

从图 7-1 中 b 曲线表示的偏聚量中, 减去相应固溶处理温度的曲线 a 表示的偏聚量 (每一个差值都加乘 1, 以包括晶界上的背底 B 浓度), 将获得的值绘于图 7-2. 从图 7-2 可以看出这个晶界偏聚差值随固溶处理温度的增加而增加. 显然图 7-2 中表示的偏聚主要是 B 的非平衡晶界偏聚 (Xu, 1987, 1988; Xu et al., 1990).

从图 7-1 曲线 b 可以看出, 固溶处理在 1000℃ 至 1050℃ 之间, 当试样以 50℃·s^{-1} 冷却时, 一个最小 B 晶界偏聚量发生, 这个温度本文称其为最小偏聚温度 (minimum segregation temperature), 最小偏聚温度产生于平衡偏聚和非平衡偏聚的复合, 它与冷却速率有关. 这正如图 7-3 中表示的.

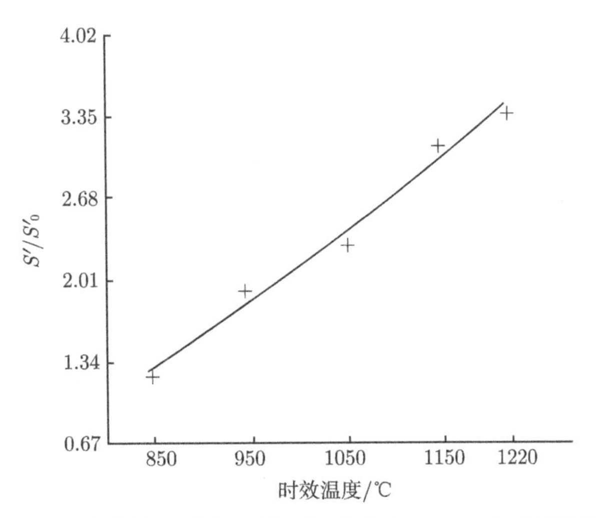

图 7-2　由图 7-1 中曲线 b 减去 a 的 S'/S'_0 值在 50℃·s^{-1} 冷却速率下随固溶处理温度的变化(Xu et al., 1990)

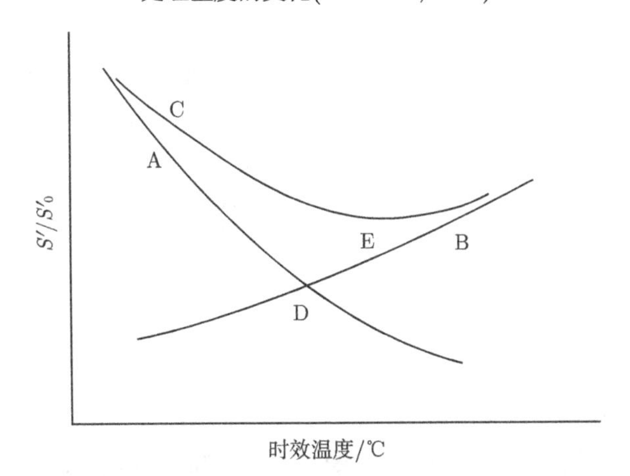

图 7-3　示意地表示平衡偏聚和非平衡偏聚的复合的偏聚水平 S'/S'_0 随固溶处理温度的变化 (Xu et al., 1990)

A-平衡偏聚水平随固溶处理温度的变化; B-非平衡偏聚水平随固溶处理温度的变化; C-平衡偏聚合非平衡偏聚的复合 (synthesis) 随固溶处理温度的变化

7.2.2　转换温度

比较试验结果图 7-1 的曲线 a 和图 7-2 的曲线可以发现, 当试样以 50℃·s^{-1} 的速率冷却时, 固溶处理温度在 950℃ 时的平衡偏聚量 (图 7-1 曲线 a 表示的 S'/S'_0 值和非平衡偏聚量 (图 7-2 表示的 S'/S'_0 值) 相等, 即 S'/S'_0 都在 1.85 和 1.89 之间. 在冷却速率不变的情况下, 当固溶处理温度高于 950℃ 时, 非平衡偏聚将高于平衡偏聚, 此时非平衡偏聚为主; 当固溶处理温度低于 950℃ 时, 平衡偏聚高于非平衡偏聚, 此时平衡偏聚为主, 称此固溶处理温度为平衡偏聚和非平衡偏聚的转换温度 (transition temperature). 转换温度将随冷却速率的变化而变化. 最小偏聚温度也随冷却速率而变. 一般而言, 两者随冷却速率的变化是不同的, 因此对于同一个合金系统, 即使相同的冷却速率, 最小偏聚温度和转换温度一般也是不同的 (Chu et al., 1987).

平衡偏聚水平将随固溶处理温度的增加而降低, 这与平衡偏聚的规律, 即公式 (1-25) 的预期一致 (McLean, 1957). 对于一个确定不变的冷却速率, 非平衡偏聚水平将随固溶处理温度的增加而增加, 这与非平衡偏聚的热力学关系式 (3-5) 的预期一致, 因为固溶处理温度越高, 冷却至室温的温度差越大, 引起的偏聚浓度越高. 因此必然存在这样一个固溶处理温度, 当以一定的速率冷却时, 平衡偏聚水平等于非平衡偏聚水平.

在一定的冷却速率下, 由于非平衡偏聚随固溶处理温度降低而降低的速率, 不同于平衡偏聚随固溶处理温度降低而增加的速率, 因此, 对于一个确定的冷却速率, 必然存在着一个固溶处理温度, 使最终的晶界偏聚水平 (平衡偏聚和非平衡偏聚的复合) 低于从任何其他固溶处理温度冷却引起的晶界偏聚, 这个固溶处理温度即是最小偏聚温度.

7.3 应　　用

7.3.1 INCONEL 718 合金中硼的最小偏聚温度

加拿大学者 Chaturvedi 等研究恒温均匀化温度对铸造 INCONEL 718 合金电子束焊接热影响区微裂纹的影响 (Chen et al., 1998; Huang et al., 1996, 1997). 他们将合金首先分别在 1037℃ 到 1163℃ 之间的温度均匀化处理后空冷, 然后电子束焊接. 用分析扫描电子显微镜观察焊接热影响区内的微裂纹量, 发现微裂纹总长度首先随均匀化温度升高而降低, 在 1063℃ 达到极小值, 然后随均匀化温度升高而增加 (见图 7-4). 微裂纹的平均长度也与总长度有相同的变化趋势 (见图 7-5). 他们研究了各种析出物随均匀化温度的变化规律, 都与这种微裂纹随均匀化温度的变化趋势不相同. 最后, 他们用二次离子质谱 (SIMS) 测量硼的晶界偏聚, 发现硼的晶界偏聚浓度随均匀化温度的变化, 与上述微裂纹总长度和平均长度的变化趋势相一致, 即首先随均匀化温度升高而降低, 然后随均匀化温度升高而增加, 硼的晶界偏聚浓度在 1063℃ 取得极小值. 他们用我们提出的最小偏聚温度概念解释了这一实验结果 (如图 7-6 所示), 指出徐庭栋及其合作者在加入 10ppm 硼的碳钢和 Fe-30Ni 奥氏体合金中, 用中子活化方法研究了两类硼偏聚. 实验结果和理论计算都表明, 非平衡偏聚在冷却过程中发生, 且只在一定的冷却速率下发生. 而平衡晶界偏聚在热处理恒温过程中发生. 这样, 每个热处理过程产生的硼偏聚量包括平衡偏聚 (图 7-3 的 A 曲线) 和非平衡偏聚 (图 7-3 中的 B 曲线), 硼的非平衡偏聚量依赖于冷却速率和初始热处理温度. 计算的硼偏聚总量由图 7-3 中的曲线 C 表示. 可见, 他们用徐庭栋等提出的图 7-3 中所示的最小偏聚温度概念, 说明了他们在图 7-4 和图 7-5 中得到的实验现象, 证实了硼在 INCONEL718 合金中的晶界偏聚的确存在最小偏聚温度, 证明硼发生了非平衡偏聚, 并由此找到了韧化 INCONEL718 合金的最佳热处理温度, 改进了合金的性能 (Chen et al., 1998; Huang et al., 1996, 1997). 值得指出的是, Chaturvedi 的研究组通过上述实验首次发现 B 在 INCONEL718 中有非平衡偏聚特征, 并在此基础上先后用将近十年的时间, 用我们提出的非平衡偏聚理论模型, 研究和预报该合金的晶界脆性, 这就是在 5.3 节中曾经讨论的内容.

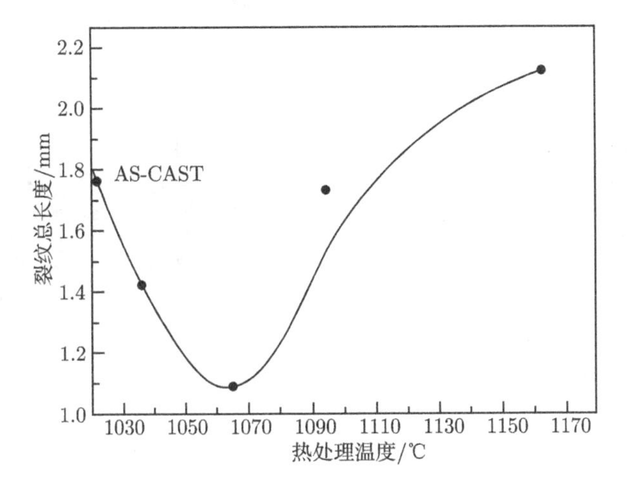

图 7-4 焊接热影响区内微裂纹总长度 (TLC) 随热处理温度的变化(Huang et al., 1996,1997)

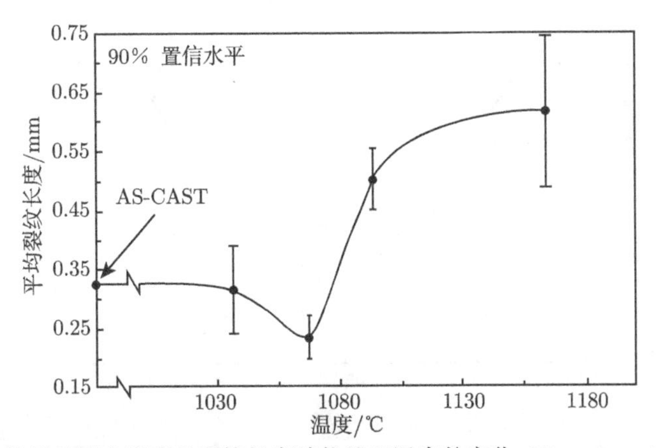

图 7-5 焊接热影响区内微裂纹平均长度随热处理温度的变化 (Huang et al., 1996,1997)

7.3.2 钢中硼的最小偏聚温度及其对淬透性的影响

日本学者 Hitoshi ASAHI(2002) 实验发现, 对于他们用的 50M13B 钢, 分别在 1250℃ 和 950℃ 奥氏体化, 然后以同样的冷却速率 10℃·s^{-1} 冷却. 用粒子径迹显微照相技术观察样品中 B 的分布, 发现在 1250℃ 奥氏体化的样品, 有 B 的沉淀相发生, 而 950℃ 奥氏体化的样品反倒无 B 的沉淀相发生 (见图 7-6), 他们认识到并指出这一结果不能用平衡晶界偏聚机理解释, 是 B 的非平衡偏聚结果. 他们进一步用 Xu 提出的图 7-3 和最小偏聚温度概念 (见图 7-7), 解释了 Mo 含量和奥氏体化温度对 B 提高低合金钢的淬透性效果的影响, 找到了含 Mo 低合金钢加入 B 获得高淬透性的最佳加入量. 这是 Xu 提出的图 7-3 所表示的平衡偏聚和非平衡偏聚的基本关系, 以及最小偏聚温度概念在钢的微合金化上的典型应用 (Hitoshi ASAHI, 2002).

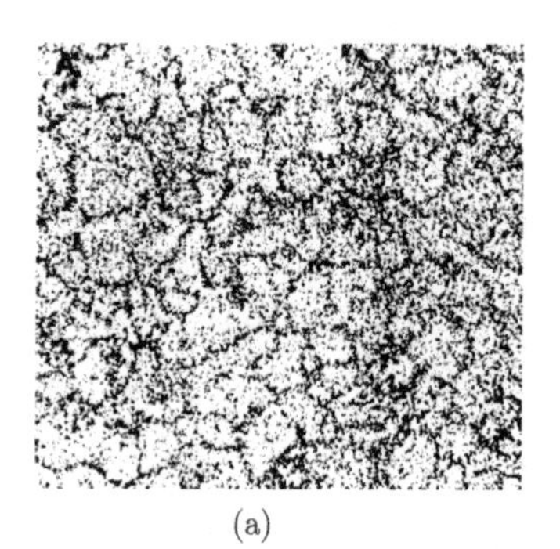

(a)

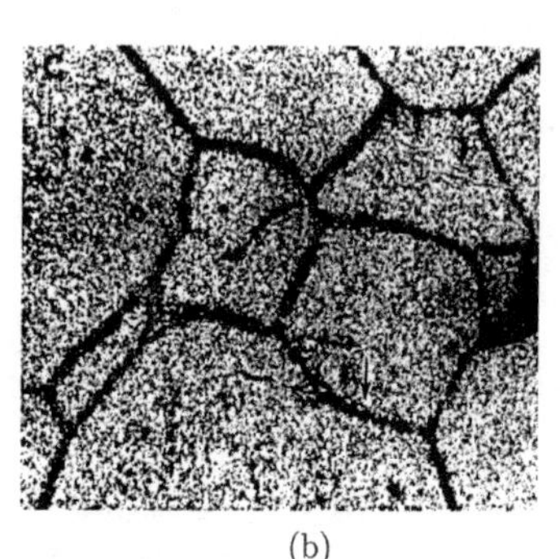

(b)

图 7-6 50M13B 钢不同热处理样品 B 的粒子经迹显微照相 (Hitoshi ASAHI, 2002)

(a) 950℃ 恒温处理, 10℃·s^{-1} 速率冷却; (b) 1250 恒温处理, 10℃·s^{-1} 速率冷却

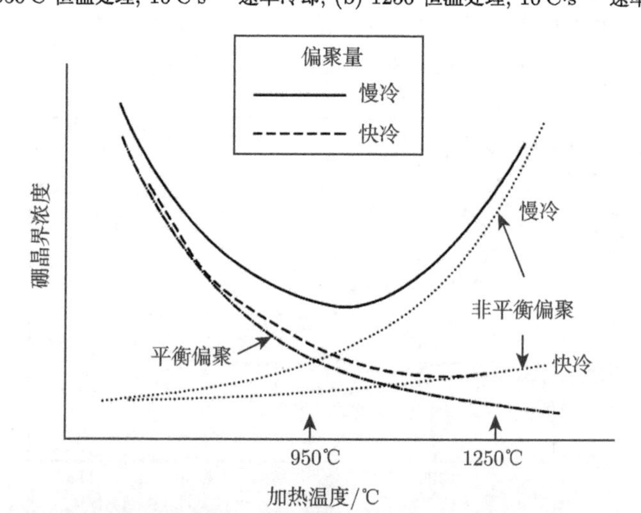

图 7-7 示意的表示平衡偏聚和非平衡偏聚的形成 (Hitoshi ASAHI, 2002)

7.3.3 0.2% 碳钢中硼偏聚的转换温度

美国学者 Taylor(1992) 在 0.2C-0.6Mn-0.5Mo 含 10ppm 和 50ppm 硼的钢中实验证实了硼的晶界偏聚的确存在着一个转换温度. 在他的实验材料和冷却速率下, 此转换温度是 870℃ . Taylor 指出 (Taylor, 1992), Xu 等发现含 10 ppm 硼的 Fe-30%Ni 合金, 固溶处理在大约 950℃ 以上, 以 50℃·s^{-1} 的速率冷却, 非平衡晶界偏聚为主; 在比 950℃ 低的温度以 50℃·s^{-1} 的速率冷却, 平衡晶界偏聚为主. 虽然转换温度依赖于冷却速率, 但是 Taylor 的结果与这一发现是一致的, 即 Taylor 实验证实, 他的含 10ppm 硼的钢, 在 870℃ 恒温没有反偏聚发生 (即从晶界返回的扩散), 因此, 在 870℃ 固溶处理 50℃·s^{-1} 的速率冷却, B 偏聚以平衡偏聚机制为主 (Taylor, 1992).

参考文献

Armij J S, Rosenhaum H S. 1967. J. Appl. Phys., 38: 2064
Chen W, Chaturvedi M C, Richards N L, et al. 1998. Metall Trans., 29A: 1947
Chu Y, He X, Tang Li, et al. 1987. Acta Metall. Sinica, 23 A: 169
Mclean D. 1957. Grain Boundaries in Metals. Oxford Univ Press, 115
He X L, Chu Y Y. 1982. J. Phys. D., 16: 1145
Hitoshi ASAHI. 2002. ISIJ International, 42(10): 1150
Huang X, Chaturvedi M C, Richards N L. 1996. Metall. Mater. Trans., 27A: 785
Huang X, Chaturvedi M C, Richards N L, et al. 1997. Acta mater., 45(8): 3095
SEAH M P, Hondros E D. 1977. Int. Met. Rev., 222: 2064
Taylor K A. 1992. Metall. Trans., 23A:107
Xu T. 1987. J. Mater. Sci., 22: 337
Xu T. 1988. J. Mater. Sci. Lett., 7: 241
Xu T, Song S, Yuan Z, et al. 1990. J. Mater. Sci., 25: 1739

第 8 章 晶间脆性的统一机理

8.1 引 言

本章所论的晶间脆性, 是指钢的可逆回火脆性 (reverse temper embrittlement, RTE), 不锈钢的晶间腐蚀脆性 (intergranular corrosion embrittlement, ICE) 和金属与合金普遍存在的中温脆性 (intermediate temperature embrittlement, ITE), 或称中温低塑性. 它们普遍的发生在金属与合金中. 百年来关于这些不同类型的晶间脆性的发生机理, 一直是不清楚的 (徐庭栋, 2009; Xu et al., 2013).

可逆回火脆性, 作为铁基合金的一个普遍问题, 其特征是由于杂质或溶质原子偏聚到晶界上, 引起晶界结合强度的降低. RTE 一般发生在这样的热循环过程中: 从高温淬火后, 在 300℃ 至 600℃ 之间恒温回火 (Xu, 1999 a, b). 文献中已有足够的证据证实, RTE 发生在有杂质存在的金属与合金中, 特别引人注意的是 P, S, Sb, Sn 和 As 等元素 (Hickey et al., 1992; Shultz et al., 1972). 这些杂质在金属或合金中甚至只是痕量元素, 都可以引起 RTE(Steven et al., 1959). RTE 具有韧性恢复效应, 所谓的过时效现象 (overaging), 即脆性在回火的开始阶段升高, 可是紧跟着脆性随回火时间的延长而降低的韧性恢复现象 (Hickey et al., 1992).

不锈钢的晶间腐蚀脆性, 是指在一定的腐蚀环境里, 晶界处的局部损伤, 引起强度和韧性的下降. 这种腐蚀在各种不同的钢中都可以观察到, 对于高温固溶退火, 然后在 450℃ 至 900℃ 敏化处理, 这样敏化处理的试样的腐蚀显得更加严重 (Joshi et al., 1972). 这表明 ICE 发生在高温淬火后, 在 450℃ 至 900℃ 的一个不变的温度下的恒温过程中 (敏化处理). Chaudron(Chaudron, 1963) 和 Armijo(Armijo, 1968) 的实验表明, 高纯金属和合金将不发生 ICE. Aust 等 (1968) 和 Armijo(1968) 都观察到, 固溶处理的商用 304 不锈钢有明显的晶界硬化和晶间腐蚀, 但当高纯奥氏体不锈钢试验时, 就没有过量的晶界硬化, 不发生晶间腐蚀了. Schlueter 等 (2000) 通过不同的试验方法比较, 指出增加杂质硫的浓度, 引起 ICE 的增加. 同样的, 一个韧性恢复效应, 即腐蚀抗力的回复, 也当敏化处理时间延长时发生了 (Stickler et al., 1961).

几乎所有的韧性金属与合金, 都在中间的拉伸温度有一个韧性槽, 称为中温脆性, 或热韧性失去. ITE 的特点是断面收缩率或延伸率在中间温度的拉伸试验中降低, 且断裂通常沿晶界发生. 拉伸试验试样一般在拉伸试验前先经历一个从高温冷

却的过程 (Chihiro et al., 1987; Xu et al., 2009), 而且按照高温拉伸试验的标准程序 (ASTM, 2003), 规定在拉伸试验开始前, 先在拉伸温度保温不短于 20 分钟. 这样, ITE 发生在与 RET 和 ICT 相似的热循环过程中: 在试样从高温冷却后, 拉伸前又在各个拉伸温度恒温一定时间. Bieber 等 (Bieber et al., 1961) 试验证实, 含有杂质的商用纯镍, 有明显的 ITE. Kraai 等 (Kraai et al., 1964) 观察到, 硫含量少于 5ppm 的 Ni-S 合金, 不发生 ITE, 但随着合金硫含量的增加, 发生 ITE, 并且越来越严重. 在 Liu 等的试验中 (Liu et al., 1999), 含硫量低于 2ppm 的高纯铁, 在 400℃ 至 900℃ 的所有拉伸试验温度, 都没有 ITE 发生, 加入 5ppm 的硫, 引起在 600℃ 至 700℃ 之间发生 ITE. 进一步增加硫含量, 会进一步降低断面收缩率, 加宽 ITE 发生的温度范围 (Liu et al., 1999). 在高纯 Cu-10Ni 合金中, 平均含量是 18ppm 的铅 (Pb), 有明显的 ITE 被观察到, 当平均铅含量低于 0.7ppm 时, 就观察不到 ITE 了 (Gavin et al., 1978). Horikawa 等报告 (Horikawa et al., 2001), Al-5.5 mol-%Mg 合金, 当 Na 含量降低到 0.01ppm 时, 此合金的 ITE 将完全消失. 上述实验事实都说明, ITE 的发生相关于合金中存在着微量杂质. Wang 等 (Wang et al., 2009, 2011) 对 Ni–Cr–Fe 合金高温固溶后在各个拉伸温度都保温 20 分钟后拉伸, 发现在 300℃ 至 700℃ 之间发生了 ITE, 且在 500℃ 达到脆性极大值. Wang 等在拉伸温度 500℃ 延长拉伸前的恒温时间至 100 小时, 发现保温时间超过 20 分钟后, 随保温时间的延长, 硫的晶界偏聚浓度降低, 合金的脆性降低, 韧性恢复 (Wang et al., 2009, 2011). 在 ITE 发生的温度延长拉伸前的恒温时间, ITE 也会消失, 被称为 ITE 的韧性恢复效应 (He et al., 2004).

如上所述, 显然三种晶间脆性, RTE, ICE 和 ITE 都发生在相同的热循环过程中, 即样品从高温淬火后, 然后在低温恒温一定时间, 而且都与金属与合金中的微量杂质相关, 都有韧性恢复效应. 这些事实隐含着存在一个普遍的机理, 能统一的解释这三种晶间脆性. 非平衡晶界偏聚现象自 20 世纪 60 年代末发现以来, 经过 70 年代以来的实验和理论发展, 这其中主要包括作者在此领域所取得的重要进展, 至 21 世纪初已形成了较完整的理论体系, 为实现晶间脆性机理研究上的突破打下了基础. 金属中基体点阵中的空位平衡浓度可由下式给出

$$C_v = K_v \exp(-E_f/kT)$$

从式中可以看出, 温度与基体里的空位平衡浓度呈指数关系. 因此空位浓度将随温度的降低而急剧地降低. 对于大多数金属而言, 在接近熔点时都有极高的空位浓度, 约为 10^{-4} 原子百分数. 这就意味着, 当金属从高温冷却至低温时, 在冷却过程中或冷却后的恒温过程中将有大量的空位要消失, 以达到金属在低温下的低的空位热平衡浓度. 如上所述, 晶间脆性发生的条件是, 样品从高温冷却后, 必须慢冷通过或保温在较低温度范围内. 可以想象, 当试样在低温恒温时, 基体中有大量过饱和空位要消失, 空位和溶质原子形成复合体向晶界扩散, 空位将消失于晶界形成空洞, 剩

余的溶质原子富集在晶界处, 引起超过平衡晶界浓度的溶质原子富集在晶界处, 即为非平衡晶界偏聚, 这些过量的偏聚会引起晶界脆性. 其实自 20 世纪 50 年代以来, 已有若干晶间脆性的实验结果证实, 非平衡晶界偏聚对晶间脆性的影响, 但是当时非平衡偏聚理论还没有发展起来, 报告这些实验结果的人往往没有认识到这一点而已 (Bush et al., 1954; Powers, 1956; Ohtani et al., 1974; Edwards et al., 1980). 近 30 年来非平衡晶界偏聚理论的发展, 已经为提出一个晶界脆性的统一的机理提供了重要的基础 (Xu, 1987, 1988; Xu et al., 1989, 2004, 2009), 这个统一机理已经在文献 (Xu et al., 2013) 中给出了. 这将是本章讨论的内容.

8.2　韧性恢复效应

正如在第 2 章中所讨论的, 非平衡晶界偏聚最显著的特征是临界时间现象, 并给出这一现象的解析表达式 (2-6). 试样从高温淬火后, 溶质非平衡偏聚的临界时间, 将在钢的恒温回火过程中引起一个 RTE 的最大值; 将在不锈钢的敏化处理过程中引起一个 ICE 的最大值; 将在金属与合金拉伸试验前的恒温过程中引起一个 ITE 的最大值. 当钢的回火时间, 不锈钢的敏化处理时间, 金属与合金拉伸试验前的恒温时间, 都超过所在温度的临界时间时, RTE, ICE 和 ITE 都将随时间的延长而降低, 韧性恢复. 非平衡晶界偏聚引起的这一现象, 统称为晶间脆性的韧性恢复效应 (Xu et al., 2013). 这是本节将讨论的内容.

8.2.1　RTE

在仔细分析了自 20 世纪 50 年代以来几乎所有关于回火脆性的实验结果后, Xu 等发现 (Song et al., 1994; Xu, 1999 a, b): 绝不是只有溶质原子的平衡晶界偏聚可以引起 RTE, 非平衡偏聚亦是引起回火脆性的重要原因, 指出非平衡偏聚的临界时间, 会引起恒温回火脆化过程中的临界时间, 在此时间晶界脆性达到极大值. 恒温 (或服役) 超过临界时间, 晶界会自动韧化, 即所谓的 RTE 的韧性恢复效应. 这应该是晶界脆性认识上的突破性进展. 下面将叙述这一新机理是如何解释那些原来不能解释的若干实验现象的 (Song et al., 1994; Xu, 1999 a, b), 以及如何得到新的实验结果的支持.

杂质的晶界偏聚是引起钢的 RTE 的主要原因. 20 世纪末人们对于 RTE 认识的飞跃, 也是从杂质元素, 尤其是磷的晶界偏聚性质的认识开始的. 英国学者 Faulkner(Faulkner, 1989) 于 20 世纪 80 年代末就给出证据证明, Nb 微合金化的钢在焊接后的热处理 (post weld heat treatment, PWHT) 恒温过程中, 存在一个时间区间, 在此区间磷从偏聚向反偏聚转换. 这一观察又被下述结果进一步证实: 在这个时间区间内, 磷偏聚浓度达到极大值的时刻, 钢的 Charpy 冲击值开始降低

(Faulkner, 1989). 一个类似的结果也在铁素体/马氏体钢的 600℃ 回火过程中发现 (Faulkner, 1987): 在这里 Si 是起作用的元素, 在 600℃ 回火 1 小时它的偏聚浓度出现峰值, 在这个峰值出现的时刻, Charpy 冲击值增加 (Faulkner, 1995). 这些观察内含着在恒温回火过程中, P 和 Si 的晶界偏聚存在临界时间现象, 并引起钢的冲击值的变化. 后来 Vorlicek 等 (Vorlicek et al., 1994) 报告对于 Fe-3wt%Ni-P 合金和 2wt%Cr-1wt%Mo-P 钢, 通过不同的冷却速率引起磷的非平衡晶界偏聚. Grabke 的研究组 (Sevc et al., 1995), 用 Xu 提出的非平衡偏聚恒温动力学方程 (4-11), 计算模拟 2.7Cr-0.7Mo-0.3V 分别含 0.004%, 0.014% 和 0.027% 的 P 的钢, 淬火后在 680℃ 恒温回火的 P 晶界偏聚动力学, 获得很好的一致, 证实了 P 发生了非平衡晶界偏聚. 正如徐庭栋在文献 (Xu, 1999 a) 中所分析的, Briant 等 (Briant et al., 1978) 实验测量的 HY130 钢 P 晶界偏聚浓度出现峰值的时刻, 与计算的临界时间符合得很好, 由此证实了 P 在 HY130 钢中发生了非平衡晶界偏聚. 溶质元素的非平衡偏聚特征首先在钢中的硼偏聚中发现, 随着偏聚实验研究的发展, 尤其是俄歇谱测试技术的发展, 逐步发现更多的元素具有非平衡偏聚特征, 特别是认识到 P 这种钢中最普遍的杂质元素也有非平衡偏聚特征, 为钢的 RTE 的韧性恢复效应机理的提出, 迈出了重要的一步.

自 20 世纪 50 年代以来, 许多学者实验发现了恒温回火脆性的过时效现象 (overaging), 但一直不能从平衡晶界偏聚理论得到解释, 成为 RTE 机理研究中不能得到合理解释的重要现象之一. 所谓过时效现象, 是指恒温回火过程中, 晶界脆性程度随恒温回火时间的延长而增加, 达到一个脆性极大值, 然后随回火时间的延长而降低, 即存在一个脆性极大值的恒温时间, 超过此时间晶界脆性降低, 韧性恢复. 可见过时效现象就是回火过程中的 RTE 的韧性恢复效应. Bush 等 (Bush et al., 1954) 报告了他们实验钢的过时效现象. 他们先将钢样在 870℃ 均匀化处理 1h, 再在这同一温度奥氏体化处理 1.5h 油淬, 在 690℃ 回火 5h 水淬. 这样处理的样品被证实处于韧化状态. 然后试样在 407℃ 至 582℃ 之间的不同温度, 恒温 1h 至 3000h 不同时间的回火处理, 用冲击功和 50%脆性断口的方法测量试样的脆性程度, 结果列于表 8-1(Bush et al., 1954). Xu 在文献 (Xu, 1999 a, b) 中用临界时间公式 (2-6), 根据 Bush 和 Siebert 实验条件计算钢中 P 在 690℃ 的非平衡偏聚的临界时间是 1.2h. 因此, 按照 P 非平衡偏聚特征, Bush 和 Siebert 在此温度回火 5h 的时间足够长, 可以将 P 的非平衡晶界偏聚量通过反偏聚全部移除掉, 使材料恢复为完全的韧性 (Bush et al., 1954). 这一结果同时表明, Bush 和 Siebert 实验中的脆化是从 690℃ 恒温后的冷却和回火过程中引起的. 表 8-1 还将 Bush 和 Siebert 实验结果和 Xu 用临界时间公式 (2-6) 的计算结果作了比较 (Xu, 1999 a, b), 可以发现在 454℃ (850°F), 510℃ (950°F), 538℃ (1000°F) 和 566℃ (1050°F) 温度脆化的样品, 其脆性极大值发生在计算的临界时间附近. 特别是对于 510℃ (950°F) 脆化的样品,

测量的最大脆性 (最高转变温度) 发生在 100h 至 1000h 之间, 计算的临界时间是 298h. 对于在 538℃ (1000°F) 脆化的样品, 测量的脆性程度 (转换温度) 在 24h 至 100h 保持不变, 因此估计最大脆性 (最高转变温度) 发生在 100h 左右, 而计算的临界时间是 114h. 对于在 454℃ (850°F) 恒温脆化的样品, 当时效时间从 100h 增加至 1000h, 转变温度增加 46°F 或 52°F, 而当时效时间从 1000h 增至 3000h, 转变温度只增加 26°F 或 33°F, 这说明时效时间从 1000h 增至 3000h 过程中引起的转变

表 8-1　Bush 和 Siebert 的实验结果 (Bush et al., 1954) 和用临界时间公式 (2-6) 计算的临界时间 (Xu, 1999 a)

温度	热物理时间/h	转变温度		计算结果
		50Ft-Lb 冲击功温度/°F	50Pct 脆性断口温度/°F	临界时间 t_c/h
750°F	1	−92	−90	29613
	10	−90	−88	
	24	−80	−83	
	100	−78	−88	
	1000	−80	−96	
	3000	−87	−87	
850°F	1	−87	−90	2558
	10	−80	−81	
	24	−69	−54	
	100	−45	−51	
	1000	1	1	
	3000	27	34	
950°F	1	−85	−83	298
	10	−40	−47	
	24	−24	−33	
	100	−4	−9	
	1000	−6	−6	
	3000	−15	−15	
1000°F	1	−74	−74	114
	10	−42	−53	
	24	−34	−42	
	100	−34	−42	
1050°F	1	−31	−81	47
	10	−51	−53	
	24	−63	−49	
	100	−74	−67	
	1000	−56	−56	
	3000	−67	−58	
1050°F	10	−58	−71	20
	24	−60	−69	
	100	−49	−49	

温度的增加速率 (0.013°F/h 至 0.017 °F/h), 远低于从 100h 增加至 1000h 的增加速率 (0.051°F/h 至 0.058 °F/h), 因此可以推断, 实验的最大脆性 (最高转变温度) 发生在 1000h 至 3000h 附近, 计算的这个温度的临界时间是 2558h. 对于在 566℃ (1050°F) 恒温脆化的样品, 两种方法测量的最大脆性 (最高转变温度) 发生在 1h 和 24h 之间. 正如文献 (Vorlicek et al., 1994) 的观察, 磷甚至在水淬的冷却过程中也发生晶界偏聚. 这种淬火过程引起磷的晶界偏聚, 会使实验测量的临界时间短于用临界时间公式 (2-6) 计算的值. 考虑到这些因素, 计算的 566℃ (1050°F) 温度磷偏聚的临界时间是 47h, 与实验结果之间也存在着合理的一致. 对于 399℃ (750°F) 脆化的样品, 实验数据没有表现出过时效现象, 这是因为计算的此温度的临界时间是 29613h, 在此温度 3000h 的恒温回火时间, 还是太短了, 不足以引起最大脆性温度和韧性恢复现象. 因此, 从表 8-1 的实验值与计算值的比较可以看出, 转变温度极大值 (脆性极大值), 过时效现象或韧性恢复效应, 发生在磷的非平衡偏聚的临界时间. Bush 和 Siebert 在冲击实验之前也测量了试样的硬度, 从韧化到最软状态样品的硬度变化小于 6 度 (R_b), 所有试样最高硬度和最低硬度之间相差不到 9 度 (R_b). 试样之间的硬度差别太小, 不足以引起冲击值的明显变化. 因此, 我们可以得出结论, Bush 和 Siebert 报告的过时效实验现象, 是由于磷的非平衡晶界偏聚的临界时间引起的, 是 RTE 的韧性恢复效应.

关于磷的非平衡晶界偏聚的临界时间, 会引起 RTE 的韧性恢复效应, 最近也得到新的实验结果的支持. Li 等 (Li et al., 2005) 报告, 他们对 12Cr1MoV 钢在 1050℃ 固溶处理 2h 水淬, 在 540℃ 恒温回火不同的时间, 俄歇谱测量磷的晶界成分, 获得图 8-1 的磷偏聚动力学曲线. 他们又对恒温 0h, 100h, 500h, 800h 的样品测量其韧—脆转变温度 (ductility brittleness transition temperature, DBTT) 随恒温时

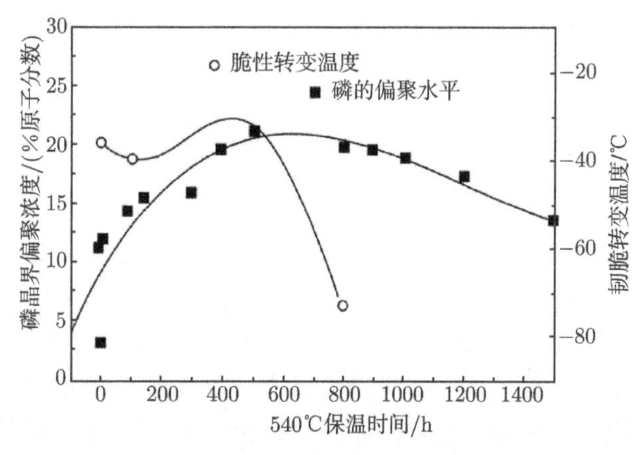

图 8-1 12Cr1MoV 钢在 540℃ P 的晶界偏聚动力学和韧—脆转变动力学曲线(Li et al., 2005)

间的变化, 也对比的列于图 8-1 和表 8-2 中. 他们发现, 在磷晶界偏聚浓度出现极大值的恒温时间 500h 左右, 韧—脆转变温度也出现了极大值, 这就最确切地证实了磷的非平衡偏聚的临界时间, 引起了 RTE 在回火过程中的韧性恢复效应.

表 8-2　韧一脆转变温度随在 540°C 恒温时间的变化 (Li et al., 2005)

恒温时间/h	韧—脆转变温度/°C
0	−36.18
100	−39.87
500	−32.16
800	−73.18

Zhang 等 (Zhang et al., 2001) 也报告了钢中磷偏聚和相应的 50%断裂转变温度 (50%fracture appearance transition temperature, FATT) 的实验结果. 他们所用钢的化学成分是: C 0.46, Mn 0.65, P 0.011, S 0.011, Si 0.30, Cr 0.95, Ni 0.05, Cu 0.08, Mo 0.04, W 0.04(wt%). 样品先在 870°C 奥氏体化 1h 水淬, 然后在 538°C 恒温时效不同的时间, 测量 50%断裂转变温度的变化, 结果如图 8-2 所示.

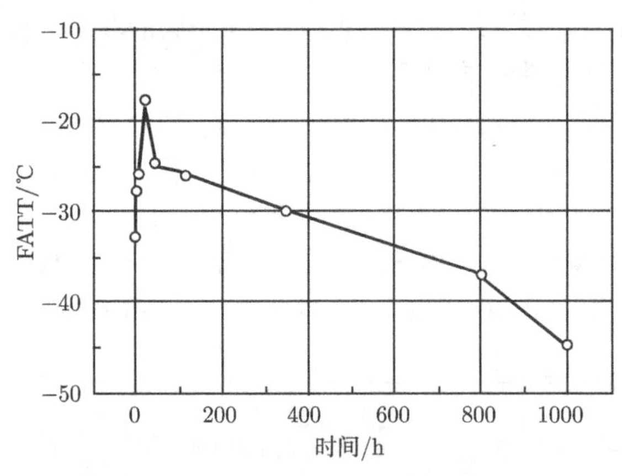

图 8-2　50%断裂转变温度 (FATT) 随 538°C 恒温时间的变化 (Zhang et al., 2001)

他们发现在 538°C 恒温时效的前 25h, 脆性 (50%断裂转变温度) 随恒温时间增加, 25h 以后脆性随恒温时间明显降低. 在 25h 存在一脆性峰值. 他们也测量了硬度随恒温时间的变化, 发现硬度随恒温时间单调降低, 从而排除了硬度引起脆性峰值的可能. 他们用 SEM 观察断裂表面发现, 在断口上沿晶断裂的面积分数随恒温时间的变化 (图 8-3) 与 50%断裂转变温度的变化 (图 8-2) 很好的一致. 这说明脆性极大值的出现是由于晶界脆化沿晶界断裂极大值引起的. 他们还对 538°C 分别恒温 80h, 114h 和 1000h 样品的晶界断裂表面进行了俄歇谱分析, 如图 8-4 所示, 发现随着恒温时间的延长, 磷的晶界偏聚浓度降低, 在恒温 1000h 完全消失. 这表明磷晶界偏聚的浓度极大值, 出现在 80h 之前, 至少说从恒温 80h 开始, 随时间的延长晶界浓度降低. 他们用临界时间公式 (2-6) 估算了实验用钢在 538℃ 的临界时间是 21h, 与上述测量值合理的符合. Zhang 等 (Zhang et al., 2001) 的这一系列实验测量和计算分析表明, 磷的晶界偏聚浓度达到临界时间的极大值后, 浓度降低, 引起晶间韧性的恢复, 是对 RTE 在回火过程中的韧性恢复效应的试验证实.

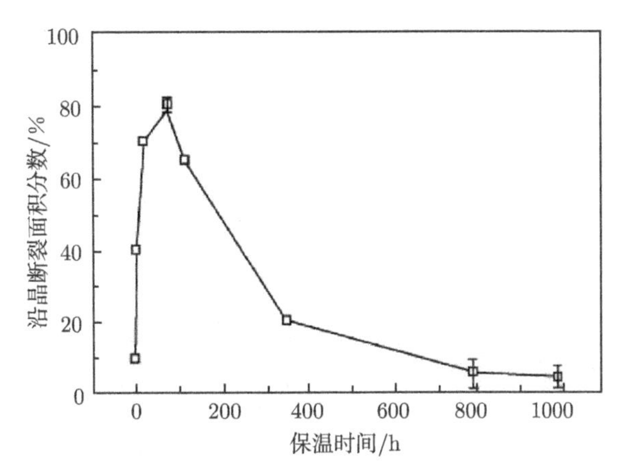

图 8-3 断口上沿晶界断裂面积分数随 538℃ 恒温时间的变化 (Zhang et al., 2001)

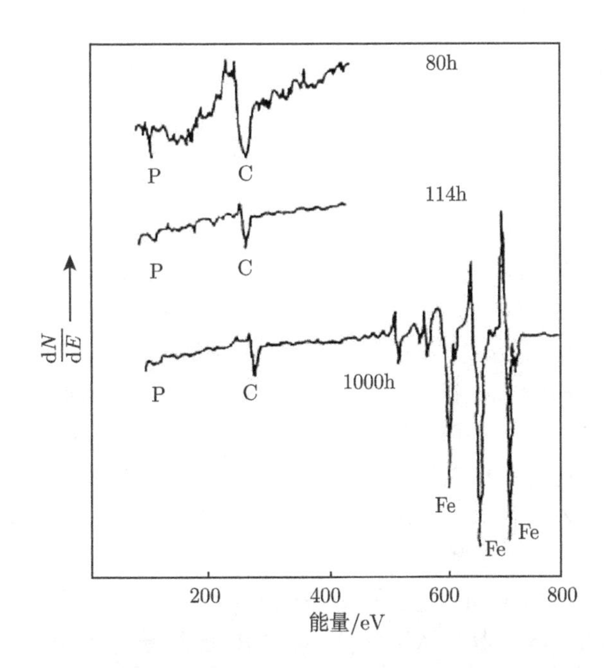

图 8-4 在 538℃ 分别恒温 80h, 114h 和 1000h 的晶界断裂表面的俄歇谱分析(Zhang et al., 2001)

如第 6 章所述, Ohtani 等 (Ohtani et al., 1974, 1976) 不但测量了 Ti、Ni 和 Sb 的晶界偏聚浓度随恒温时间的变化, 也对比测量了相应的韧－脆转变温度随恒温时间的变化, 结果发现在上述三元素出现偏聚浓度极大值时刻附近, 韧—脆转变温度也取得极大值, 见图 8-5. 这也是他们当时不能解释的现象之一. 如前所述, Ti 在钢中的非平衡偏聚特性, 诱发了 Ni 和 Sb 在钢中的非平衡偏聚, 三元素晶界浓度取得极大值的时刻, 即为三元素非平衡晶界偏聚的临界时间, 浓度的极大值诱发了晶界脆性的极大值, 超过临界时间后, 晶界脆性降低, 韧性恢复. 从表 6-3 可以看出, 对于加 Ti 的 Sb-Ti 合金钢, 淬火后回火然后在 480℃ 恒温脆化的样品, Sb 和 Ti 的非平衡偏聚的临界时间以及恒温 RTE 的极大值都在 160h 至 300h 之间, 而 Ni 的临界时间不超过 100h. 对于淬火后回火然后在 520℃ 恒温脆化的试样, Ti, Sb 和 Ni 的偏聚临界时间和脆性极大值发生时间均在 5h 至 100h 之间; 对于淬火后再结晶然后在 520℃ 恒温脆化的试样, 其偏聚临界时间和脆化极大值时间均在 150h 至 300h 之间. 显然, 这些观察表明, Ti, Sb 和 Ni 在临界时间的晶界偏聚极大值, 引起了恒温 RTE 在临界时间的晶界脆性的极大值, 和超过临界时间的韧性恢复效应. Ohtani 等 (1976) 明确指出 Sb 的晶界偏聚是晶界脆化的主要原因. 他们用不同热处理条件下测得的 Sb 的晶界浓度为横坐标, 相应的 2.7J 脆—韧转变温度为纵坐标, 作出图 8-6. 从图 8-6 可以看出, 由 Sb 晶界浓度和 2.7J 脆—韧转变温度形成的二元坐标系中的点, 都在同一条直线附近, 这说明随着热处理条件的变化, Sb 的晶界浓度始终与材料的脆性保持一定的关系, 最直接的说明材料的晶界脆性是由于 Sb 的非平衡晶界偏聚引起的. Ohtani 等 (Ohtani et al., 1976) 用 500kV 的透射电镜观察了 Sb-Ti 合金钢的时效样品, 在晶界上没有发现包含 Ni, Sb 和 Ti 的第二相粒子. 这说明偏聚浓度的峰值, 不是由于晶界上形成含有这些元素的第二相粒子引起的, 排除了这些元素沿晶界扩散到第二相粒子上, 产生偏聚极大值和脆性极大值的可能. Ohtani 等的这一实验结果, 证实了非平衡晶界偏聚引起 RTE 及其韧性恢复效应. 谢颖等 (谢颖等, 2006) 分析了此实验 RTE 的恢复效应, 回火脆性的极大值和充分回火后 2.7J 脆－韧转变温度随回火温度的变化, 结合锑的非平衡晶界偏聚测量结果, 论述了加钛的镍铬钢中, 锑的非平衡偏聚引起 RTE 及其韧性恢复效应. Zheng 等 (Zheng et al., 2011) 分析了文献 (Ohtani et al., 1976) 报告的锑的晶界偏聚和加钛 Ni-Cr 钢的回火脆性之间的关系, 结果总结在表 8-3 中. 对于在 480℃ 回火时效的钢, 在 160h 至 300h Sb 的晶界浓度和相应的 RTE 达到极大值. 延长回火时间从 300h 到 8000h, Sb 的晶界浓度降低, 同时 RTE 降低, 韧性恢复. 对于在 520℃ 回火时效的钢, 在 20h 至 100h Sb 的晶界浓度和相应的 RTE 达到极大值. 延长回火时间从 100h 到 8400h, Sb 的晶界浓度降低, 同时 RTE 降低, 韧性恢复. Zheng 等得出结论: Sb 的非平衡晶界偏聚的临界时间, 引起了钢的 RTE 的韧性恢复效应 (Zheng et al., 2011).

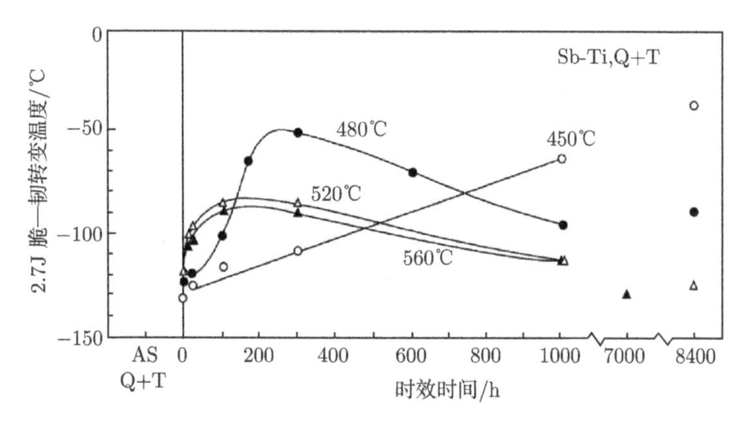

图 8-5 Sb-Ti 钢不同温度下恒温过程中 2.7J 脆—韧转变温度随恒温时间的变化(Ohtani et al.,1976)

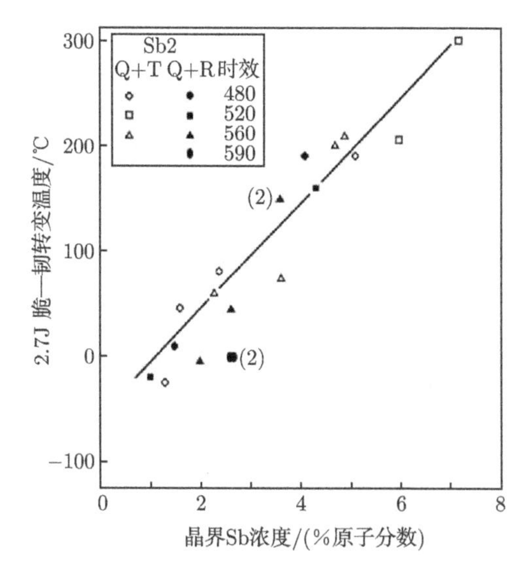

图 8-6 不同时间和不同温度下 Sb2 钢中 2.7J 脆—韧转变温度与 Sb 晶界浓度之间的关系(Ohtani et al., 1974)

Yuan(Yuan et al., 2003) 等研究了含 Mn 结构钢的回火脆性恒温动力学. 所用钢的化学成分是 (重量百分比) C:0.30, Mn:1.89, Si:0.007, S:0.006, P:0.004, Sb:0.08, 余为 Fe. 样品先在 980℃ 氩气气氛中保温 30min, 油淬至室温, 然后在 650℃ 回火 1h, 水淬至室温. 这样处理的试样分别在 500℃ 和 540℃ 时效脆化不同的时间, 最长至 200h, 测量韧—脆转变温度 (DBTT) 随时效时间的变化, 结果列于图 8-7. 他们发现, 在 500℃ 时效脆化的样品, 在 50h 附近出现脆性极大值, 在 540℃ 时效脆化的样品, 在 18h 附近出现脆性极大值 (图 8-7). 因为实验所用的钢除 Sb 以外, 其他杂质, 如 P, S, Si 等都很低, 他们认为韧—脆转变温度的极大值是由 Sb 的非平衡晶界偏聚偏聚引起. 这一点又由下述计算所证实: 他们用临界时间公式 (2-6), 计算

表 8-3　淬火和回火不同时间 Ni-Cr 钢脆性和晶界 Sb 浓度的变化 (Zheng et al., 2011)

GB	时间/h	转变温度/°C	Sb 在晶界处的浓度/at%
Aged at 480°C	1	−122	···
	20	−118	1.2
	100	−100	2.2
	160	−64	2.4
	300	−50	1.8
	500	−68	1.3
	1000	−92	0.8
	8000	−85	1.1
Aged at 520°C	1	−118	1.1
	5	−100	2.0
	20	−96	2.2
	100	−85	2.1
	300	−85	1.2
	1000	−110	0.4
	8400	−120	0.3

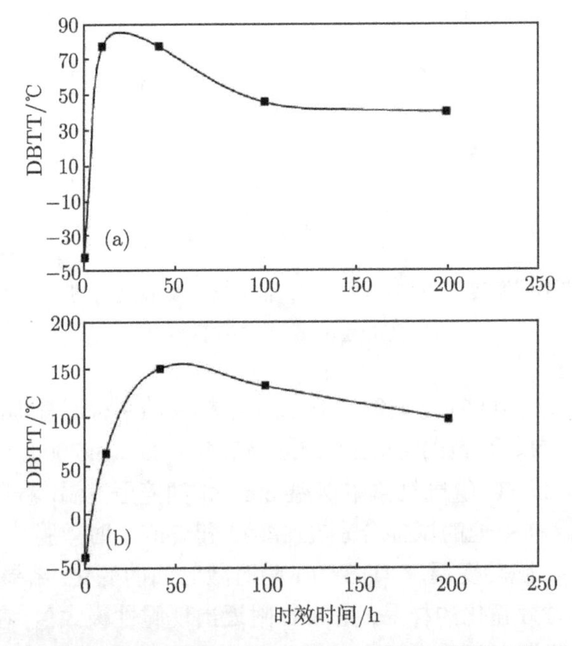

图 8-7　韧—脆转变温度随在 (a)540°C 和 (b)500°C 时效时间的变化 (Yuan et al., 2003)

了 Sb 在 500℃ 和 540℃ 的临界时间, 分别是 77h 和 15h, 与相应温度下脆性出现极大值的时间符合. 他们得出结论说, Sb 的非平衡晶界偏聚在实验钢的恒温时效过程中发生, 并引起了脆性峰值, 以及而后的回火过程中的韧性恢复效应. 这个脆性峰值发生的时间, 对应着 Sb 非平衡晶界偏聚的临界时间. 至于 Sb 发生非平衡晶界偏聚的原因, 他们认为是 Mn 引起的, 是 Mn 和 Sb 的非平衡晶界共偏聚, 这一点我们已在 6.3.3 节中讨论了 (Guo et al., 2003).

8.2.2 ICE

不锈钢在敏化温度延长敏化时间, 也会发生晶间腐蚀脆性在敏化过程中的韧性恢复效应 (Stickler et al., 1961). Joshi 等 (Joshi et al., 1972) 通过将晶界成分与腐蚀性能联系起来的试验, 研究商用 304 奥氏体不锈钢的 ICE. 不锈钢先在氩气气氛中 1050℃ 保温处理 2h 然后水淬. 试样在此状态称为 "非敏化状态". 接下来的两种处理是: ①非敏化的样品在 650℃ 恒温敏化 2h 然后水淬; ②非敏化的样品在 650℃ 恒温敏化 72h 然后水淬. 这两种处理的样品晶界上 S 与 Fe 的俄歇谱峰高比, 以及在腐蚀溶液中腐蚀后的重量损失率来表示的腐蚀速率, 结果列于表 8-4.

表 8-4 304 不锈钢的 AES 晶界成分测量和在沸腾 nitric dichromate* 溶液中的腐蚀试验结果(Joshi et al., 1972)

热处理	S/Fe 俄歇谱峰高比	腐蚀速率/$mg{\cdot}cm^{-2}{\cdot}h^{-1}$
(1) 2h 1050℃, WQ	1.230	2.25
(2) 2h 1050℃, WQ+2h 650℃, WQ	0.920	2.93
(3) 2h 1050℃, WQ+72h 650℃, WQ	0.850	0.87

* 在 nitric dichromate 溶液中腐蚀试验后确定的重量损失率

表 8-4 表明, 晶界上 S/Fe 的俄歇谱峰高比, 对于非敏化试样是 1.230, 对于在 650℃ 敏化 2h 和 72h 的试样, 分别降低到 0.920 和 0.850, 说明晶界上 S 的浓度通过在 650℃ 的敏化处理后降低了. 相应的腐蚀速率, 用重量损失率表示, 也从非敏化的 2.25$mg{\cdot}cm^{-2}{\cdot}h^{-1}$ 降低到在 650℃ 敏化 72h 的 0.87 $mg{\cdot}cm^{-2}{\cdot}h^{-1}$. 对于在 650℃ 敏化 2h 的试样, 其腐蚀速率本应该从 2.25$mg{\cdot}cm^{-2}{\cdot}h^{-1}$ 降低, 反倒升至 2.93$mg{\cdot}cm^{-2}{\cdot}h^{-1}$, 这可能是测量的错误. 问题是为什么晶界 S 浓度和腐蚀速率都随着在 650℃ 的敏化时间的延长而降低呢? 文献 (Xu et al., 2013) 给出了这个问题的解释. 如 5.2.1 节所述, 表 8-4 中的处理 (1), 即非敏化处理试样, 从固溶处理温度 1050℃ 淬火, 是连续冷却, 它可以通过式 (5-3) 计算得到在 650℃ 的等效时间 t_e. 非敏化试样的热处理, 相当于在 650℃ 恒温敏化 t_e 小时, 相应的在 650℃ 敏化 2h 的样品, 相当于在 650℃ 敏化 t_e+2 小时, 在 650℃ 敏化 72h 的样品, 相当于敏化 t_e+72 小时. 依据非平衡偏聚的临界时间概念, 在 650℃ 敏化 t_e 小时, 比敏化 t_e+2

小时和 t_e+72 小时, 更接近 650℃ S 在 304 不锈钢中的临界时间. 因此, 随着敏化时间的延长, S 的晶界浓度和腐蚀速率降低, 是敏化时间超过临界时间引起的, 是 ICE 在敏化过程中的韧性恢复效应 (Xu et al., 2013).

另一个对商用 304 奥氏体不锈钢 (含 0.038wt%C) 的 ICE 进行全面考察的是 Stickler 和 Vinckier 的工作 (Stickler et al., 1961). 他们的经典的和系统的试验结果列于图 8-8 和图 8-9. 304 不锈钢在 1260℃ 固溶处理 1.5h, 水淬后在 899℃ 和 480℃ 之间的不同温度, 在 0.15h 至 1500h 的时间范围内敏化不同的时间. 这样处理的试样对腐蚀的敏感性, 用抛光的试样在 Strauss 溶液中分别暴露 45h 或 450h. 试样 ICE 的程度用室温 180 度三点弯曲试验引起的试样损伤程度来表示. 对于暴露 450h 的样品, 如图 8-8 所示, 在 816℃ 敏化的样品, ICE 峰显现在敏化时间 1.5h 至 150h 之间, 表现为无损伤 0 和轻微损伤 1 之间, 见图 8-8 的 0-1. 在 816℃ 敏化时间长于 150h, ICE 的韧性恢复到无损伤, 图 8-8 中的 0 所示. 在 732℃ 敏化的样品, ICE 峰在敏化时间 15h 到 150h 之间, 表现为中度损伤到严重损伤之间, 即图 8-8 的 2-3 之间. 在 732℃ 敏化时间长于 150h, ICE 的韧性恢复到中等损伤, 图 8-8 中的 2 表示. 对于在 Strauss 溶液中暴露 45h 的样品, 如图 8-9 所示, 在 732℃ 敏化的样品, ICE 峰在敏化时间 15h 附近, 表现为轻度损伤, 图 8-8 的 1 表示, 在 732℃ 敏化时间长于 15h, 在 150h 和 1500h, ICE 的韧性恢复到无损伤和轻度损伤之间, 即图 8-8 中的 0 和 1 之间. 表 8-5 是用临界时间公式 (2-6) 计算的 S 在 304 不锈钢中各个温度下的临界时间 (Wang et al., 2011b), 表明 S 在 815℃ 的临界时间是 3.5h, 在 732℃ 的临界时间是 20h, 显然两者都分别对应着 815℃ 和 732℃ 的 ICE 峰值出现的敏化时间. 因此, 如图 8-8 和图 8-9 所示的, S 在 304 不锈钢中的非平衡偏聚临界时间, 引起了 ICE 在敏化过程中的韧性恢复效应 (Xu et al., 2013).

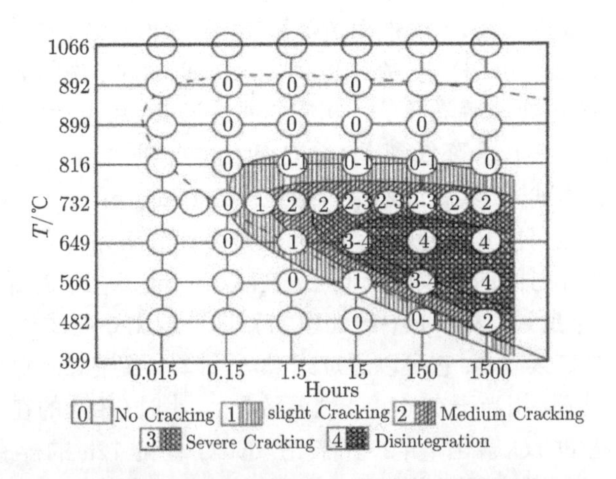

图 8-8　暴露在 Strauss 溶液中 450h 的敏化 304 不锈钢的脆化程度 (Stickler et al., 1961)

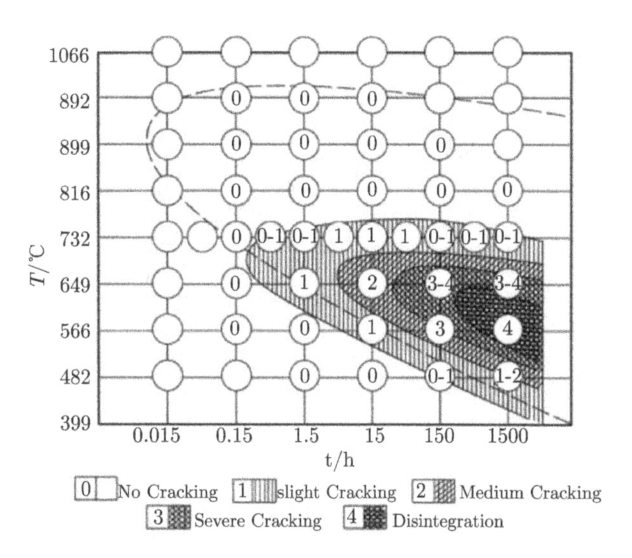

图 8-9 暴露在 Strauss 溶液中 45h 的敏化 304 不锈钢的脆化程度 (Stickler et al., 1961)

表 8-5 用式 (2-6) 计算的 S 在 304 不锈钢中不同温度的临界时间 (Wang et al., 2011b)

时效温度/℃	临界时间/h
482	33 236
566	1690
649	150
732	20
815	3.5

8.2.3 ITE

Wang 等 (Wang et al., 2009, 2011a) 的 Ni–Cr–Fe 合金的拉伸试验, 合金先在 1180℃ 均匀化处理 45min 后水淬, 然后在拉伸开始前先在拉伸温度都保温 20min. 图 8-10(a) 表示了断面收缩率的拉伸试验结果, 有明显的中温脆性发生在 300℃ 至 700℃ 之间, 一个最大脆性 (最小断面收缩率, RA) 出现在 500℃ . Wang 等测量了试样 S 的晶界浓度和断面收缩率 RA 随 500℃ 恒温时间的变化, 列于图 8-10(b). S 的晶界浓度在 500℃ 恒温, 先增加到 20min, 然后随恒温时间从 20min 到 100h 连续降低. RA 在 500℃ 恒温 20min 后开始到 100h 连续的增加. 一个 S 的晶界浓度峰在 500℃ 的恒温过程中出现在 20min, 表明 Ni–Cr–Fe 合金中 S 在 500℃ 的非平衡偏聚的临界时间是 20min. 这样, 图 8-10(b) 所示的从恒温 20min 至 100h 的晶界 S 浓度的降低和 RA 的升高, 是拉伸试验开始前的恒温过程中, 恒温时间超过拉伸

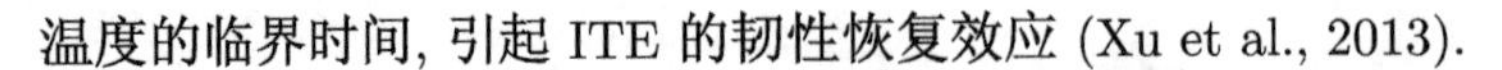
温度的临界时间, 引起 ITE 的韧性恢复效应 (Xu et al., 2013).

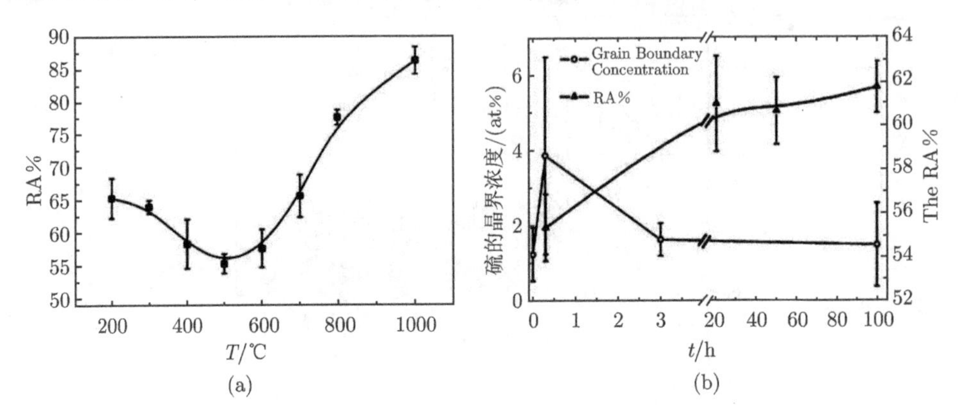

图 8-10 (a) Ni-Cr-Fe 合金断面收缩率随拉伸试验温度的变化; (b) Ni-Cr-Fe 合金断面收缩率和 S 的晶界浓度随在 500℃ 的恒温时间的变化 (Wang et al., 2009, 2011a)

Kizu 等 (Kizu et al., 2009) 试验研究了含锰量 0.04wt%和不同含硫量的低锰低碳钢的热韧性. 试样以 $5K{\cdot}s^{-1}$ 加热到固溶处理温度 1573K(solution temperature, reheating temperature, RHT), 真空保温 600s. 然后试样在氩气气氛中以恒定的速率 $30K{\cdot}s^{-1}$ 冷至 1023 至 1473K 的拉伸试验温度 (tensile test temperatures, TT). 在拉伸试验温度恒温 300s, 试样以 $22s^{-1}$ 的速率拉伸至断裂. 断裂后试样立即在氦气中淬火至室温. 拉伸试验温度和钢基体的硫含量对拉伸结果的影响列于图 8-11(Kizu et al., 2009). 随着拉伸温度的降低, RA 降低直至 1223K, 然后自 1073K 急剧增加. 一个 RA 的极小值, 脆性极大值, 发生在 1223K, 钢在拉伸试样中表现出典型的 ITE 现象. 图 8-11 表明降低试验钢的 S 含量, 将降低 ITE 槽的宽度和深度, 表明钢中 S 在 ITE 的形成中起主导作用. 拉伸前在拉伸温度的恒温时间, 对 ITE 的影响也进一步由 Kizu 等进行了研究 (Kizu et al., 2009), 结果列于图 8-12. 图 8-12 表明试样的 RHT 和 TT 温度分别是 1573K 和 1223K. 当在 1223K 拉伸前的恒温时间从 300s 延长至 1800s, RA 明显从 20%增加到 70%. 从图 8-11 和 4.5.1 节的计算和图示结果可以判定, 此试验用钢的 S 在 1223K 的临界时间大约在 300s 左右. 拉伸前在 1223K 恒温时间长于 300s, 延长至 1800s, 长于此温度的临界时间, 这样硫的反偏聚发生, 引起了 RA 的增加, ITE 的韧性的恢复. 图 8-12 表示了典型的因为拉伸前在拉伸温度恒温时间长于拉伸温度的临界时间, 引起的 ITE 的韧性恢复效应 (Xu et al., 2013).

低碳奥氏体钢的 ITE 的韧性恢复效应, 也由 Yasumoto 等的试验所证实 (Yasumoto et al., 1985). 在他们的实验中, 1373K 至 1623K 之间的温度固溶处理 3min, 然后试样以 0.5-20$K{\cdot}s^{-1}$ 的速率冷却到 973-1473K 之间的拉伸试验温度. 拉伸前在拉伸温度恒温 1min, 再以恒定的速率 0.01-2.3s^{-1} 拉伸至断裂. ITE 的韧性槽出现在 1100K 至 1325K, 如图 8-13(a) 所示. 从图 8-13(b) 可以看出, 在韧性极小值发生的温度 1123K 和 1323K 延长拉伸前的恒温时间, 实验钢的韧性明显恢复. 从 Yasumoto 等的这些实验结果和 4.5.1 节的结果可以推测, S 在 1123K 和 1323K 的临界时间大约在 1min 左右. 在这两个拉伸温度延长拉伸前的恒温时间至长于 1min, 导致 S 的反偏聚, RA 增加, 韧性恢复. 图 8-13(b) 中预变形 20% 的样品, 由于基体空位浓度的增加, 使这一韧性恢复效应得到加强. 这样, 图 8-13(b) 表示了非平衡偏聚的临界时间引起的低碳奥氏体钢 ITE 的韧性恢复效应 (Xu et al., 2013).

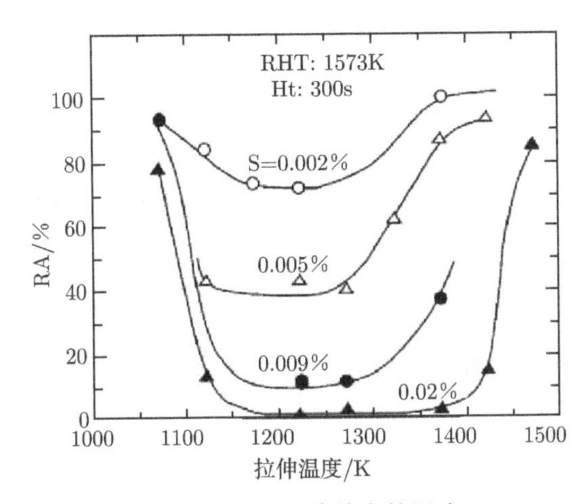

图 8-11 拉伸温度和硫含量对断面收缩率的影响 (Kizu et al., 2009)

固溶处理温度 1573K, 在拉伸温度保温 300s(浓度是重量百分比)

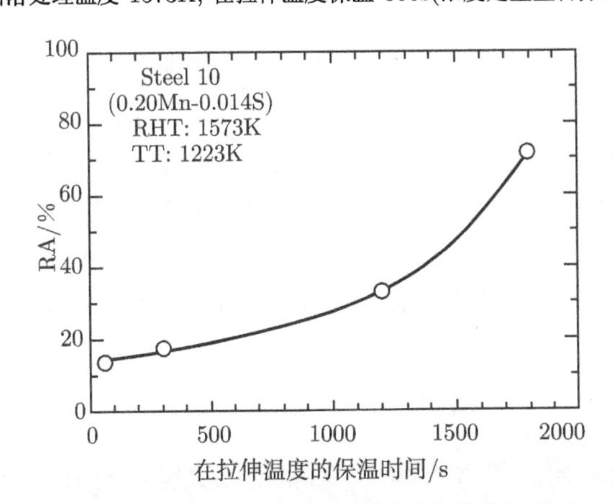

图 8-12 拉伸前在拉伸温度 1223K 恒温时间对断面收缩率的影响 (Kizu et al., 2009)

固溶处理温度是 1573K

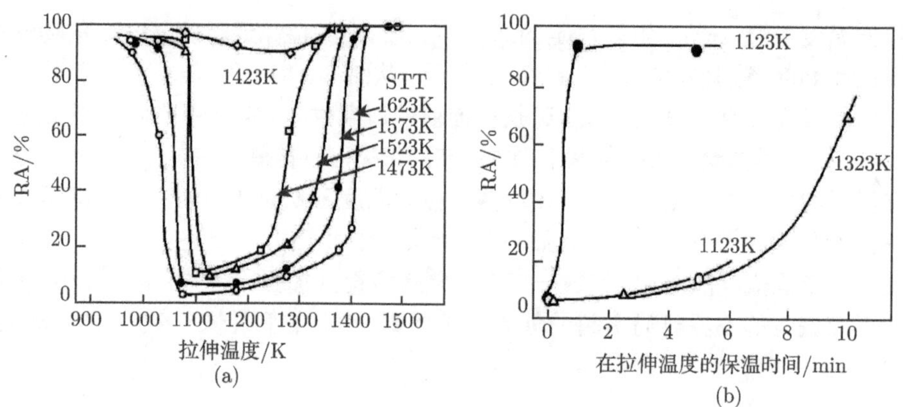

图 8-13 (a) 断面收缩率 RA 随拉伸温度和固溶处理温度 (STT) 的变化, 拉伸应变速率 $2.3s^{-1}$; (b) 断面收缩率随着在不同的拉伸温度拉伸前的恒温时间的变化, 拉伸应变速率 $2.3s^{-1}$

图中圆圈曲线表示试样没有做前期预变形处理, 黑点表示试样在恒温之前以 $0.01s^{-1}$ 的速率使横截面积降低20%的预变形 (Yasumoto et al., 1985)

8.3 脆性峰温度及其移动

4.5.1 节的计算和图示曾得出, 金属与合金在相同温度固溶处理, 然后在各个不同的低温恒温时效相同的时间, 必有一时效温度, 其临界时间等于或比其他时效温度的临界时间更接近于所采用的时效时间. 此时效温度的非平衡晶界偏聚浓度高于其他各温度的浓度, 取得最大值, 此温度称为非平衡偏聚峰温度. 若在各时效温度延长时效时间, 由于临界时间随恒温时效温度的降低而延长, 取得偏聚浓度峰值的温度将向低温移动, 称为非平衡晶界偏聚峰温度移动. 正如 Xu 等在文献 (Xu et al., 2013) 中分析的, RTE, ICE 和 ITE 在上述类似的热处理过程中, 即从高温淬火后, 在各个不同的低温, 对于 RTE, 回火相同的时间, 对于 ICE, 敏化处理相同的时间, 对于 ITE, 拉伸前在拉伸温度恒温相同的时间, 非平衡偏聚峰温度将分别引起 RTE, ICE 和 ITE 的脆性峰温度. 若在各个不同的处理温度, 对于 RTE 延长回火时间, 对于 ICE 延长敏化处理时间, 对于 ITE 延长拉伸前在拉伸温度的恒温时间, 也将分别引起 RTE, ICE 和 ITE 的脆性峰温度向低温的移动. 这是本节将讨论的内容.

8.3.1 RTE

1956 年, Powers 研究了 Mo 和 W 对钢的回火脆性的影响, 得到了图 8-14 所示的著名实验结果 (Powers,1956). 除了图 8-14 所示的, 已被学术界普遍接受的 W 和 Mo 对钢的回火脆性的影响外, Powers 用 9 种不同成分的钢, 固溶淬火后, 在各个不同温度都恒温回火 1000h, 这样的热处理过程, 与 4.5.1 节所述的非平衡偏聚峰温度形成的热过程相同. 结果如图 8-14 所示, 9 种钢只在 900°F(482℃) 下达到脆性峰. 在高于和低于 900°F(482℃) 的温度, 脆性都将急剧下降. 包括 Powers 本人在内的几乎所有学者, 当时都没有能给这一重要结果以合理的解释. Xu 在文献 (Xu, 1999 a,b) 中, 根据 Powers 的实验条件, 用临界时间公式 (2-6) 计算了磷在钢中各个温度下的临界时间, 结果列于表 8-6. 可以发现, 在 890°F(477℃) 的临界时间是 1008h, 最接近 Powers 所采用的 1000h 的恒温时间. 因此, 非平衡晶界偏聚临界时间的极大值, 以及由此引起的脆性峰发生在 900°F(482℃). 对低于此温度的试样, 随着恒温回火温度的降低, 相应的临界时间将急剧增长, 越来越远长于 1000h, 由于 Powers 的恒温回火时间仍为 1000h, 试样的脆化程度将随恒温温度的降低而

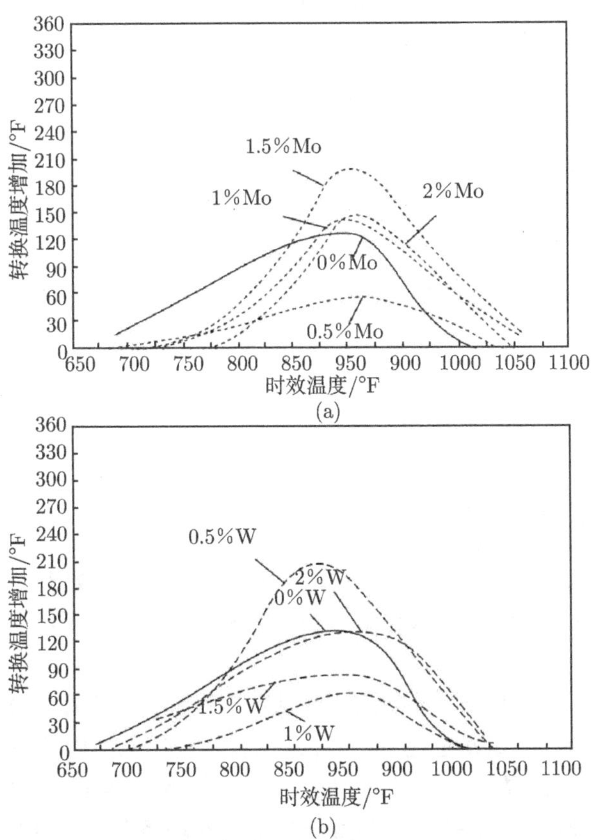

图 8-14 Powers 9 种钢各温度回火 1000h 脆—韧转变温度随回火温度的变化 (Powers,1956)

表 8-6 用临界时间公式 (2-6) 计算得钢中 P 偏聚得临界时间 (Xu, 1999 a)

时效温度	T/°F	750	800	850	890	900	950	1000	1050
临界时间	t/h	29613	8120	2558	1008	840	298	114	47

急剧降低; 对于所有恒温回火温度高于 900°F(482℃) 的试样, 随着恒温回火温度的升高, 相应的临界时间将急剧缩短, 越来越远短于 1000h, 由于恒温回火时间仍为 1000h, 试样的脆化程度亦将随恒温温度的升高而急剧降低. 这是由于磷的非平衡偏聚的反偏聚引起的. 这就在 4.5.1 节的非平衡晶界偏聚的峰温度理论基础上解释了 Powers 的实验结果: 900°F(482℃) 是 9 种钢高温淬火后, 在 650°F 至 1050°F 之间的各个温度都恒温回火 1000h, 引起的 RTE 的脆性峰温度.

依据偏聚峰温度及其移动理论的预期, 若在 Powers 实验中恒温回火时间不是 1000h, 脆性峰温度就不在 900°F(482℃). 恒温回火时间延长, 脆性峰温度将向低温移动; 恒温回火时间缩短, 脆性峰温度将向高温移动. 这一点已由 Bush 和 Siebert 的表 8-1 的实验结果所证实 (Bush et al., 1954). 表 8-1 的左侧是 Bush 和 Siebert 在各个不同的回火温度回火不同时间的试验结果, 右侧是 Xu 用临界时间公式 (2-6) 计算的各个回火温度的临界时间 (Xu, 1999a). 可以发现, 对于表中所有恒温回火 100h 的样品, 脆性峰温度在 950°F(510℃); 对于所有恒温回火 1000h 的样品, 脆性峰温度降低至 900°F(482℃) 附近, 与 Powers 实验结果相符; 对于所有恒温回火 3000h 的样品, 脆性峰温度降低至 850°F(454℃) (Xu, 1999 a). 由此可见, Bush 的实验结果表明, 试验钢高温淬火后在 750°F 至 1050°F 的各个温度都恒温时效相同的时间, 100h 或 1000h 或 3000h, 随着恒温时间从 100h 延长, 经 1000h 到 3000h, 脆性峰温度也从 510℃ 降低, 经 482℃ 降低到 454℃ , 证实了钢的 RTE 的脆性峰温度及其移动.

8.3.2　ICE

Briant 等 (Briant et al., 1988) 研究了奥氏体不锈钢的晶界偏聚和晶间应力腐蚀开裂. 表 8-7 是用于研究的 E, F, G, H 和 I 炉号钢的化学成分. 所有钢都在 1100℃ 固溶处理 1h 后水淬. 然后在 500℃ 至 700℃ 的温度之间恒温时效达 100h. 试样在 288℃ 的 N deaerated 0.005M sulphuric acid (PH2.5) 腐蚀溶液中, 以 $3\times10^{-7}s^{-1}$ 速率拉伸至断裂. 应力腐蚀开裂试验结果和晶界偏聚的试验结果汇总在图 8-15 和图 8-16 中.

图 8-15 表明, E 钢的最高晶间应力腐蚀开裂百分比发生在 600℃ , F 钢的最高晶间应力腐蚀开裂百分比发生在 650℃ . 这两种钢经历了相同的热循环, 即高温淬火后, 在不同的低温恒温时效相同的时间. 图 8-16 表明, I 号钢在 650℃ 和 700℃ 的硫偏聚最大值分别在 100h 和 50h, 这是硫在这两个温度的非平衡偏聚的临界时间, 对应着图 8-15 中晶间腐蚀的最大百分比. 550℃ 和 500℃ 的临界时间长于 100h, 所以图 8-15 中在这些温度非平衡偏聚的硫浓度升高, 引起应力腐蚀开裂百分比的升高. 700℃ 的临界时间是 50h 短于 100h, 图 8-15 中 E 和 F 钢在 700℃ 的应力腐蚀开裂百分比都降低. 所以, 图 8-15 表示 E 和 F 钢从 1100℃ 淬火后, 在 500℃ 至

700℃ 的各个温度都恒温时效 100h, 硫的非平衡偏聚引起的 E 钢在 600℃ 和 F 钢在 650℃ 的 ICE 的脆性峰温度.

表 8-7 试验钢的化学成分 (重量百分比)(Briant et al., 1988)

炉号	钢	Cr	Ni	C	N	P	S	Si	Mn	Mo	Fe
E	316NG	17.2	9.9	0.019	0.147	0.070	0.037	···	···	1.98	bal.
F	304L	18.51	9.2	0.0004	0.037	0.069	0.004	0.13	1.17	···	bal.
G	304L	18.81	8.73	0.0014	0.035	0.067	0.025	0.14	1.1	···	bal.
H	304L	18.5	9.0	0.001	0.035	···	0.03	0.13	1.1	···	bal.
I	304	18.6	9.6	0.068	0.002	0.005	0.03	0.01	···	···	bal.

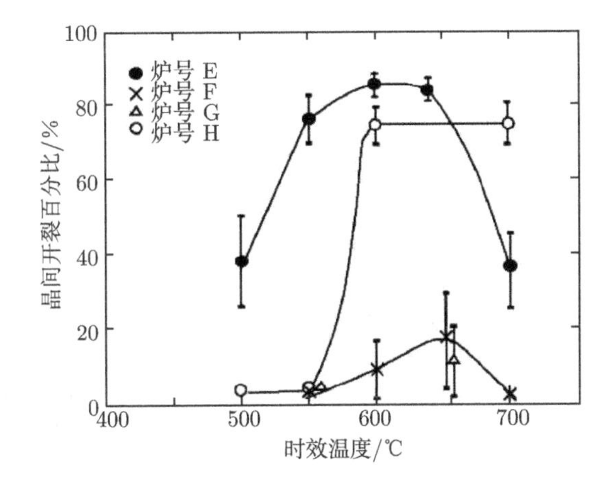

图 8-15 E, F, G 和 H 炉号钢在各个温度都时效 100h, 钢的晶间应力腐蚀开裂百分比随时效温度的变化 (Briant et al., 1988)

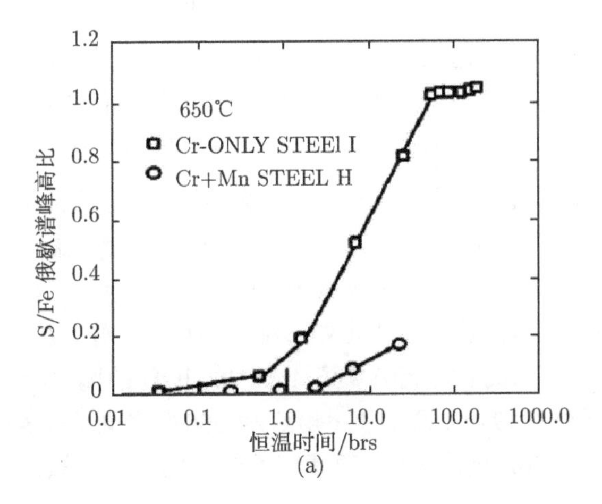

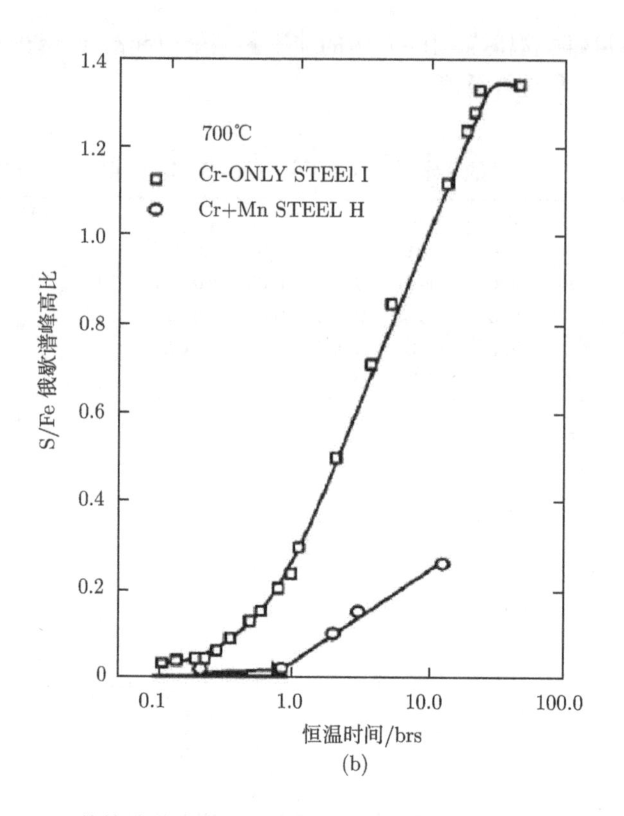

(b)

图 8-16 S/Fe 的俄歇谱峰高比随恒温时效时间的变化 (Briant et al., 1988)

(a) 600℃ 和 (b) 700℃

如图 8-15 和图 8-16 所示的, H 钢并不在 700℃ 发生硫偏聚和应力腐蚀开裂的降低. 从表 8-7 可知, H 钢不含磷. Emad EL-KASHIF 等试验证实, 磷的存在可以大大提高其他元素如 B 的临界冷却速率, 即缩短临界时间 (Emad EL-KASHIF et al., 2003). H 钢不含磷可能延长了硫非平衡偏聚的临界时间, 硫在 700℃ 的临界时间可能长于 100h, 使 H 钢不在 700℃ 发生硫偏聚和应力腐蚀开裂的降低.

图 8-8 中对于 1260℃ 固溶处理淬火后, 在各个温度都敏化处理 1.5h 的样品, 在 Strauss 溶液中暴露 450h 后, 一个 ICE 的脆性峰, 中度腐蚀 (图 8-8 中 2), 发生在敏化处理温度 732℃ . 随着敏化时间的延长, 脆性峰向低温移动. 对于在各个温度都敏化处理 150h 的样品, 在 Strauss 溶液中暴露 450h 后, ICE 的脆性峰, 最严重的腐蚀破裂 (图 8-8 中 4), 发生在敏化处理温度 649℃ . 对于在各个温度都敏化处理 1500h 的样品, 在 Strauss 溶液中暴露 450h 后, ICE 的脆性峰, 最严重的腐蚀破裂 (图 8-8 中 4), 发生在敏化处理温度 649℃ 和 566℃ 之间 (图 8-8 中 4). 图 8-8 表示, 试样从 1260℃ 固溶处理淬火后, 随着在各个敏化温度的敏化时间从 1.5h 延长

到 1500h, 出现脆性峰的温度也从敏化温度 732℃ 降到 566℃ 至 649℃ 之间. 图 8-9 中对于 1260℃ 固溶处理淬火后, 在各个温度都敏化处理 15h 的样品, 在 Strauss 溶液中暴露 45h 后, 一个 ICE 的脆性峰, 中度腐蚀 (图 8-9 中 2), 发生在敏化处理温度 649℃ . 随着敏化时间的延长, 脆性峰也向低温移动. 对于在各个温度都敏化处理 150h 的样品, 在 Strauss 溶液中暴露 45h 后, 一个 ICE 的脆性峰, 从严重腐蚀破裂到最严重的腐蚀破裂 (图 8-9 中 3-4), 发生在敏化处理温度 649℃ 至 566℃ 之间. 对于在各个温度都敏化处理 1500h 的样品, 在 Strauss 溶液中暴露 45h 后, 一个 ICE 的脆性峰, 最严重的腐蚀破裂 (图 8-9 中 4), 发生在敏化处理温度 566℃ . 图 8-9 表示, 试样从 1260℃ 固溶处理淬火后, 随着在各个敏化温度的敏化时间从 15h 延长到 1500h, 出现脆性峰的温度也从敏化温度 649℃ 降到 566℃ . 这就证实了高温固溶后淬火, 然后在各个温度恒温敏化处理相同的时间, 必在某一温度, 出现 ICE 脆性峰, 当延长在各个敏化温度的敏化时间, 出现 ICE 脆性峰的温度向低温移动, 是非平衡晶界偏聚引起的, 在敏化处理过程中发生的 ICE 的脆性峰温度及其移动效应.

8.3.3 ITE

图 8-17 是 Wang 等 (Wang et al., 2009, 2011b) 将 Ni-Cr-Fe 合金在 1180℃ 固溶处理淬火后, 在各个温度时效 20min, 俄歇谱测量硫的晶界浓度所获得的结果. 图 8-10 和图 8-17 是同一合金的试验结果. 比较两者可以发现, 图 8-17 中在 500℃ 的最大晶界硫浓度对应着图 8-10(a) 的在 500℃ 的脆性峰. 如前所述, 图 8-10(b) 表明硫在 500℃ 的临界时间是 20min. 这与图 8-17 在 500℃ 出现硫浓度的峰值是一致的. 表 8-8 是用临界时间公式 (2-6) 计算的此合金中硫在各个温度的临界时间 (Wang et al., 2009). 从图 8-10 , 图 8-17 和表 8-8 可以看出, 当拉伸试验温度低于 500℃ , 随着拉伸温度的降低, 硫的晶界浓度和脆性降低, 因为拉伸试验温度的临界时间越来越长于 20min; 当拉伸试验温度高于 500℃ , 随着拉伸温度的升高, 硫的晶界浓度和脆性降低, 因为拉伸试验温度的临界时间越来越短于 20min. 因此, 图 8-10(a) 中的 500℃ 是硫的非平衡晶界偏聚峰温度引起的 ITE 峰温度 (Wang et al., 2009, 2011b).

Cortial 等 (Cortial et al., 1994) 研究了热处理对焊接 625 合金力学性能的影响. 合金从焊接温度冷却至室温, 再以 50℃$\cdot$h^{-1} 的速度加热至各个温度 600℃, 650℃, 700℃, 750℃, 850℃, 950℃ 和 1000℃ , 在各温度保温 8h 后, 空气中以 900℃$\cdot$ h^{-1} 速率冷至室温. 在 20℃ 测定合金的延伸率 EL, 断面收缩率 RA 和冲击强度 (CVN energy). EL 和 RA 的试验结果列于图 8-18(a). 冲击强度 (CVN energy) 的结果列于图 8-18(b).

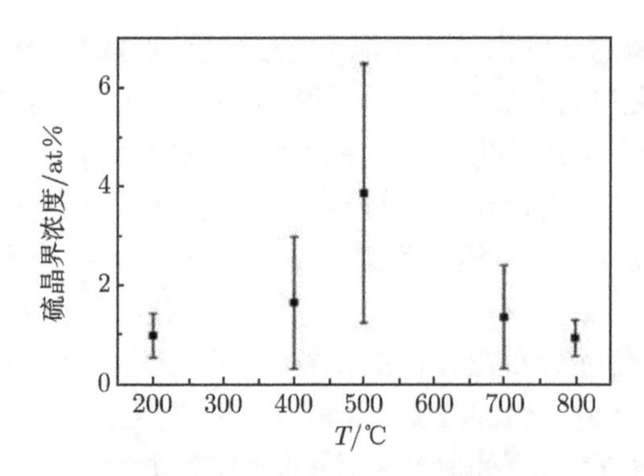

图 8-17 Ni-Cr-Fe 合金从 1180℃ 固溶淬火后在各个温度都恒温 20min, 硫晶界浓度 (原子百分数) 随时效温度的变化 (Wang et al., 2009)

表 8-8 不同温度计算的临界时间 (Wang et al., 2009)

时效温度/℃	200	400	500	700	800
临界时间/s	1.29×10^9	3.19×10^4	1200	12	2.4

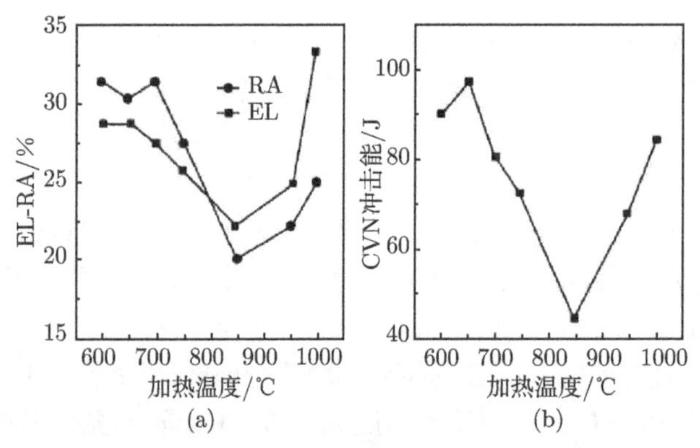

图 8-18 热处理对力学性能的影响 (Cortial et al., 1994)

(a) 延伸率和断面按收缩率;(b) 冲击前度

延伸率 EL, 断面收缩率 RA 以及 CVN 冲击能的极小值都出现在 850℃ , 由这一试验结果可以推测, 该合金中引起 ITE 的杂质, 其临界时间在 850℃ 是 8h 左右, 引起了图 8-18 所示的在 800℃ 的 ITE 脆性峰. Cortial 等的这一试验最有趣一点是, 拉伸试验获得的 EL 和 RA 最小值, 即 ITE 脆性峰, 以及冲击试验获得的 CVN 冲击能的最小值, 都发生在同一个温度 800℃ 附近. 这个事实说明, 拉伸试验中弹性阶段应力的作用对合金的 ITE 没有明显的影响. 图 8-18 表示拉伸或冲击试验前, 在 600℃ 至 1000℃ 的各个温度都恒温 8h, 形成 ITE 在 800℃ 的脆性峰效应.

其实, 图 8-14 由 Powers 报告 (Powers, 1956) 的试验结果, 表示在 482℃ 的 RTE 脆性峰, 也可以认为是 ITE 脆性峰. 这是因为 Powers 试验的脆性也发生在中间温度, 所采取的冲击试验前的热处理过程, 与拉伸试验试样拉伸前经历的热过程一致. 脆性都是在测试前的恒温过程中发生, 所不同的只是测试脆性的方法不同而已. 只是在材料科学和工程中, ITE 一般是指拉伸试验所引起的脆性, 其本质和 RTE 其实是一样的.

对于含硫低锰钢的试验结果图 8-11 和低碳奥氏体钢的试验结果图 8-13, 都表示了 ITE 的脆性峰温度, 它们都是拉伸前在拉伸温度恒温相同的时间形成的. 这里就不再赘述了.

8.4　脆性的温差效应

如第 3 章所述, 对于高温固溶后淬火, 然后在低温恒温时效的热过程, 在低温恒温获得的非平衡晶界偏聚的最高浓度, 取决于高温和低温之间的温度差, 温度差越大, 在低温达到的非平衡晶界偏聚的最高浓度越高, 并用式 (3-5) 解析的表示了这个关系, 是非平衡晶界偏聚发生的热力学条件, 称为非平衡偏聚的温差效应. 文献 (Xu et al., 2013) 指出, RTE, ICE 和 ITE 也发生在上述类似的热过程中, 高温固溶处理温度, 和 RTE 的回火温度, 和 ICE 的敏化温度, 和 ITE 的拉伸试验温度, 之间的温度差越大, RTE, ICE 和 ITE 的最大脆性也越高, 称为脆性的温差效应. 本节将讨论这一问题.

8.4.1　RTE

回火脆性分为从奥氏体化温度淬火后, 直接在 350℃ 至 550℃ 回火引起的脆化, 称为一步回火脆性 (OSTE); 以及从奥氏体化温度淬火后, 在 350℃ 至 550℃ 回火之前, 先在 600 至 700℃ 回火, 称为二步回火脆性 (TSTE). 对于这两类回火脆性, 平衡晶界偏聚理论没有能解释的一个问题 (Briant et al., 1978a) 是: 二步回火脆化在奥氏体淬火后和低温回火脆化之前, 在 $\alpha-\gamma$ 区的中间温度 (600℃ 至 700℃) 加一恒温热处理, 能够被用于降低回火脆性, 即一步回火脆化处理的样品, 有比二步回火脆化处理的样品较高的回火脆性 (Wada et al., 1976; Ucisik et al., 1978). 因为按照平衡偏聚理论, 在中间温度回火, 只能增加磷的平衡晶界偏聚量, 不会降低晶界偏聚量, 因此, 只能增加脆性, 不能降低脆性. 文献 (Xu et al., 2004) 基于晶界脆性的非平衡偏聚机制, 通过分析 Bush 和 Siebert 二步回火脆化的实验结果回答了这一问题 (Xu, 1999a). 根据临界时间公式 (2-6) 计算, 钢中磷在 1275°F(690℃) 的临界时间是 1.2h, 而 Bush 等实验中在此温度恒温 5h, 这就足以移除从 1600° (832℃) 淬火到油中所引起的磷晶界偏聚量. 这也与 Bush 等测量的经这样处理的样品表现为完全的韧化状态相一致 (Bush et al., 1954). 因此, 可以推断 Bush 和 Siebert 的二步回火脆化主要是从 1275°F(690℃) 水淬引起的. 可见, 二步回火脆化从中间温度 1275°F(690℃) 淬火至脆化温度 350℃ 至 550℃ 的温度差, 比一步回火脆化直接从奥氏体化温度 1600°F(832℃) 淬火至 350℃ 至 550℃ 的温度差要小得多, 根据非平衡偏聚的热力学关系式 (3-5), 一步回火脆化将引起较高的磷的晶界偏聚浓度, 因而产生较高的晶界脆性. 这样, 在磷的非平衡晶界偏聚理论基础上解释了一步回火脆性较二步回火脆性引起更高的 RTE, 是 RTE 的温差效应 (Xu et al., 2004).

Briant 等指出经一步回火脆化处理的样品具有较高的屈服强度, 二步回火脆化处理的样品有较低的屈服强度. 这也是平衡偏聚无法解释的重要实验现象之一 (Briant et al., 1978a). 文献 (Xu et al., 2004) 指出, 位错也是空位的阱, 杂质原子偏聚到位错上, 形成 Cottrell 气团. 在一定的温度下, Cottrell 气团的溶质浓度也有一个平衡浓度. 位错也会像晶界一样由于空位—溶质原子复合体的扩散引起溶质的非平衡偏聚, 即位错周围超过平衡浓度的溶质气团, 称为非平衡 Cottrell 气团. 非平衡 Cottrell 气团的浓度也遵循温差效应, 即固溶处理温度和回火温度的差越大, Cottrell 气团在回火温度所达到的浓度越高. 屈服强度是使位错脱离这些溶质气团的力. 一步回火脆化处理在回火温度引起的溶质气团的浓度, 高于二步回火脆化处理在回火温度引起的气团的浓度, 因此需要更大的应力使位错脱离这些高浓度的溶质气团, 表现为更高的屈服强度. 值得指出的是, 非平衡 Cottrell 气团的概念, 还需要进一步的实验研究.

8.4.2　ICE

Aust 等 (Aust et al., 1966) 实验研究了奥氏体 304 不锈钢在不同热处理条件下的腐蚀速率. 实验合金在 1060℃ 固溶处理 2h 后水淬, 称为固溶处理材料. 上述固溶处理材料再在 900℃ 稳定化退火 2h 然后水淬, 这样处理的合金称为稳定化材料. 两种处理的材料都在 200℃ 退火 100h 水淬. 腐蚀试验在 $5NHNO_3+4gL^{-1}Cr^{+6}$ 溶液里进行, 以试样的重量随腐蚀时间的损失快慢表示腐蚀速率. 结果如图 8-19 所示, 固溶处理材料的曲线 a 的线性部分的腐蚀速率是 $7mg{\cdot}cm^{-1}{\cdot}h^{-1}$, 稳定化材料的曲线 b 的线性部分的腐蚀速率是 $4.7mg{\cdot}cm^{-1}{\cdot}h^{-1}$, 即稳定化材料的腐蚀速率相对于固溶处理材料的腐蚀速率降低了 33%. 依据临界时间概念, 在 900℃ 稳定化退火 2h, 远长于该温度杂质的临界时间, 足以消除从 1060℃ 淬火所引起的非平衡偏聚, 是从 900℃ 淬火引起了在稳定化材料中的杂质晶界偏聚. 固溶处理材料的杂质晶界偏聚是从 1060℃ 淬火引起的. 1060℃ 与 200℃ 的温度差 860℃ , 大于 900℃ 与 200℃ 的温度差 700℃ . 因此, 图 8-19 所示的稳定化材料比固溶处理材料有较低的腐蚀速率, 是 ICE 的脆性温差效应, 相同于 RTE 中的一步回火脆 OSTE 和二步回火脆 TSTE 之间的关系, 都是非平衡晶界偏聚的脆性温差效应. 可见, RTE 和 ICE 是同样的机理引起的, 都是杂质非平衡晶界偏聚的结果, 只是测试晶界脆性的方法不同.

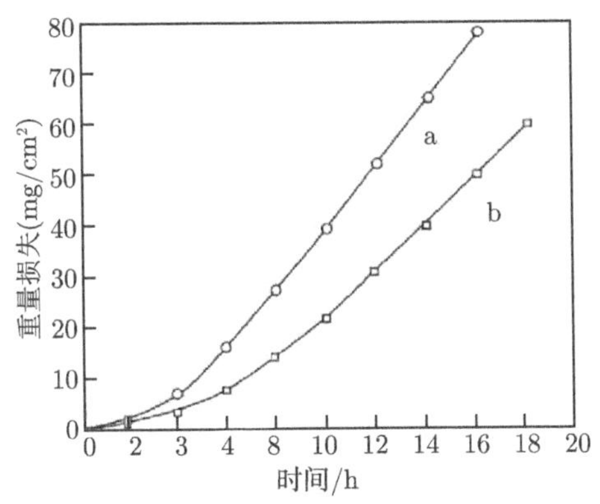

图 8-19 304 不锈钢的腐蚀实验结果 a, 在 1060℃ 恒温 2 小时水淬; b, 如 a 处理后再在 900℃ 恒温 2 小时水淬. 然后所有材料都在 200℃ 恒温 100 小时水淬 (试验溶液: $5\mathrm{NHNO_3}+4\ \mathrm{g\ L^{-1}\ Cr^{+6}}$) (Aust et al., 1966)

Aust 等 (Aust et al., 1966) 认为 304 不锈钢在水环境中的晶间腐蚀与溶质的晶界偏聚相关. 他们观察到, 固溶处理的商用 304 不锈钢有明显的晶界硬化现象, 这标志着溶质偏聚的存在. 但是, 高纯不锈钢就没有过量的晶界硬化, 也没有晶间腐蚀发生 (Zahumensky, 1999). Aust 等就是通过这些研究提出溶质非平衡晶界偏聚的概念 (Aust, 1968).

8.4.3 ITE

依据图 3-3 所表示的非平衡偏聚的温差效应, 当固溶处理温度和拉伸试验温度之间的温度差增大时, ITE 槽的深度和宽度都将增加, 此即为 ITE 的脆性温差效应. Yasumoto 等 (Yasumoto et al., 1985) 观察到, 通过降低固溶处理温度, 低碳奥氏体钢的 ITE 能得到改善. 试样先在 1373K 至 1623K 固溶处理 3min, 然后以 0.5-20K·s^{-1} 的速率冷却至 937K 至 1473K 的拉伸温度. 在拉伸温度保温 1min 后, 以 0.01-2.3s^{-1} 的不变速率拉伸至断裂. 断面收缩率 RA 随固溶处理温度的变化列于图 8-13(a). 通过增加固溶处理温度, 从而增加了固溶处理与拉伸试验温度之间的温度差, 大大的增加了 ITE 槽的深度和宽度. 如图 8-13(a) 所示, 固溶处理温度是 1623K 的 ITE 槽最深最宽, 随着固溶处理温度的降低, 固溶处理温度与拉伸试验温度之间的温差变小, ITE 槽变浅变窄, 1573K 的 ITR 槽比 1623K 的槽变浅变窄, 1523K 的 ITR 槽比 1573K 的槽变浅变窄, 1473K 的 ITR 槽比 1523K 的槽变浅变窄. 试样在 1423K 以下固溶处理 (在 1173K 或 1273K), 只能观察到极小的韧性失去, 极小的槽的深度和宽度. 因此, 图 8-13(a) 表示了 ITE 的脆性温差效应.

图 8-20 表示 (Kizu et al., 2009) 对于不同含硫和锰的钢, 固溶处理温度 (RHT) 对断面收缩率的影响. 图 8-20 的拉伸温度 TT 在 1223K, 拉伸前的保温时间是 300s. 图 8-11 和图 8-20 表示同一材料的试验结果. 如图 8-11 所示, TT 温度 1223K 是 ITE 的脆性取得极大值的温度, 图 8-20 是在 1223K 恒温 300s 拉伸试验. 从图 8-20 可以看出, 对于 0.14-0.20wt-%Mn 钢, 固溶处理温度是 1573K, 固溶处理温度和拉伸试验温度 1223K 相差 350K, RA 低于 20%, 固溶处理温度降低到 1473K, 固溶处理温度和拉伸试验温度 1223K 相差 250K, RA 增加到高于 70%. 对于 0.29wt-%Mn 钢, 固溶处理温度从 1573K 降至 1548K, 固溶处理温度和拉伸试验温度的温度差从 350K 降至 325K, RA 从 50%增至 85%. 因此, 图 8-20 典型的表示了 ITE 的脆性温差效应. 值得指出的是, 图 8-20 中随着钢中含 Mn 量的增加, 钢的韧性在所有固溶处理温度都增加. 这一事实表明, 不是晶界上的 MnS 和 FeMnS 引起 ITE. Mn 含量的增加, 增加了 MnS 和 FeMnS, 降低了固溶 S 的浓度, 降低了 S 的晶界偏聚, 增加了钢的韧性. 可见, 固溶硫的存在是决定 ITE 的主要因素.

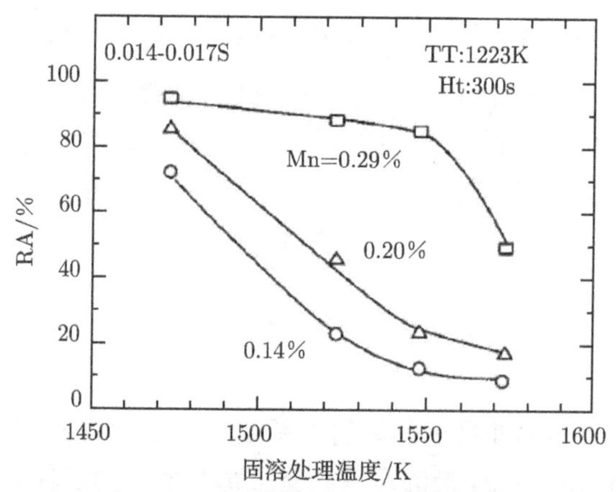

图 8-20　在 1223K 恒温 300s 然后拉伸至断裂,RA 随固溶处理温度的变化. 钢的含硫量是 0.014-0.017 wt%(Kizu et al., 2009)

Calvo 等 (Calvo et al., 2007) 研究了残存的 Cu 和 Sn 对 C-Mn 钢 ITE 的影响. 试样在拉伸前经历不同温度的固溶处理. 拉伸试验温度在 650~1100℃ 的温度范围内, 以 $5\times10^{-3}\mathrm{s}^{-1}$ 速率拉伸. 发现 ITE 槽的宽度和深度依赖于固溶处理温度, 固溶处理温度越高, ITE 槽越深越宽. 当试样在 1100℃ 固溶处理, 断裂是沿晶和穿晶的混合断口; 而当在 1330℃ 固溶处理, 断裂是完全的沿晶界断口. 他们试验证实晶界偏聚是引起上述实验现象的关键因素, 是拉伸前从固溶处理温度冷却的过程中和拉伸前在拉伸温度的恒温过程中发生的非平衡偏聚引起的. 他们认为, 因为空位平衡浓度随温度升高而增加, 对于较高的固溶处理温度可以得到较强的偏聚, 这是因为在固溶处理温度和拉伸试验温度之间有较大的温度差 (Calvo et al., 2007). 显然, Calvo 等是用 ITE 的脆性温差效应来解释他们的试验结果.

8.5 临界冷却速率对脆性的影响

如第 5.4 节所述, 临界冷却速率是临界时间派生出来的一个概念. 金属和合金的非平衡晶界偏聚都存在一个冷却速率, 使晶界浓度达到极大值, 高于或低于此冷却速率, 晶界浓度都将降低, 称为临界冷却速率. 本节将讨论它对晶界脆性的影响 (Xu, 2016).

C-Mn 钢的脆性明显的受拉伸试验前, 试样从固溶处理温度到拉伸试验温度 (TT) 的冷却速率的影响. Kobayashi (1991) 报告, 当 C-Mn 钢从固溶处理温度 1250℃ 以比 10℃·s^{-1} 高的速率冷至拉伸温度 1050℃ 时, 钢的断面收缩率 RA 随冷却速率的降低而降低, 如图 8-21 示. 但是, Yasumoto 等 (1985) 观察到, 当试样从固溶处理温度 1350℃ 以比 10℃·s^{-1} 低的速率冷却至 1050℃ 时, 钢的 RA 随冷却速率的降低而增加, 如图 8-22 所示. Nagasaki (Nagasaki et al., 1987) 和 Kobayashi (1991) 都试验证实硫的晶界偏聚引起了这些研究中的 ITE. 这样, 图 8-21 和图 8-22 隐含着在 C-Mn 钢中在冷却速率 $10^{-1}-10^{0}$℃ ·s^{-1} 之间存在一临界冷却速率, 引起 RA 的极小值, 即脆性极大值. 依据平衡偏聚理论, 随着冷却速率的降低, 溶质晶界浓度增加或达到平衡浓度而保持不变, 从而脆性只能升高或保持不变, 这与图 8-22 试验结果不符. Zheng 等 (2015) 用等效时间公式 (5-3) 计算硫在 C-Mn 钢中的临界冷却速率, 试样从 1350℃ 或 1250℃ 冷却时, 硫在 C-Mn 钢中的临界冷却速率分别是 15℃·s^{-1} 和 8℃·s^{-1}. 可见是临界冷却速率引起了 C-Mn 钢随冷却速率出现的脆性极大值.

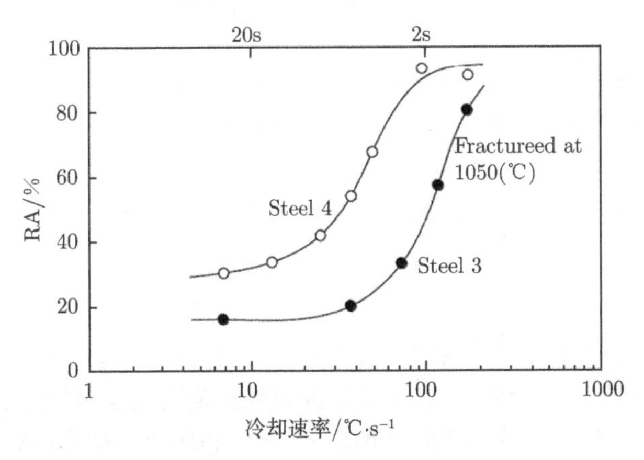

图 8-21 C-Mn 钢冷却速率对热韧性的影响 (Kobayashi, 1991)

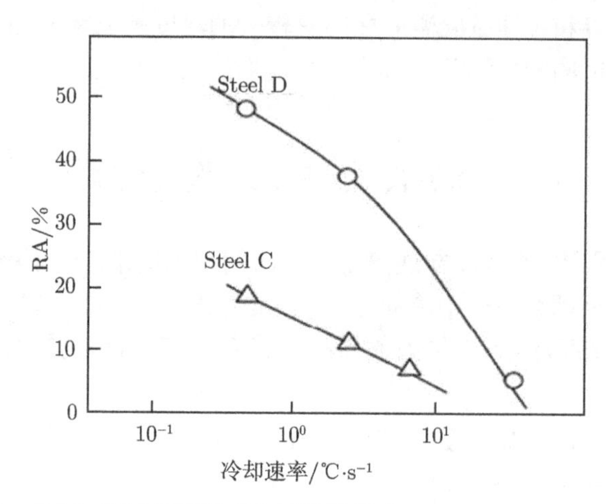

图 8-22　C-Mn 钢冷却速率对热韧性的影响 (Yasumoto et al., 1985)

Song 等 (Song et al., 2003) 研究了 Sn 在 C-Mn 钢中的临界冷却速率以及对 ITE 的影响. 对于三个冷却速率 5℃·s^{-1}, 10℃·s^{-1} 和 20℃·s^{-1}, 10℃·s^{-1} 冷却速率所引起的 Sn 偏聚浓度最高, 由此也引起了在 10℃ ·s^{-1} 冷却速率的脆性, 高于其他两个速率, 证实了 Sn 的临界冷却速率存在, 是引起脆性最大的冷却速率 (Song et al., 2003).

连续铸造坯的横向开裂与校直过程中的热韧性失去密切相关. 在连续铸造过程中, 有一个二冷区, 在此区里先于校直阶段经历一连续冷却, 对于连续冷却坯, 杂质的临界冷却速率必然存在. 这样, 控制二冷区的冷却速率, 以避开钢中杂质的临界冷却速率可能是改善连铸坯横向开裂的有效途径 (Zheng et al., 2015).

8.6　晶间脆性动力学

从晶间脆性机理研究中可以体会到, 临界时间概念在非平衡偏聚领域中的核心地位. 应该说, 非平衡晶界偏聚引起晶间脆性的最主要的理由, 是恒温脆化过程中存在临界时间现象. 正如文献 (Xu et al., 2004) 所指出的, 当冷却引起的最大非平衡偏聚浓度 $C_{\mathrm{m}}(T)$ 超过温度 T 的平衡晶界浓度 $C_{\mathrm{gb}}(T)$, 即

$$C_{\mathrm{m}}(T) > C_{\mathrm{gb}}(T), \tag{8-1}$$

其中, $C_{\mathrm{m}}(T)$ 由非平衡偏聚的热力学关系式 (3-5) 给出, $C_{\mathrm{gb}}(T)$ 由 McLean 的晶界平衡偏聚浓度公式 (1-25) 给出, 非平衡晶界偏聚将是引起晶间脆性的主要原因, 此时将出现恒温脆化过程中的临界时间现象和韧性恢复效应, 即晶间脆性产生后可以通过延长恒温时效时间而降低, 最后消除, 韧性恢复; 因此, 在符合式 (8-1) 的条件

下, 杂质的晶界偏聚动力学及其引起的晶间脆性动力学由临界时间公式 (2-6), 非平衡偏聚热力学关系式 (3-5), 以及动力学方程, 当 $t < t_c$, 用式 (4-11), 当 $t > t_c$, 用式 (4-19) 来描述和预报. 当冷却引起的最大非平衡偏聚浓度 $C_m(T)$ 没有超过此温度下的平衡晶界浓度 $C_{gb}(T)$, 即

$$C_m(T) < C_{gb}(T), \tag{8-2}$$

平衡晶界偏聚将是引起晶间脆性的主要原因, 此时将不出现恒温晶间脆化过程中的临界时间现象和韧性恢复效应, 即晶间淬化一旦产生将不会降低, 永远存在下去, 此时, 其晶界偏聚和脆化动力学由 McLean 的热力学 (1-25) 和动力学关系式 (1-33) 来描述和预报.

式 (8-1) 是溶质非平衡晶界偏聚发生的条件. 从这个条件我们可以发现有几个易于发生非平衡晶界偏聚及其脆化动力学的途径.

(1) 从式 (8-1) 可知, $C_{gb}(T)$ 越低, $C_m(T)$ 越易于大于 $C_{gb}(T)$, 越易于发生非平衡晶界偏聚. $C_{gb}(T)$ 降低除了体系自身的性质外 (比如溶质元素表面活性程度), 对于同一个合金体系, 基体溶质含量越低, 平衡晶界偏聚浓度 $C_{gb}(T)$ 也越低, 越易于发生非平衡偏聚. 这也就是说, 同一个合金体系, 由于溶质元素的基体浓度不同, 既可以不发生非平衡偏聚, 也可以发生非平衡偏聚, 由溶质基体浓度的高低来决定. 随着冶金技术的不断提高, 钢的洁净度也大大提高, 一些杂质元素的含量大大降低, 如 P, S, Sb 等基体含量的降低, 使他们的非平衡偏聚特征容易显现出来. 这可能是直到 20 世纪 90 年代才开始认识到 P, S 等这些最普遍的杂质元素有非平衡晶界偏聚特征的原因.

(2) 从式 (3-5) 可知, 淬火的温度差越大, $C_m(T)$ 也越大, 越易于大于 $C_{gb}(T)$, 发生非平衡偏聚. 这说明即使同一个合金体系, 成分也相同的情况下, 由于热处理工艺的不同 (比如固溶处理温度的不同), 也会使溶质元素既可以发生非平衡偏聚, 也可以不发生非平衡偏聚. 一般来说, 固溶处理温度高, 比固溶处理温度低, 易于发生非平衡晶界偏聚.

(3) 应该指出, 式 (8-1) 是非平衡晶界偏聚发生的必要条件, 但并非充分条件. 如我们在第 5 章讨论的, 非平衡晶界偏聚量还决定于冷却速率. 对于满足式 (8-1) 条件的合金和热处理工艺, 如果冷却速率过慢, 使非平衡的反偏聚有充足的时间在冷却过程发生, 非平衡偏聚也不会显现出来. 这就是说, 对于满足式 (8-1) 条件的合金和热处理工艺, 如果没有充分快的冷却速率, 也可能使非平衡偏聚显现不出来. 一般而言, 较快的冷却速率, 不易在冷却过程中发生反偏聚, 易于引起冷却过程中发生的或而后的恒温过程中发生的非平衡偏聚. 如前所述, 对于一个合金, 有一个临界冷却速率使其非平衡晶界偏聚浓度达到极大值. 这个临界冷却速率也会引起晶界脆性的极大值. 即存在一个引起晶界脆性极大值的冷却速率.

可见, 非平衡晶界偏聚及其引起的晶间脆性, 由于其偏聚量超过平衡偏聚量, 引发临界时间现象, 使其偏聚和脆化动力学规律较平衡偏聚更加复杂, 这可能是为什么晶间脆性经过一百多年的研究, 在发展出非平衡偏聚理论之前, 仍不能获得一个清楚认识的原因. 正是这种复杂性为我们留有更大的技术操作空间来控制晶界成分, 从而达到改善材料力学性能的目的.

值得注意的是, 由于晶界偏聚引起晶界区溶质浓度的增加, 关于极稀固溶体的假设, 以及与其相关联的简化的扩散理论变得越来越不可靠. 原子理论的研究是更加严格的, 而且在这方面已作了某些有趣的初步工作 (Messmer et al., 1982; Hashimoto et al., 1984), 但仍然没有适当的方法计算偏聚原子对局部结合键的影响. 人们用高分辨率透射电子显微镜和计算机辅助模拟, 在原子尺度上研究材料的晶界. 由于这些方法自身固有的限制, 还只局限于研究高对称性的倾侧晶界和扭转晶界. 对于大多数类型晶界, 其结构和性能之间的关系仍然是不能探索的. 对于含有裂纹的晶界的原子尺度上的计算机模拟是一个最有前景的研究方向. 这方面的主要限制是可用计算机的大小和运算速率的不够, 这个问题只能随着时间的推移逐步克服. 虽然已有大量的实验, 观察到溶质非平衡晶界偏聚对晶间脆性的影响, 但是在这个课题上的系统的深入到原子层次的研究仍然是必要的, 并需要更多的投入, 因为要应用更困难和昂贵的方法测量极微区的偏聚和脆性效应, 如近期发展起来的场发射枪扫描透射电子显微镜 (FEGSTEM), 俄歇谱 (AES), 原子探针场离子显微镜 (FIM), 三维原子探针技术 (three-dimensional atom probe tomography, 3DAPT) 等, 都是极有效的方法. 总之, 新的机理需要进一步的实验研究和工程中的实际应用来验证和推广.

参考文献

谢颖, 郭二军, 李庆芬, 等. 2006. 钢铁研究学报, 18(1): 39

徐庭栋. 2009. 金属与合金的中温脆性.//10000 个科学难题 · 物理学卷. 北京: 科学出版社: 523

Armijo J S. 1968. Corrosion, 24: 24

ASTM International: Standard test methods for elevated temperature tension tests of metallic materials. Designation: E21-03a, ASTM International, West Conshohocken, PA, USA, approved 1 December 2003

Aust K T, J S Armijo, J H Westbrook. 1966. Trans. ASM, 59: 544

Aust K T, J S Armijo, E F Koch, et al. 1968. Trans. ASM, 61: 270

Aust K T. 1968. Acta Metall., 16: 291

Bieber C G, R F Decker.1961.Trans. AIME, 221: 629

Briant C L, Banerji S K. 1978a. Int. Metall. Rev., 4:164

Briant C L, Feng H C, McMahon C J JR. 1978b. Metal., Trans., 9A: 625
Briant C L, P L Andresen.1988. Metall. Trans., 19A: 495
Bush S H, Siebert S A. 1954. Trans. AIME, 200:1269
Calvo J, J M Cabrera, A Rezaeian, et al. 2007. ISIJ Int., 47: 1518
Chaudron G. 1963. EURAEC-976 Quarterly Report No. 6, October–December
Chihiro N, A Atrusshi, K Junji. 1987. Trans. ISIJ, 27: 506
Cortial F, J M Corrieu, C Vernot-Loier. 1994. Heat treatments of weld alloy 625: influence on the microstructure, mechanical properties and corrosion resistance, in 'Superalloys 718, 625, 706 and various derivatives', (ed. E. A. Loria), 859; Warrendale, PA, TMS.
Edwards B C, Eyre B L, Gage G. 1980. Acta Metall., 28: 336
Emad EL-KASHIF, Kentaro ASAKURA, Koji SHIBATA. 2003. ISIJ International, 43(12): 2007
Faulkner R G. 1987. Acta Met., 35: 2905
Faulkner R G. 1989. Mater. Sci. Tech., 5: 1095
Faulkner R G. 1995. Mater. Sci. Forum, 189-190: 81
Gavin S A, J Billingham, J P Chubb, et al. 1978. Met. Technol., 11: 397
Guo A, Yuan Z, Shen D, et al. 2003. Journal of Rare Earths, 21: 210
Hashimoto M, Ishida Y, S Wakayama, et al. 1984. Acta Metall., 32: 13
He L Z, Q Zheng, X F Sun, et al. 2004. Mater. Sci. Eng. A, 380: 340
Hickey J J, Bulloch J H.1992. Int. J. Pre. Ves & Piping., 49: 339
Horikawa K, S Kuramoto, M Kanno. 2001. Acta Mater., 49: 3981
Joshi A, D F Stein. 1972. Corrosion, 28: 321
Kizu T, T Urabe. 2009. ISIJ Int., 49: 1424
Kobayashi H. 1991. ISIJ Int., 31: 268
Kraai D A, S Floreen. 1964. Trans. AIME, 230: 833
Li Q, Li L, Liu E, et al. 2005. Scr. Mater., 53(3): 309
Liu C M, K Abiko, M Tanino. 1999. Acta Metall. Sin., 12: 637
Messmer R P, Briant C L.1982. Acta Metall., 30: 457
Nagasaki C, Aizawa A, Kihara J. 1987. Trans. Iron Steel Inst. Jpn., 27: 506
Ohtani H, Feng H C, McMahon JR C J. 1974. Metal., Trans., 5A: 516
Ohtani H, Feng H C, McMahon JR C J. 1976. Metall. Trans. 7A: 1123
Powers A E.1956. Trans. ASM, 48: 149
Schlueter B, G Barkleit, F Schneider, et al. 2000. Mater. Corros.,51:115
Seah M P. 1977. Acta Metall, Vol.25: 345
Sevc P, Janovec J, Lucas M, et al. 1995. Steel Res., 66: 537
Shultz B J, C J McMahon. 1972. Alloy effects in temper brittleness, ASTM STP 499; West Conshohocken, PA, ASTM International.
Song S, Xu T.1994.J. Mater. Sci., 29: 61

Song S H, Z X Yuan, J Jia, et al. 2003. Metall. Mater. Trans., A 34 (8): 1611
Steven W, K Balajiva. 1959. J. Iron Steel Inst., 193: 141
Stickler R, A Vinckier. 1961. Trans. ASM, 54: 362
Tan J Z. 2004. Acta Metall Sinica (English Letters), 17(2): 139
Ucisik A H, McMahon Jr C J, Feng H C.1978. Metall. Trans., 9A: 321
Vorlicek V, Flewitt P E J. 1994. Acta Metall. Mater., 42: 3309
Wada T, Hagel W C. 1976. Metall. Trans., 7A: 1419
Wang K, T D Xu, Y Q Wang, et al. 2009.Philos. Mag. Lett., 89: 725
Wang K, T D Xu, S H Song, et al. 2011a. Mater. Charact., 62: 575
Wang K, T D Xu, C Shao. 2011b. J. Iron Steel Res. Int., 18(6): 61
Xu T. 1987. J. Mater. Sci., 22:337
Xu T. 1988. J. Mater. Sci. Lett., 7: 241
Xu T, S H Song. 1989. Acta Metall., 37: 2499
Xu T. 1999 a. Mater. Sci. Technol., 15: 659
Xu T. 1999 b. J Mater Sci., 34: 3177
Xu T.2016. Interfacial Segregation and Embrittlement. In: Saleem Hashmi (editor-in-chief), Reference Module in Materials Science and Materials Engineering. Oxford, Elsevier; 1 doi:10.1016/B978-0-12-803581-8.03232-X
Xu T, Cheng B. 2004. Prog. Mater. Sci., 49(2): 109
Xu T, K Wang, S H Song. 2009. Sci. China Ser. E–Tech. Sci., 52E: 893
Xu T, Zheng Lei, Wang Kai, et al. 2013. Inter. Mater. Rev., 58 (5): 263
Yasumoto K, Y Maehara, S Ura, et al. 1985. Mater. Sci. Technol., 1: 111
Yuan Z X, Guo A M, Chen S, et al. 2003. J. Mater. Sci. Lett. 22: 311
Zahumensky P, S Tuleja, J Orszagova, et al. 1999. Corros. Sci., 41: 1305
Zhang Z, Xu T, Lin Q, et al. 2001. J. Mater. Sci., 36: 2055
Zheng L, M C Zhang, J X Dong, et al. 2011. J. Iron Steel Res. Int., 18: 68
Zheng Z W, Yu H Y, Liu Z J, et al. 2015. J mater. Res., 30 (10): 1701

第9章　应力驱动晶界偏聚和贫化：弹性变形的微观理论

9.1　引　　言

应力作用引起金属形变和相应的微观结构的改变，一直是材料科学和工程的重要研究领域. 金属在应力作用下塑性变形，发生位错的滑移、攀移，交割以及与晶界、空位、溶质原子的交互作用，已成为理解金属的力学性能和各种加工变形过程的重要理论基础，如金属在应力作用下发生的蠕变、疲劳和各种断裂行为等. 这些研究是以能引起金属塑性流变的应力为对象的，已构成金属力学性能研究的主要内容. 弹性应力作用会引起金属的宏观弹性变形，遵循胡克定律，即应力和应变呈线性关系，去除应力后引起的应变完全消失. 但是在弹性应力作用下金属的弹性变形过程中，微观结构是否变化？怎样变化？这些变化对金属力学性能和服役行为有何影响？特别是金属在低于宏观屈服极限的应力作用下服役，处于弹性变形状态，既是金属最通常的服役状态，也是发生金属脆化和性能退化的力学阶段，在此状态下金属微观结构的变化，将最直接影响金属的服役行为. 但是，以往这方面的研究多局限于固体内耗测量的研究. 我国科学家葛庭燧先生，通过内耗测量发现晶界滞弹性弛豫峰，在晶界弛豫领域做出了开拓性工作，形成了晶界弛豫的内耗学派 (葛庭燧, 2000). 由于内耗测量晶界弛豫的间接性和不确定性，往往需要一些另外的证据，来说明所测内耗峰是否是晶界或位错的弛豫峰. 同时内耗学派虽然通过内耗测量感觉到了晶界弛豫与晶界成分有一定关系，但是他们没有能提出与成分变化相联系的晶界弛豫机制. 由于内耗测量的宏观性，不能探测原子层次上的微观过程，也限制了他们在微观尺度上提出晶界弛豫的发生机理.

因此，文献 (Xu, 2000; Xu, 2002; Xu, 2003a, 2003b; Xu et al., 2004a, 2004b; Zheng et al., 2004; Xu, 2007) 自 21 世纪初开始，对弹性应力作用下多晶金属弹性变形引起的晶界结构和成分变化进行了一系列的研究，发现并阐明了关于晶界、空位和溶质原子之间交互作用的最基本物理过程：在弹性应力作用下多晶金属晶界区优先弹性变形；这种弹性变形的微观机制是张应力引起晶界吸收基体中的空位，引发溶质非平衡晶界偏聚；压应力引起晶界向基体发射空位，引发溶质非平衡晶界贫化. 提出张应力作用下金属弹性变形过程中晶界浓度达到极大值的临界时间概念.

建立了弹性变形引起的晶界区力学平衡的结构方程和成份方程, 利用平衡方程, 通过张应力引起溶质晶界偏聚的实验测量结果, 首次通过实验求得多晶金属晶界区弹性模量, 获得与原子模拟结果的一致, 证实了上述基本物理过程的存在 (Xu et al., 2004a, 2004b). 建立了描述张应力或压应力作用下溶质晶界偏聚或贫化的动力学方程 (Xu, 2003a, 2003b; Xu et al., 2004a; Xu, 2007), 通过动力学方程的计算、模拟和图示, 提出了弹性变形的溶质晶界偏聚峰温度及其移动的概念. 并获得与实验结果的很好符合 (Xu, 2003a, 2003b, Xu et al., 2013, 2015, Xu, 2016). 本章将评述这些新概念和理论模型的内容和意义, 以及提出它们时的科学背景, 展望它们对预报金属服役行为将起到的作用.

9.2　实验现象和理论上遇到的困难

9.2.1　实验现象

1981 年日本学者 Shinoda 和 Nakamura 报告了用俄歇谱观察应力作用引起晶界成分改变的著名实验 (Shinoda et al., 1981), 发现张应力引起钢中磷的晶界偏聚, 压应力引起磷的晶界贫化; 充分延长应力时效时间, 这些晶界成分的变化均消失, 如图 9-1 所示. 1996 年, 美国 Misra 研究了张应力时效对钢中硫晶界偏聚的影响, 他的结果又一次支持了 Shinoda 和 Nakamura 的上述观察, 如图 9-2 所示 (Misra, 1996). Misra 的实验证实, 张应力引起的硫的晶界偏聚, 通过进一步延长应力时效时间会消失, 并达到无应力状态下的晶界平衡浓度 (Misra, 1996). 1996 年美国学者 Lee 和 Chiang 观察到在等静压下 Bi 在 ZnO 晶界的贫化. 他们发现在等静压下, Bi 在 ZnO 晶界的偏聚几乎完全被抑制, Bi 在 ZnO 晶界的偏聚和压应力引起的反偏聚是高度可逆的, 这些结果与 Shinoda 和 Nakamura 的压应力时效实验结果是一致的 (Lee et al., 1996).

Zheng (Zheng et al., 2015; Song et al., 2006) 等用 2.25Cr1Mo 钢研究了弹性应力对磷晶界偏聚动力学和热平衡的影响, 如图 9-3 所示. 表明随着在 520℃ 应力时效时间的延长, 磷晶界浓度先增加达到一极大值, 然后降低, 试验证实弹性应力时效 15h 磷晶界偏聚浓度, 等同于无应力条件下时效 15h 的晶界偏聚浓度, 如图 9-3 所示. 表明弹性应力存在和无应力存在引起的偏聚动力学是不同的, 但试验并不能观察到弹性应力对溶质晶界热平衡浓度的影响 (15h 的浓度). 这与 Shinoda 和 Nakamura 的观察 (图 9-1), 以及 Misra 的试验结果 (图 9-2) 是一致的. 他们从热力学的角度论证了这一问题, 指出弹性应力引起偏聚 Gibbs 能的改变取决于溶质晶界偏聚的过量 (excess) 摩尔体积和作用应力的大小. 偏聚 Gibbs 能的计算表明, 弹性应力对溶质晶界平衡偏聚浓度的影响是很小的, 可以忽略不计, 与上述实验结果符合 (Zheng et al., 2015).

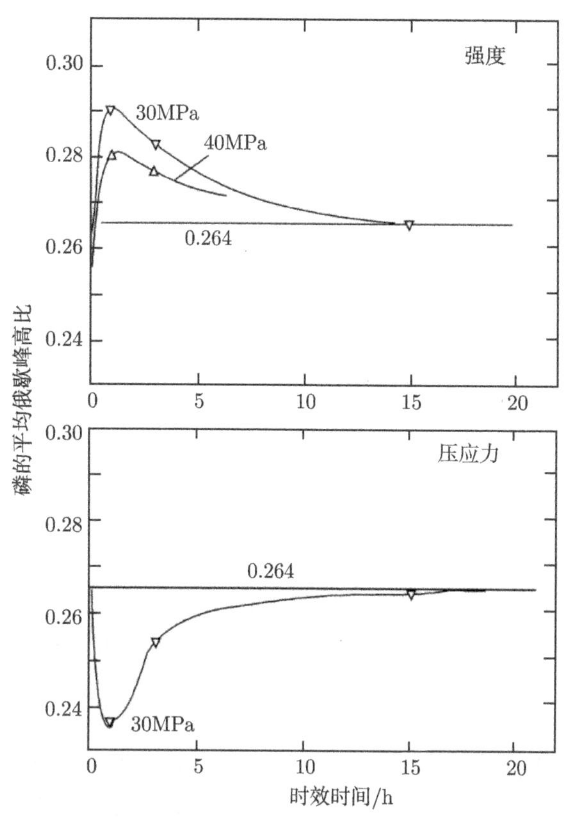

图 9-1 Shinoda 和 Nakamura 俄歇谱测量的在 773K 张应力和压应力时效对钢中磷的晶界成分的影响 (Shinoda et al., 1981)

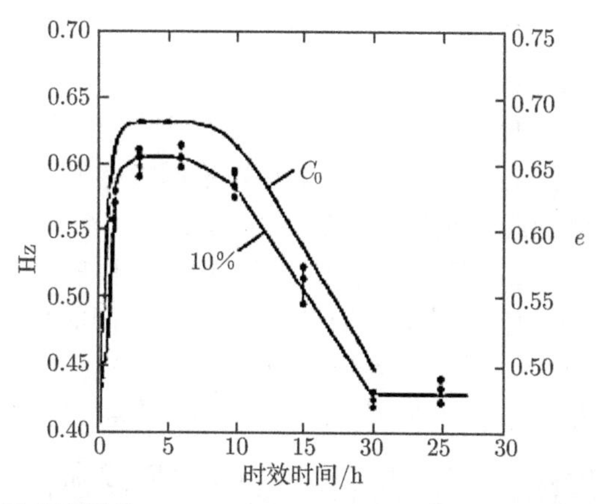

图 9-2 Misra 俄歇谱测量的 2.6Ni-Cr-Mo-V 钢中硫在 883K 张应力下的晶界偏聚的 APR-实验曲线 (Misra, 1996), 图中硫的晶界浓度 C_b-曲线是用方程式 (9-31) 和式 (9-32) 模拟的 APR- 实验曲线的结果 (Xu, 2003a,b)

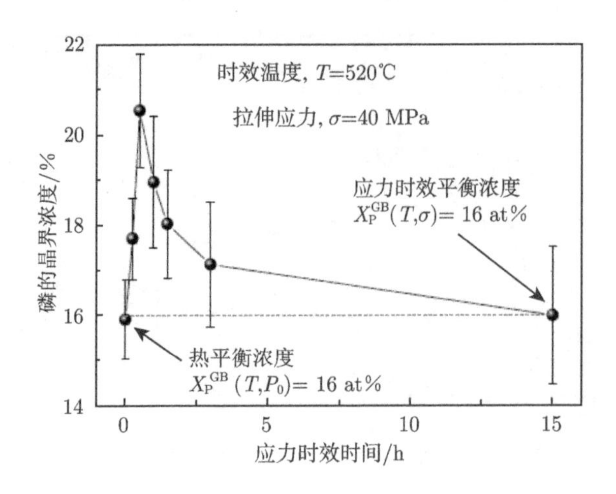

图 9-3 2.25Cr1Mo 在 520℃ 钢中磷晶界浓度随应力时效和无应力时效时间的变化(Zheng et al., 2015)

Sun 等 (Sun et al., 2008) 的研究, 证实了 Cu-2.16Ni-0.72Si 合金中弹性张应力诱导杂质硫的晶界偏聚, 引起晶界脆化. 他们先将合金在 1053K 至 1100K 温度固溶处理后快速淬火, 冷加工成拉伸试样, 然后在 700K 至 730K 沉淀硬化处理. 这样处理的试样分别在 473K 和 573K, 以 $2\times10^{-2}s^{-1}$, $2\times10^{-3}s^{-1}$, $2\times10^{-6}s^{-1}$ 的应变速率拉伸至断裂. 由于低应变速率 $2\times10^{-6}s^{-1}$ 的拉伸时间远长于高应变速率 $2\times10^{-2}s^{-1}$ 的拉伸时间, 相差几个小时, 为了纯粹地表示应力的作用, 即应力时效时间对晶界脆化的影响, 他们补偿了这段拉伸时间差, 对高应变速率拉伸的试样, 先在拉伸温度保温一段时间, 等于与低应变速率的拉伸时间差. 他们的实验结果表明, 在 473K 拉伸的试样, 拉伸速率从 $2\times10^{-2}s^{-1}$ 降低到 $2\times10^{-3}s^{-1}$ 和 $2\times10^{-6}s^{-1}$. 在 573K 拉伸的试样, 拉伸速率从 $2\times10^{-3}s^{-1}$ 降低到 $2\times10^{-6}s^{-1}$, 合金的韧性都依次随拉伸速率的降低而降低, 脆性增加, 而且断口分析证实, 这种变化是由晶界脆化引起的. 应变速率降低, 增加了晶界脆性. Sun 等的这些不同拉伸速率的试样之间, 差别仅在于拉伸过程中, 低拉伸速率的样品比高拉伸速率的样品在拉伸温度经历更长的弹性应力作用时间, 突出了弹性应力的作用, 所有拉伸试样在拉伸温度的恒温时间是相同的. Sun 等认为, 经历低拉伸速率的样品, 因较长时间的弹性张应力作用, 引起更多的杂质硫的晶界偏聚, 导致晶界脆化. 说明没有弹性张应力的作用, 只在拉伸温度延长恒温时间, 即高速率拉伸的样品, 并不能引起杂质硫的晶界偏聚和脆化.

Hippsley 等 (Hippsley et al., 1980; Raj et al., 1975) 实验已经发现, 金属与合金在高温拉伸实验过程中表现出来的中温脆性, 是通过垂直于张应力作用方向的晶界上, 密集排列的孔洞形成和发展来实现的 (Laporte et al., 2009). 虽然一些作者已经分析了这些孔洞的生长, 而且已知了大量的关于张应力引起溶质晶界偏聚和低韧性晶间断裂, 但是关于孔洞的形成机理, 张应力引起的杂质的晶界偏聚的物理本质, 仍然是不清楚的 (Misra, 1996; Bika et al., 1995).

9.2.2 理论解释的困难

Hondros 等在解释 Shinoda 和 Nakamura 的实验结果时遇到了困难. 他们沿用 Herring-Nabarro 蠕变和 Coble 蠕变机理的思路, 认为 Shinoda 和 Nakamura 实验发现的晶界偏聚和贫化, 是磷原子沿晶界扩散引起的. 他们认为在此偏聚和贫化过程中没有磷的体扩散发生 (Hondros et al., 1983). 但是, 没有体扩散发生, 试样必然同时有磷的晶界偏聚, 又有磷的晶界贫化. 这样断口俄歇谱观察, 由于断口优先沿磷偏聚 (富集) 的晶界断裂, 是不会通过俄歇谱观察到磷的晶界贫化的. Shinoda 和 Nakamura 以及 Lee 和 Chiang 在压应力的情况分别观察到了 P 和 Bi 的晶界贫化. 同样的理由, 这些观察也不能象 Misra (Misra, 1996) 那样理解为 Herring-Nabarro 蠕变和 Coble 蠕变效应引起的, 因为在这些蠕变中溶质也被认为是从某些晶界转移到另一些晶界上, 富集在晶界上的溶质原子来自其他晶界, 不是来自基体点阵. 应该特别指出的是, 各个研究者通过打断试样获得断口, 用俄歇谱在断口的沿晶界断裂表面测量晶界成分, 是大量不同晶界区域成分的统计平均, 每一个测量点取样不少于 20 个晶界区域 (Shinoda et al., 1981), 统计地代表了整个试样晶界区的成分. 这样, 在 Misra 的实验中, 俄歇谱测量的张应力时效引起硫晶界浓度的升高和降低, 统计地代表了整个试样晶界区浓度的升高和降低, 而不是指试样中某一特定取向的晶界区浓度的升高和降低; 最后达到无应力状态下的晶界平衡浓度, 也统计地表明整个试样的晶界硫浓度达到了平衡浓度, 而不仅仅是指试样的某一特定取向晶界的浓度达到了平衡浓度. 因此, 可以断定弹性应力引起的晶界区变形的过程中, 必然有溶质原子参与的, 晶界和基体之间的体扩散发生, 并且这个扩散过程既可以使溶质原子跑到晶界上去, 又可以使它们离开晶界, 整个试样晶界区溶质原子数量并不保持不变.

固体在应力作用下的弹性变形, 既有变形是瞬间发生的 (time-independent deformation), 应变对应力是线性的单值函数的纯弹性变形, 也有应变对应力虽是线性的单值函数, 但不是瞬时发生的, 而是需要应力作用一段时间的过程中逐步达到一平衡应变 (time-dependent), 称为滞弹性. 两者都是应力去处后最终可以完全回复的变形. 研究已经表明 (Ke, 1947a, 1947b; Zener, 1948), 滞弹性的发生与金属中的缺陷, 如晶界, 位错, 点缺陷在应力作用下的行为有关. 上述实验观察的低应力作用引起的晶界溶质偏聚和贫化效应, 都是在应力作用下经过一段时间晶界浓度离开其平衡浓度, 达到浓度的极值 (最大或最小), 然后再回到平衡浓度. 这些实验结果显示, 晶界在应力作用下经受了时间依赖的变化过程, 考虑到所作用的应力都远低于屈服应力, 可以推测晶界在这个低应力作用下通过微观结构的变化, 逐步发生弹性变形, 引起晶界结构和成分的变化, 最后达到了平衡应变, 即晶界滞弹性弛豫 (Ke, 1947a, 1947b; Zener, 1948). 因此, 应该从晶界弛豫的角度重新研究这些实验结果.

Hondros 等所遇到的困难, 涉及到对上述一系列实验结果的解释, 对晶界在弹性应力作用下的弛豫过程的认识, 还涉及到对晶界动态脆化和断裂机理的认识. 为克服这一困难, 文献 (Xu, 2000, 2002, 2003a, 2003b, 2007; Xu et al., 2004a) 建立了一个新的理论架构, 这就是本章叙述的内容.

9.3 金属弹性变形的微观机制

本章的理论架构是建立在这样一个基本假设的基础上: 金属或合金中大角度晶界受弹性张应力作用引起弹性变形时, 会吸收基体里的空位, 引起晶界空位浓度的增加; 受压应力作用引起弹性变形时, 会向基体发射空位, 引起晶界空位浓度的降低. 对于这样一个基本假设, 不同学者有非常不同的看法. 有的学者认为, 这是公知之事, 这样的假设是不言而喻的, 不算新东西. 但也有许多学者认为, 这是一个非常重要的新概念, 必须给出它的物理基础. 甚至有的学者认为, 这里提出的假设与他们头脑中的概念正相反, 他们认为张应力作用会使晶界发射空位, 压应力作用会使晶界吸收空位. 因此, 这里必须首先讨论这一假设的物理基础.

9.3.1 晶界区应力状态分析

一个大角度晶界被认为是一个只有几个原子直径厚的区域, 其上原子的排列是无规的, 有许多空洞存在 (Xu, 2000; Xu et al., 2004a). 晶界是一个弹性软区, 多晶金属受应力作用时, 晶界将优先弹性变形 (Xu, 2000). 晶界的原子结构依赖于晶界两旁相邻晶体之间的取向关系 (Gleiter, 1982). 通常用原子间距表征晶界的原子结构, 晶界和晶界之间的原子结构是很不相同的, 因为临近晶体之间的取向是随机的 (Herr et al., 1987). 依据 Mott, Von der Merwe 和 Smoluchowaki 的理论, 晶界的匹配度在晶界的不同位置之间是变化的, 这一点也在皂泡筏模型实验中观察到 (McLean, 1957). 晶界区力学不稳定性, 化学和结构的无序性在实际多晶金属中普遍存在, 比如点缺陷, 特别是缺陷集团, 杂质偏聚和空洞等 (Wolf et al., 1990). 这种无序性在晶界各点处是极不相同的. 这就使得在一个外加应力作用下晶界各点处的应力状态极不相同. 由于晶界结构的这种无序性, 使在外加压应力作用下, 晶界上的某些位置的应力状态, 易于或促使向晶内基体发射空位; 而另一些位置的应力状态, 就不易于或阻碍向晶内发射空位. 在外加张应力作用下, 晶界上的某些位置的应力状态, 易于或促使吸收晶内基体的空位; 而另一些位置的应力状态, 就不易于或阻碍吸收晶内的空位. 因此, 一个外加应力的作用, 使晶界区的所有原子间距整体降低或增加, 几乎是不可能的. 在外加应力下晶界发射或吸收一个空位, 引起晶界较小的体积改变和较小的能量变化 (数量级上相当于空位形成能), 是晶界发生体积变化较低的激活能方式. 显然, 这种体积变化的方式在应力作用后需要一定的时间来实现, 这一点已为晶界滞弹性 (弛豫) 实验所证实 (Ke, 1947a, 1947b). 自然界的一切变化总是沿较低 (激活) 能量的过程发生. 这正如晶体的塑性变形, 不是两个相邻的刚性的平面相对滑移, 而是滑移先从点阵的某一局部开始, 然后逐步蔓延过其余的晶面, 即位错的运动, 是一个较低激活能的过程. 人们应该记住这个事实, 这正如 Balluffi 等 (Balluffi et al., 1981) 和 Gleiter (Gleiter et al., 1964) 所说的, 大量的实验已经表明晶界作为空位的阱或源吸收和发射空位. 因此, 作出这样的建议是合理的: 在弹性压应力作用下晶界变形是通过发射空位而逐渐地发生, 不是通过晶界区原子间距瞬间的整体降低. 同样地, 在弹性张应力下, 晶界变形不是通过晶界区原子间距瞬间的整体增加来实现, 而是以吸收基体里的空位逐渐发生.

9.3.2 尺寸和能量分析

实验已经证实晶界区比基体点阵有较低质量密度. 这一点由下列实验观察所证实. 用光学显微镜、透射和扫描电子显微镜观察纳米多晶铁, 证实几乎没有空洞存在, 若空洞存在可能稍微降低金属的宏观密度. 另一方面, 大角度 X 射线衍射数据表明 (Zhu et al., 1987), 晶粒直径为 6nm 的多晶铁的点阵常数与普通铁的点阵常数, 没有可以观察到的差别. 因此, 人们可以得出结论, 观测到的多晶铁的质量密度从普通多晶铁的 $7.9\text{g}\cdot\text{cm}^{-3}$, 降至纳米多晶铁的 $6\text{g}\cdot\text{cm}^{-3}$ 主要是由于晶界具有较低的质量密度引起的. 这样一个结论与文献 (Pumphrey et al., 1976; Marukawa, 1977; Carter et al., 1978) 的实验研究和文献 (Aaron et al., 1972) 的理论研究结果一致, 也与纳米铁的退火实验结果一致 (Hort, 1986): 纳米铁通过高温退火晶粒长大, 将晶界消除, 试样的质量密度又增加至 $7.9\text{g}\cdot\text{cm}^{-3}$. Fitzsimmons 等用 X 射线技术发现纳米材料晶界的原子结构与普通多晶材料的晶界没有明显的区别 (Fitzsimmons et al., 1991). 因此, 人们可以从晶界区低质量密度这一事实得出结论, 晶界区具有比基体点阵较大的原子间距. 空位体积应该与相邻原子的原子间距有关. 原子间距越大, 空位体积越大. 因此, 晶界区内空位的平均体积大于基体点阵中的空位体积.

假设金属中空位总数目保持不变, 在一个压应力下, 空位由晶界跑到晶内, 晶界体积降低, 晶内体积增加. 因为晶界区空位的体积大于晶内, 使这个过程引起金属总体积 (晶界体积加晶内体积) 降低. 张应力作用下的情况正相反, 空位自晶内跑到晶界区, 晶界区体积增大, 晶粒内部体积降低, 金属总体积增加. 这就是说, 压应力作用使金属总体积降低, 张应力作用使金属总体积增加. 显然, 这是一个合理的结论.

应力作用以这种方式转移空位, 引起的整个体系的能量变化等于晶界区和晶内空位体积的差乘上作用应力. 如果压应力作用使晶界区消灭一个空位, 而不是通过上述转移空位的方式降低晶界区的空位, 则引起的能量变化等于晶界区空位体积乘上作用应力. 一般而言, 前者能量小于后者. 因此, 晶界在弹性压应力作用下的变形, 将优先采取发射空位这种低激活能的方式来实现, 不采取在晶界区内消灭空位这种高激活能的方式. 同样地, 晶界在张应力作用下的弹性变形, 将优先采取吸收基体里空位的方式, 而不采取在晶界区创生空位来实现.

9.4　晶界区弹性变形的平衡方程

在 9.3 节根据应力作用引起晶界溶质浓度改变的实验现象, 提出了多晶金属弹性变形, 晶界滞弹性弛豫的空位机制. 本节将在此基础上, 建立弹性应力作用下, 晶界区弛豫平衡方程 (Xu, 2000, 2002, 2003a, 2003b; Xu et al., 2004a).

9.4.1　空位浓度方程

晶界虽然可以用位错的排列来描述, 但它们的排列是复杂的, 在晶界区单个位错已不能被容易的辨认出来. 因此, 晶界的性质已不能完全用单个位错的性质来描述. 它是一个只有几个原子直径厚的狭窄区域, 其中的原子排列是无规的, 有许多空洞存在. 因此, 它表现出晶界所特有的一些特性. 当多晶体受到外加弹性张应力作用时, 晶界区将优先弹性变形, 晶界附近基体中的空位将移入晶界区变为空隙, 使晶界区的平均原子间距增加. 此时晶界作为阱吸收空位. 原子间距的增加使原子间相互吸引力增加. 当原子间平均吸引力增加到可以平衡 (等于) 外加张应力时, 晶界区处于力学平衡状态, 此时将停止吸收空位. 可见, 对于恒定的外加张应力, 一定量的空位将被吸收到单位体积的晶界上. 假定此情况下 Hooke 定律依然成立, $\sigma_n = E_{gb}\varepsilon_n$, 其中, σ_n 是垂直于晶界的外加张应力, E_{gb} 是晶界区弹性模量, ε_n 是由应力 σ_n 引起的晶界区的应变, 则晶界上的弹性应变能可由式 (9-1) 给出

$$W = \frac{K_0}{2}\sigma^2/E_{gb} \tag{9-1}$$

由于晶界法线方向相对于外加应力方向随机分布, 引进了系数 K_0 统计地表征晶界法线方向相对于外加应力方向的随机分布.

在弹性张应力作用下晶界吸收空位的过程被假定为一个绝热过程, 即在这个过程中晶界既没有损失也没有获得热量, 即晶界与基体之间无热交换发生. 热力学第一定律告诉我们, 体系内能的改变由两个方面引起, 第一, 系统与环境的热交换, 第二, 外力对体系做功. 这里所研究的这一过程, 只有外力做功引起了体系内能的改变. 因此, 这个过程中无熵变发生, 即

$$T\mathrm{d}S = 0 \tag{9-2}$$

这里 dS 是熵变, T 是温度. 根据热力学第一定律, 单位晶界体积内能的改变 ΔU 等于外力对单位体积晶界所作的功

$$\Delta U = (1/2)K_0\sigma^2/E \tag{9-3}$$

晶界内能的改变是由于晶界吸收空位引起晶界空位浓度增加. 假设单位体积的晶界吸收了 n 个空位 (即单位体积晶界内空位增加的数目), F_v 是在晶界区形成一个空位的能量, 因此有

$$\Delta U = nF_v \tag{9-4}$$

$$nF_v = (1/2)K_0\sigma^2/E \tag{9-5}$$

$$n = (1/2)K_0\sigma^2/EF_v \tag{9-6}$$

实际上, $(1/2)K_0\sigma^2/EF_v$ 是外加张应力 σ 引起的晶界区空位浓度的增加. 因此, 张应力引起的晶界空位浓度增加可表示为

$$C_{v(\sigma=\sigma)} = C_{v(\sigma=0)} + (K_0/2)\,\sigma^2/\,(EF_v) \tag{9-7}$$

其中, $C_{v(\sigma=0)}$ 是无应力作用时晶界空位平衡浓度, $C_{v(\sigma=\sigma)}$ 是张应力 σ 引起的晶界区最大空位浓度, 亦即晶界区处于力学平衡状态下的空位浓度 (Xu et al., 2004b).

同样, 一个压应力作用, 晶界区的一些空位移出晶界区变成基体的空位, 使晶界区内的平均原子间距减小. 这时, 晶界作为源发射空位. 随着原子间距的减小, 平均原子间排斥力增加. 对于一个恒定的外加压应力, 一个确定的平均原子间排斥力必然被达到, 它平衡了 (等于) 外加压应力, 此时晶界区处于力学平衡状态, 停止发射空位. 因此, 一个确定数目的空位将从单位体积晶界区发射出来 (Xu, 2003a, 2003b). 压应力 σ_c 引起的晶界空位浓度 $C'_{v(\sigma=\sigma)}$ 的表达式可用类似方法表示为

$$C'_{v(\sigma=\sigma)} = C_{v(\sigma=0)} - (K_0/2)\,\sigma^2/EF_v \tag{9-8}$$

显然, 这是 Smallman 在文献 (Smallman, 1983) 中总结的 5 种之外的, 第六种在固体中产生和消除非平衡空位的基本物理过程. 这 5 种过程是淬火、塑性变形、高能粒子辐照、偏离分子式配比的金属间化合物和氧化等.

9.4.2 溶质浓度方程

在上述基本物理过程的基础上, 提出如下晶界偏聚和贫化模型: 基体内的空位、溶质原子以及两者组成的复合体之间处于热力学平衡状态. 因此, 张应力作用使晶界附近空位浓度的降低引起复合体分解成空位和溶质原子, 这引起晶界附近复合体浓度的降低, 结果在晶界和晶内之间产生一个复合体浓度梯度, 此梯度驱动

复合体由晶内扩散到晶界处, 引起超过平衡晶界浓度的溶质富集在晶界上, 形成非平衡晶界偏聚. 在复合体扩散到晶界的同时, 由于是过量的溶质偏聚到晶界上, 溶质会沿着它自己的浓度梯度由晶界扩散回晶内. 在此过程的开始, 复合体的扩散是主要的, 并随应力作用时间的延长而减弱. 这是因为对于确定不变的外加张应力, 只有一定量的空位被吸收到单位体积的晶界上. 相反方向的溶质扩散将随应力作用时间延长而增强. 因此, 必然存在一个应力作用时间, 在此时间溶质向晶内的扩散流等于复合体向晶界的扩散流, 且晶界偏聚浓度达到极大值. 此时间称为临界时间. 相反地, 压应力会引起晶界附近空位浓度增加, 进而导致复合体浓度增加, 从而引起与张应力作用相反的复合体浓度梯度, 导致复合体自晶界区扩散到晶内, 发生与张应力作用相反的扩散过程, 引起溶质非平衡晶界贫化. 作用应力对溶质晶界偏聚或贫化的影响, 是由复合体的扩散和溶质原子的反向扩散之间的平衡所决定. 由此可以预期, 张应力会在应力时效过程中引发溶质的晶界偏聚; 压应力会引起晶界贫化. 两者均存在一个临界应力时效时间, 在此时间应力引起的溶质晶界偏聚或贫化程度均达到最大值. 这一点已由 Shinoda 和 Nakamura 的实验结果所证实 (图 9-1).

可以假设: ①统计地讲, 一个复合体是由一个空位和一个溶质原子组成的; ②张应力引起的溶质晶界偏聚几乎完全是由复合体向晶界扩散引起的. 在这两个假设的前提下, 张应力引起的溶质最大非平衡晶界偏聚浓度 $C_{b(\sigma=\sigma)}$ 的表达式可由式 (9-7) 获得:

$$C_{b(\sigma=\sigma)} = C_{b(\sigma=0)} + (K_0/2)\,\sigma^2/EF_v \tag{9-9}$$

同样地, 压应力引起的溶质最大非平衡晶界贫化程度的表达式可由式 (9-8) 获得:

$$C_{b(\sigma=\sigma)} = C_{b(\sigma=0)} - (K_0/2)\,\sigma^2/EF_v \tag{9-10}$$

其中, $C_{b(\sigma=0)}$ 是无应力状态下溶质晶界平衡浓度.

此物理模型描述了在弹性应力作用下, 晶界区发生弹性变形, 晶界、空位和溶质原子之间的交互作用, 达到力学平衡时晶界的微观结构和成分, 并用式 (9-7)、式 (9-8)、式 (9-9) 和式 (9-10) 解析地描述了这一物理状态. 显然, 这些关系式成立的条件是晶界区原子之间作用力的统计平均等于外加应力, 即晶界区处于力学平衡状态, 因此称这些方程为晶界区的力学平衡方程.

9.4.3 晶界区弹性模量的实验测定

为了从实验上证实上述物理过程的存在, 文献 (Xu et al., 2004b) 根据实验结果, 用力学平衡方程计算了晶界区弹性模量, 并与原子模拟的晶界区弹性模量结果比较, 过程如下.

将力学平衡方程式 (9-9) 整理如下:

$$E_{gb} = (K_0/2)\,\sigma^2 / \left(\left(C_{b(\sigma=\sigma)} - C_{b(\sigma=0)}\right) F_v\right) \tag{9-11}$$

Misra(Misra, 1996) 已经实验测量出在张应力 $\sigma = 3.43\times10^8$Pa 作用下, 2.6Ni-Cr-Mo-V 钢中硫在 883K, 最大非平衡晶界偏聚浓度与平衡偏聚浓度的差值是 $C_{b(\sigma=\sigma)} - C_{b(\sigma=0)} = 0.20$(原子分数)(图 9-2); 这里特别指出的是, 文献 (zheng et al., 2004; Xu et al., 2004b) 将此差值错为 0.20%, 至使最后计算的晶界区弹性模量错误地高了两个数量级, 但是这些文献计算晶界区弹性模量的思路和过程是正确的. 晶界区空位形成能 F_v, 由 Simonen(1995) 对于辐照引起的奥氏体不锈合金的晶界偏聚, 估算了点缺陷动力学参数, 他们的结果是, 晶界区的空位形成能是 1.5eV. Chisholm 等 (Chisholm M F et al., 1999) 用原子分辨水平上 Z 衬度扫描透射电子显微镜, 研究了选区内硅晶界电子束损伤形核, 其结果通过原子模拟得到晶界上单空位, 双空位, 多空位链以及它们的各种组合的形成能在 0.8eV 至 1.8eV 之间. 因此, 本计算取 $F_v =$ 1.5eV; 反映晶界法线方向相对于外加应力方向的随机分布的系数取作 $K_0 = \cos 45° = 0.707$. 将上述数据代入式 (9-11), 得到晶界区弹性模量是 $E_{gb} = 2.03\times10^7$Pa (Xu et al., 2004b).

迄今为止还没有多晶材料晶界区弹性模量的实验数据. Kluge 等 (Kluge et al., 1990) 根据局部应力—应变关系, 提出了计算晶界区局部弹性模量的理论公式, 并对 Au 理想无缺陷双晶 (an ideal defect-free bicrystal), 用原子嵌入势 (embedded-atom potential), 模拟了 (001) 扭转晶界的弹性常数 C_{11}, C_{12}, C_{13}, C_{33}, C_{44}, C_{66}, 所得结果列于表 9-1. 表 9-1 中 $1P$ 表示对于晶界最近邻一个原子平面计算的晶界弹性常数, $2P$ 表示对于晶界最近邻二个原子平面计算的晶界弹性常数, B 表示基体理想晶体弹性模量. Kluge 等承认, 他们是用一个极简单的模型, 在绝对零度下, 模拟无缺陷双晶的理想晶界. 实际晶界包含着点缺陷、缺陷集团和空洞等. 这些缺陷对晶界区的弹性性质有重要影响. 因此, 他们自己也认为, 他们的结果不能代表实际晶界. 但是, 这里我们仍然用我们通过非平衡晶界偏聚实验结果求得的弹性模量 E_{gb} 值, 与他们的模拟结果比较, 虽然我们并不期望也不应该期望获得完全的一致, 但从比较中总可以帮助判断所得结果的可信性. 我们通过实验求得的弹性模量 E_{gb} 值, 应该是晶界各弹性常数 C_{11}, C_{12}, C_{13}, C_{33}, C_{66} 和 C_{44} 的综合贡献, 且最低的弹性常数 C_{44} 比其他较高的弹性常数加权贡献于弹性模量 E_{gb}. 比较表 9-1 可以发现, E_{gb} 的数值小于理论计算的各弹性常数 C_{11}, C_{12}, C_{13}, C_{33}, C_{66} 和 C_{44}, 比最低的弹性模量 C_{44} 低一个数量级. Kluge 等认为弹性模量 C_{44} 较其他弹性模量大幅度降低, 是大角度晶界的普遍现象, 因为他们用 Lennard-Jones 势模拟计算了 Cu 的理想无缺陷 (001) 扭转晶界, 也得到其弹性模量 C_{44} 的大幅度降低. 由于晶界区弹性性质的各项异性, 即使用原子模拟方法所得的各弹性模量之间也存在 3 个数量级的差别,

如 C_{11},C_{12} 等和 C_{44} 之间. 如前所述, 钢中实际晶界区存在点缺陷、位错、缺陷集团、杂质偏聚和空洞等, 统称为晶界的结构无序性, 将大大降低晶界区的弹性模量 (Kluge et al., 1990). 通过张应力引起的晶界偏聚量计算的晶界区弹性模量, 是含有这些结构无序的真实晶界的弹性模量. 因此, 通过本方法测量计算的弹性模量, 低于 Kluge 等模拟的各局部弹性模量, 但又接近于它们之中最低的弹性模量 C_{44}, 是一个合理的反映真实晶界弹性性质的弹性模量.

表 9-1 Kluge 等用原子嵌入势模拟的 Au 晶界区一个平面和两个平面的弹性模量及与理想晶体的比较 (Kluge et al., 1990)

弹性常数	$1P$(一平面局域弹性常数)/10^9Pa	2P(二平面局域弹性常数)/10^9Pa	B(块状理想晶体)/10^9Pa	$1P/B$	$2P/B$
C_{11}	139	160	196	70.92%	81.63%
C_{12}	108	127	142	76.06%	89.44%
C_{33}	172	180	181	95.03%	99.45%
C_{44}	0.2	0.3	44	0.455%	0.682%
C_{66}	17.9	23.2	29.2	61.30%	79.45%

表 9-1 还列出了计算的各弹性常数与基体理想晶体弹性模量的比值. 我们也将求得的晶界弹性模量与单晶 α 和 γ 铁完整晶体的弹性模量比较, 列于表 9-2. 从表 9-2 可以发现, 我们计算的晶界区弹性模量 E_{gb} 相对于完整晶体弹性模量的比值, 也低于 Kluge 等理论计算的晶界区各弹性常数相对于晶粒基体完整晶体弹性模量的比值. 这说明实际晶界的弹性模量, 远低于完整晶体的弹性模量, 甚至比以往人们认为的还要低.

表 9-2 室温单晶 α 铁和 1428K 单晶 γ 铁的弹性模量及与计算的晶界区弹性模量 E_{gb} 值的比较 (Xu et al., 2004b)

弹性常数	单晶 α-Fe(室温)/10^9	单晶 γ-Fe (1428 K)/10^9	E_{gb}:$E_{\alpha-\mathrm{Fe}}$/%	E_{gb}:$E_{\gamma-\mathrm{Fe}}$/%
C_{11}	230	154	0.00883	0.01318
C_{12}	135	122	0.01504	0.01664
C_{44}	117	77	0.01735	0.02636

用式 (9-11) 计算的晶界区弹性模量能正确反映晶界区的弹性性质, 说明本模型假定的晶界、空位、溶质原子之间交互作用的物理过程的确存在, 以及描述这些物理过程的解析关系式是正确有效的, 同时给出了实验测量晶界区弹性模量的方法. 这是迄今为止唯一的方法.

Paul(1960) 使用弹性理论的能量法则, 得到了两相组成材料的弹性模量的上限和下限与两相弹性模量、两相百分含量的关系. 他们发现两相组合材料的弹性模量

E 的上限是

$$E \leqslant E_1 f + E_2(1-f) \tag{9-12}$$

其中, E_1 是基体相的弹性模量, f 是基体相在两相组成材料中的百分含量, E_2 是离散相的弹性模量. 两相组合材料的弹性模量 E 的下限是

$$1/[(f/E_1)+(1-f)/E_2] \leqslant E \tag{9-13}$$

Paul 指出, 若干研究者的实验结果都证实两相组成材料的杨氏模量有一定的离散度, 但都处于式 (9-12) 和式 (9-13) 表示的上、下限之间 (见文献 Paul, 1960 的图 4).

最近, Zhou 等 (Zhou et al., 2003) 使用规则 14 面体作为晶粒形状, 对于 4 个不同的晶粒尺寸 4.1nm, 7.1nm, 17.1nm 和 28.9nm 的合金, 将晶界和三叉结点的体积分数, 作为晶粒尺寸和晶界厚度的函数计算, 所得结果列于文献 (Zhou et al., 2003) 的表 1. 他们测量了上述 4 个不同晶粒尺寸合金的弹性模量 (见文献 Zhou et al., 2003 的图 5). 他们以合金基体和晶界作为两个不同的相, 将式 (9-12) 作为等式, 上述计算的体积分数和相应测得的合金弹性模量代入式 (9-12), 计算出晶粒基体、晶界区和三叉接点的平均杨氏模量分别为 204GPa, 184GPa 和 143GPa. 这是迄今为止唯一报道的来自实验观察的晶界区弹性模量. 但是, 将式 (9-12) 这个上限不等式作为等式方程来应用, 所得结果是明显可疑的. 另外, 即使式 (9-13) 作为上限不等式, 也是以如下假设为前提的: 组成材料的两相必须是各向同性的, 且它们的泊松比是相等的 (Paul, 1960). 显然, Zhou 等采用的合金的晶界区和基体都不会是各向同性的, 泊松比也不会相同. 可见, 他们的结果是不可靠的.

Lu(卢柯) 等 (Lu et al., 1997) 用非晶晶化法制备了不同晶粒尺寸的纳米硒, 测得他们的弹性模量约为普通多晶硒的 30%, 此结果应该是晶界和纳米尺寸晶粒基体的弹性模量综合作用的表象值. 引起纳米硒弹性模量的大幅度降低是由于晶界和三叉结点非常低的弹性模量引起的. 此实验结果说明, 晶界区弹性模量应远低于多晶材料中晶粒基体弹性模量的 30%, 而不是一般认为的 70%(Kluge et al., 1990). 只有这样, 随着晶粒尺寸的减少和晶界界面体积含量的增加, 两者综合作用的弹性模量值才可能降低至普通多晶材料弹性模量的 30%. 因此, Lu 等的实验结果预示了多晶金属晶界区应具有较一般认为的更低的弹性模量, 这与本文通过实验计算的晶界区弹性模量在趋势上是一致的.

我们也根据 Shinoda 和 Nakamua 压应力作用下钢中磷晶界偏聚实验结果 (Shinoda et al., 1981), 用压应力作用下的公式 (9-10) 计算晶界在压应力作用引起的晶界滞弹性模量是 $E_{gb}=1.08\times10^6$Pa, 与张应力作用下所得晶界滞弹性模量低一个数量级. 考虑到晶界区弹性模量的巨大的各向异性 (3 至 4 个数量级), 以及磷和硫这两种不同的偏聚或贫化元素, 给实验求得晶界区滞弹性模量所可能引起的差别, 压应

力和张应力情况下的结果相差一个数量级是合理的, 说明两种途径计算的结果具有一致性, 从而说明这种求晶界区滞弹性模量的方法具有可靠性和可行性.

9.5　弹性变形的动力学方程

9.5.1　弹性变形的临界时间

如前所述, 应力时效过程中必然存在一个应力作用时间, 在此时间溶质的扩散流等于复合体的扩散流, 且晶界偏聚浓度或贫化程度达到极大值, 称为临界时间. 文献 (Xu et al., 2004a; Xu et al., 1989) 通过复合体扩散流等于溶质原子扩散流, 得到临界时间 $t_c(T)$ 公式:

$$t_c(T) = [r^2 \ln(D_c/D_i)]/[6K^2(D_c - D_i)] \tag{9-14}$$

其中, D_c 是复合体扩散系数, D_i 是溶质扩散系数, r 是晶界半径, $K = r/L$, L 是临界时间对应的溶质扩散平均距离. (9-14) 式表明, 弹性变形的临界时间随变形温度降低而延长.

热循环引起的非平衡晶界偏聚恒温动力学过程和弹性应力引起的非平衡晶界偏聚或贫化动力学过程, 均存在临界时间现象, 并且可以用相同形式的表达式 (2-6) 和式 (9-14) 描述它们 (Xu et al., 2004; Xu, 2000; Xu et al., 1989). 这是非平衡晶界偏聚共有的最基本的特征. 正如本书第 2 章所述, 方程 (9-14) 是基于菲克扩散定律推导出来的, 因此式 (9-14) 中的扩散系数应该在下述菲克方程中

$$J_c = -D_c \partial C_c/\partial y \tag{9-15}$$

$$J_p = -D_p \partial C_p/\partial y \tag{9-16}$$

固体中物质的宏观迁移总是沿着它的化学位梯度, 这一事实可表示为

$$J_c = -B_c C_c \partial \mu_c/\partial y \tag{9-17}$$

$$J_p = -B_p C_p \partial \mu_p/\partial y \tag{9-18}$$

这里, J_c 和 J_p 分别是复合体和溶质原子在 y 方向上单位时间单位横截面上的流量, B_c 和 B_p 是扩散体的移动性, C_c 和 C_p 是扩散体的浓度, μ_c 和μ_p 是扩散体的化学位.

当应力场存在时, 化学位写作

$$\mu = \mu_{(p=0)} + PV_m \tag{9-19}$$

这里, V_m 是扩散体的摩尔体积, P 是外加应力, $\mu_{(p=0)}$ 是体系在无外应力作用时的化学位. 因此有

$$J_c = -B_c C_c[(\partial \mu_{(p=0)}/\partial y) + V_m(\partial P/\partial y)] \tag{9-20}$$

$$J_p = -B_p C_p[(\partial \mu_{(p=0)}/\partial y) + V_m(\partial P/\partial y)] \tag{9-21}$$

这里试验金属在应力时效之前被假定处于平衡状态. 因此, 式 (9-20) 和式 (9-21) 中的 $\partial \mu_{(p=0)}/\partial y = 0$. 因此, 式 (9-20) 和式 (9-21) 变为

$$J_c = -B_c C_c V_m(\partial P/\partial y) \tag{9-22}$$

$$J_p = -B_p C_p V_m(\partial P/\partial y) \tag{9-23}$$

将式 (9-15) 和式 (9-16) 与式 (9-22) 和式 (9-23) 比较得

$$D_c = B_c V_m^c(\partial P/\partial \ln C_c) \tag{9-24}$$

$$D_p = B_p V_m^p(\partial P/\partial \ln C_p) \tag{9-25}$$

V_m^p 是溶质 P 的摩尔体积, V_m^c 是复合体体积乘以阿佛伽德罗常数. 式 (9-24) 和式 (9-25) 表明复合体和溶质原子的扩散系数均受外加应力的影响. 因此, 由式 (9-14) 可知, 临界时间除了受应力时效温度的影响外, 也将受外加应力的影响.

9.5.2 偏聚动力学方程

晶界区力学平衡方程 (9-9) 和方程 (9-10), 不仅定量地描述了在弹性张应力作用下晶界、空位、溶质原子之间的交互作用, 也为我们提供了一个基础, 建立物理模型, 能够用与热循环引起的非平衡偏聚动力学方程相同的数学手段 (有些国际文献称之为修改了的 McLean 方法和高斯松弛分析 (Kameda et al., 1999)), 求解扩散方程, 建立弹性应力引起的溶质非平衡晶界偏聚动力学方程 (Xu et al., 2004a; Xu et al., 1989).

1. 偏聚过程

假设样品预先在温度 T 无应力条件下时效充分长的时间, 使样品的溶质晶界浓度和空位浓度均达到平衡浓度, 然后在同一温度下张应力时效至不同的时间. 在应力时效开始, 复合体由晶内向晶界扩散, 使溶质原子聚集到晶界上. 令 $\alpha_i = C_{b(\sigma=0)}/C_g, \alpha_{i+1} = C_{b(\sigma=\sigma)}/C_g$, 显然 $\alpha_{i+1} > \alpha_i$, 这里 C_g 是基体溶质浓度.

当溶质在晶界上的富集层宽度 d 与晶粒直径比较很小时, 并且 $\alpha_{i+1} \times d$ 与晶粒直径比亦很小时, 富集在晶界上的溶质原子几乎完全由晶界附近狭窄区域供给, 晶粒内部的溶质浓度 C_g 保持不变. 在满足上述条件的情况下, 复合体在张应力作

用下向晶界的扩散, 可以被简化为复合体在半无限介质内向晶界的稳态线性扩散. 因此相应的复合体的扩散方程是

$$D\partial^2 C_c/\partial x^2 = \partial C_c/\partial t \tag{9-26}$$

这里, D 是应力作用下复合体在基体中的表象扩散系数, C_c 是复合体的浓度. 为了得到与溶质浓度C_i 相关的扩散方程, 将描述空位、溶质原子和复合体之间在基体中的化学平衡方程 (9-27)

$$C_c = K_c K_v C_i \exp[(E_b - E_f)]/kT] \tag{9-27}$$

代入到式 (9-26), 得

$$D\partial^2 C/\partial x^2 = \partial C/\partial t \tag{9-28}$$

这里, $C = C_i$ 是溶质浓度, D 仍然是应力作用下复合体扩散系数. 其中, E_b 是复合体形成能, E_f 是空位形成能. K_c, K_v 是包含着熵项的数值常数. 式 (9-28) 是一种特殊形式的扩散方程, 其中扩散系数 D 是复合体在张应力作用下的扩散系数, 而浓度 C 是溶质原子浓度. 此方程描述了复合体在张应力作用下拖曳溶质原子向晶界扩散, 引起晶界区和晶内之间溶质浓度上的差别.

考虑到晶界富集层只有极小的厚度, 其上的浓度梯度可以忽略不计. 想象处于晶粒内部和晶界富集层之间的一个界面, 此界面的溶质浓度条件为

$$C = C_b(t)/\alpha_{i+1} \tag{9-29}$$

这里, $C_b(t)$ 是当应力时效时间等于 t 时的晶界富集层的浓度, 它随应力时效时间的延长而改变. 为计算简化, 此界面的坐标被选为处于 $x = 0$ 的位置. 按照扩散第一定律和质量守恒原理, 此界面应服从如下条件:

$$(C)_{x=0} = C_b(t)/\alpha_{i+1}$$

$$D(\partial C/\partial x)_{x=0} = (d/2)(\partial C_b(t))/\partial t) = (1/2)\alpha_{i+1}d(\partial C/\partial t)_{x=0} \tag{9-30}$$

此处, d 是富集层的宽度. 在下面的计算中它被假设为 0.01×10^{-6}m(Vorlicek et al., 1994), 因子 1/2 表示复合体从两面向晶界扩散. 对于偏聚过程, 即应力时效时间短于临界时间, 以式 (9-30) 为边界条件, 扩散方程 (9-28) 的解可以通过第 4.2.1 节的方法获得:

$$\begin{aligned}&[C_b(t) - C_{b(\sigma=0)}]/[C_{b(\sigma=\sigma)} - C_{b(\sigma=0)}]\\&=1 - \exp(4Dt/\alpha_{i+1}^2 d^2)\mathrm{erfc}[2(Dt)^{1/2}/\alpha_{i+1}d]\end{aligned} \tag{9-31}$$

式 (9-31) 表明了当张应力时效时间短于临界时间时, 试样晶界溶质浓度随张应力时效时间的变化 (Xu, 2003a).

2. 反偏聚过程

对于应力时效时间长于临界时间, 溶质原子将从富集层扩散回到晶内, 使晶界浓度降低, 称为反偏聚过程. 当应力时效时间等于临界时间 $t_c(T)$ 时, 晶界富集层的溶质浓度 $C_b(t_c)$ 被假定等于方程 (9-9) 中应力引起的溶质最大晶界浓度 $C_{b(\sigma=\sigma)}$, 即 $C_b(t_c) = C_{b(\sigma=\sigma)}$. 如前所述, 晶界富集层中的浓度梯度可忽略不计, 从而假定当应力时效时间等于临界时间 $t_c(T)$ 时, 晶界溶质浓度截面如图 9-4 所示: 当 $(-d/2) < x < (+d/2)$ 时, $C = C_b(t_c) = C_{b(\sigma=\sigma)}$; 当 $x < (-d/2)$ 或 $x > (+d/2)$ 时, $C = C_g$. 这里晶界富集层的中心坐标被置于 $x = 0$ 处, x 方向垂直于晶界平面. 显然, 溶质浓度分布在 $x = -d/2$ 和 $x = +d/2$ 处是 x 的跳跃的不连续函数. 正如前面所假设的, 晶界富集层的宽度 d 相对于晶粒尺寸很小, 因此晶粒内部可以认为是半无限介质. 图 9-4 也示意地表示在反偏聚过程中, t_1 和 t_2 时刻富集层的浓度截面. 采用 4.2.2 节相同的处理, 用扩散方程 (9-28) 的 Gauss 解和误差解, 求得晶界溶质浓度 $C_b(t)$ 随恒温时间变化的表达式 (9-32)

$$
\begin{aligned}
&[C_b(t) - C_g]/[C_b(t_c) - C_g] \\
=&(1/2)\{\mathrm{erf}[(d/2)/[4D_i(t - t_c)]^{1/2}] - \mathrm{erf}[-(d/2)/[4D_i(t - t_c)]^{1/2}]\}
\end{aligned}
\tag{9-32}
$$

其中, D_i 是溶质原子的体扩散系数. 关系式 (9-31) 和式 (9-32) 描述了在张应力作用下, 溶质的晶界偏聚浓度 $C_b(t)$ 随应力时效时间的变化, 即弹性张应力引起的非平衡晶界偏聚动力学方程 (Xu, 2007).

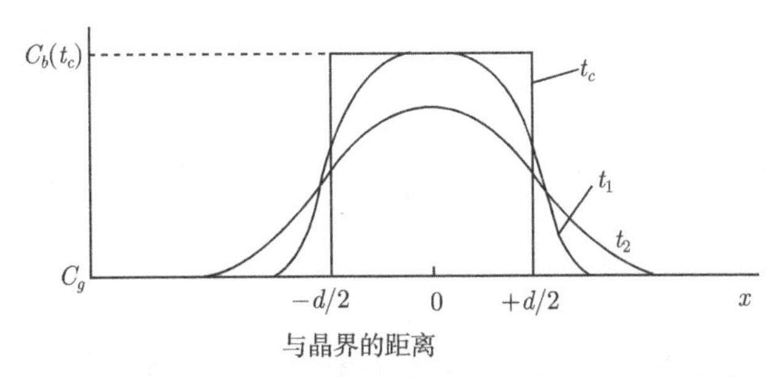

图 9-4 当时效时间等于 t_c, t_1, t_2 时晶界溶质浓度截面示意图, 其中 $t_c < t_1 < t_2$

值得特别指出的是, 上述建立的理论模型只适合于弹性范围内的应力作用, 不适合于任何能引起范性形变的应力作用. 其实, 随着作用应力的增加, 由于可能发生的范性流变, 晶界的行为变化是很复杂的. Shinoda 和 Nakamura 的实验结果表明, 当作用应力大于 50MPa 时, 对于较高压应力, 磷的俄歇谱峰高比随时效时间的变化, 就如同低的张应力作用的情况一样; 对于较高的张应力, 则相反, 相应的变化与低的压应力作用的情况一样 (Shinoda et al., 1981). 这充分说明了, 在可能引起范性流变的较高的应力作用下, 晶界遵循着完全不同的行为规律. 因此, 可以设想本模型只有当作用应力和时效温度的组合没有超过某一门槛值时才是有效的; 当作用应力 (或温度) 增加, 使这一组合超过了这一门槛值 (这可能是蠕变发生的门槛值) 时, 作用应力对晶界行为的影响是复杂的, 不能用本模型来描述.

读者会发现, 张应力引起的非平衡晶界偏聚动力学方程 (公式 (9-31) 和公式 (9-32)), 与热循环引起的非平衡晶界偏聚动力学方程 (Xu et al., 1989), 以及 McLean 平衡偏聚动力学方程 (McLean, 1957), 都具有相同的形式, 并且都用相同的数学方法获得. 只是各个方程中关于溶质晶界浓度的物理量和相关的扩散系数是不同的, 它们分别描述了不同的物理图象. 对于不同的物理现象, 以尽可能统一的方法和形式描述它们, 这本身就揭示了这些现象之间内在的一致性, 因此也始终是物理学追寻的目标之一. 这里之所以能达到统一的另一个原因是, 这 3 个模型都将多晶金属中在结构和性能上极具多样性的、千差万别的晶界, 抽象出它们最基本的特性: 晶界仅仅是空位的阱或源. 科学理论必须建立在高度抽象的基础上才能获得它的普适性, 这也是 McLean 动力学理论至今仍被普遍应用的原因之一.

3. 弹性变形的偏聚峰温度及其移动

用晶界区溶质浓度方程 (9-9), 临界时间方程 (9-14) 和晶界偏聚的动力学方程 (9-31) 和方程 (9-32), 模拟计算在 5 个不同弹性变形温度 $T_1 > T_2 > T_3 > T_4 > T_5$ 下, 溶质晶界浓度随弹性变形时间变化的推理示意图 9-5(a) (郑宗文等，2012；Xu et al., 2013). 图 9-5(b) 来自图 9-5(a), 它表示在各个弹性变形温度变形相同时间 t_1 或 $t_2(t_1 < t_2)$, 溶质晶界浓度随变形温度的变化. 由图 9-5 可以得出如下结论 (Xu et al., 2013).

(1) 在各个不同的弹性变形温度变形相同的时间, 必存在一个变形温度, 其弹性变形的临界时间等于或最接近变形时间, 在此温度下溶质晶界浓度最高, 高于其他所有变形温度的晶界浓度, 称为弹性变形的偏聚峰温度;

(2) 在各个弹性变形温度的变形时间延长, 偏聚峰温度将向低温移动, 称为偏聚峰温度移动.

图 9-5 图示的物理力学过程, 可以在工程技术实践中找到它的原型. 拉伸试验是测试金属力学性能的主要试验方法. 拉伸过程分弹性变形阶段和而后可能的塑性变形阶段至断裂. 一个确定的拉伸速率, 对应着一个确定的弹性变形时间. 在各个拉伸温度, 采用相同的拉伸速率, 就相当于在各个拉伸温度, 试样都经历了相同的弹性变形时间. 若在各个拉伸温度降低拉伸应变速率, 相当于在各个拉伸温度, 延长了弹性变形时间. 这些拉伸试验工艺过程的改变, 也会引起如图 9-5 所示的偏聚峰温度及其移动, 这些晶界成分的改变, 将引起拉伸试验测试结果的改变, 引起拉伸力学性能测试的不确定性. 这将是第 10 章讨论的核心问题.

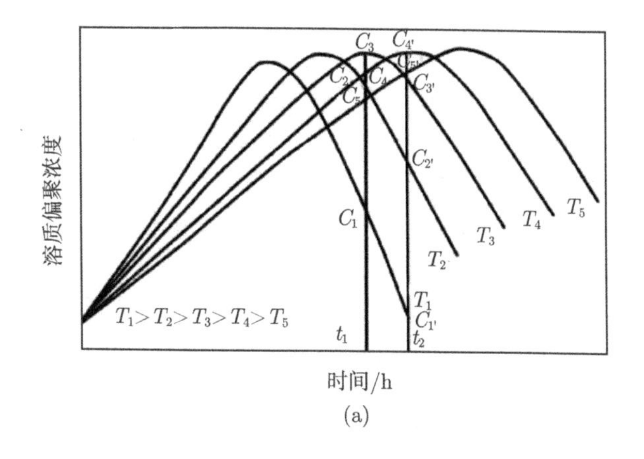

(a)

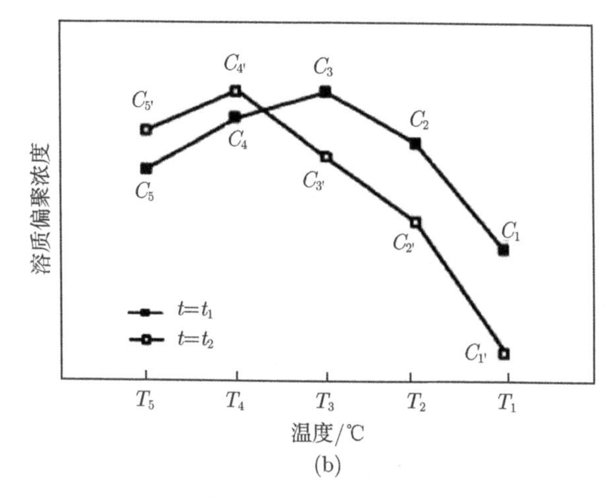

(b)

图 9-5 (a) 在不同测试温度下, 杂质元素晶界偏聚浓度与弹性变形时间关系的推理示意图, 竖线表示弹性变形时间 t_1 和 t_2 小时; (b) 在不同温度下分别经过 t_1 和 t_2 小时弹性变形时间后杂质在晶界的偏聚浓度, $T_1 > T_2 > T_3 > T_4 > T_5$(Xu et al., 2013)

9.5.3 贫化动力学方程

正如图 9-1 所示, Shinoda 和 Nakamura 最初研究弹性应力作用对晶界成分影响时, 就发现张应力和压应力的作用正相反, 即张应力引起晶界偏聚, 压应力引起晶界贫化, 且偏聚和贫化量的绝对值大体上是一样的, 他们实验得到的晶界浓度随应力时效时间的变化曲线, 相对于晶界平衡浓度线是对称的. 这种实验结果上的对称性, 必然促使我们提出的理论具有结构上的对称性. 我们相对于张应力的情况, 对称地提出压应力引起晶界发射空位, 引发溶质晶界贫化. 显然, 还必须建立压应力作用下溶质晶界贫化的动力学方程, 这就是本节的内容 (Xu, 2007).

1. 贫化过程

样品在压应力时效之前先充分地时效处理, 使溶质晶界浓度达到平衡浓度 $C_{b(\sigma=0)}$, 然后在同一温度下压应力时效至不同的时间. 现在的问题是建立动力学方程, 描述晶界浓度随应力时效时间的变化.

由于沿晶界贫化层的宽度 d 相对于晶粒内部区域是很窄的, 晶粒内部可以看作是半无限介质, 晶界贫化层在贫化和反贫化过程中放出和吸收溶质, 都只涉及贫化层附近极近的区域, 晶粒内部溶质的浓度 C_g 被认为是不变的. 在满足上述条件的情况下, 问题就被简化为一个在半无限溶质介质中的 (溶质) 线性流, 流入或流出晶界贫化区. 由于在贫化和反贫化过程中溶质扩散是在晶界附近极窄的区域内进行, 扩散系数 D 被假定与浓度无关. 因此, 扩散方程 (9-28) 可以被用于贫化和反贫化过程

$$D\partial^2 C/\partial x^2 = \partial C/\partial t \tag{9-28}$$

晶界区的浓度用 $C_b(t)$ 表示, 它是应力时效时间 t 的函数. 从 Shinoda 等对钢中磷的试验结果可知 (图 9-1), 在压应力开始 ($t=0$), 晶界溶质浓度等于无应力状态下的平衡晶界浓度, 即 $C_b(t)=C_{b(\sigma=0)}$, 当应力时效时间延长至临界时间 $t_c(T)$, 晶界浓度降低到一个最低浓度 $C'_{b(\sigma=\sigma)}$, $C_b(t_c)=C'_{b(\sigma=\sigma)}$, 再延长应力时效时间, 晶界浓度增加, 最后达到无应力下的平衡浓度, 即 $C_b(t=\infty)=C_{b(\sigma=0)}$. 我们只有依据上述这些条件, 解扩散方程 (9-28), 才能求出贫化和反贫化的动力学方程.

假定晶界贫化层内的浓度梯度可以忽略不计, 晶界贫化层的浓度截面如图 9-6 中的 t_0 曲线, 当 $x<-d/2$ 或 $x>+d/2$, 时, $C=C_g$. 当 $-d/2<x<+d/2$ 时, $C=C_{b(\sigma=0)}$. 这里 x=0 处于贫化层的中点, 即晶界处, x 方向垂直于晶界. 显然浓度分布是 x 的在 $x=-d/2$ 和 $x=+d/2$ 处跳跃的不连续函数. 图 9-6 也定量地图示了不同时效时间 $t_0(=0), t_1, t_2, t_3$ 和 t_c 贫化层的浓度截面. 从公式 (9-10) 和图 9-6 可以看出, 在贫化过程中从 $t=0$ 到 $t=t_c$ 扩散组元的总量, 等于 $(C_{b(\sigma=0)}-C'_{b(\sigma=\sigma)})\times d$. 这个总量是扩散过程中的不变量, 在扩散的开始 $t=0$ 它集中在宽度为 d 的沿晶界的有限区域内, 这个宽度被假定是 0.01μm(Vorlicek et al., 1994).

根据上述条件, 对于贫化过程 ($t<t_c$), 高斯松弛分析 (Gauss relaxation analysis) 被用于解扩散方程 (9-28), 获得解式 (9-33)

$$\begin{aligned}&(C_b(t)-C_g)/(C_{b(\sigma=0)}-C_g)\\&=(1/2)\{\text{erf}[+(d/2)/(4Dt)^{1/2}]-\text{erf}[-(d/2)/(4Dt)^{1/2}]\}\end{aligned} \tag{9-33}$$

方程 (9-33) 是压应力作用下晶界贫化的动力学方程. 它描述了当应力时效时间短于临界时间时 $t<t_c$, 溶质晶界浓度 $C_b(t)$ 随应力时效时间的变化 (Xu ,2007).

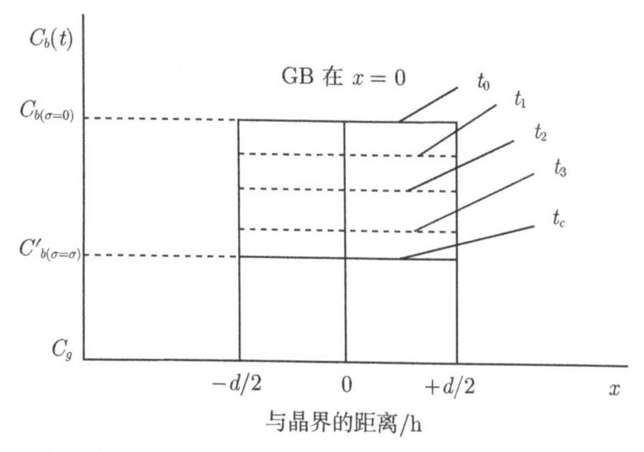

图 9-6 在温度 T 压应力时效 t_0, t_1, t_2 和 $t_3(t_0 < t_1 < t_2 < t_3 < t_c)$ 时间晶界贫化层溶质浓度界面

2. 反贫化过程

当压应力时效时间等于临界时间 $t_c(T)$, 晶界溶质浓度达到极小值 $C'_{b(\sigma=\sigma)}$, 即 $C_b(t_c) = C'_{b(\sigma=\sigma)}$, 见图 9-6 和图 9-7. 对于反贫化过程, 即 $t > t_c$, 晶界浓度 $C_b(t)$ 将渐渐地从最低浓度 $C'_{b(\sigma=\sigma)}$ 增加, 最后达到无应力作用下的晶界平衡浓度 $C_{b(\sigma=0)}$. 下面的数学分析方法用于解反偏聚阶段的扩散方程 (9-28). 这个方法最初由 Carlslaw 和 Jaeger 在解固体中的热传导问题时提出 (Carlslaw et al., 1947), 后来由 McLean 首先用于平衡偏聚动力学问题 (McLean, 1957), 然后由 Xu 等用于建立非平衡晶界偏聚动力学方程 (Xu et al., 2004a; Xu, 2003a, 2007), 即所谓的修改了的 McLean 理论 (modified McLean theory).

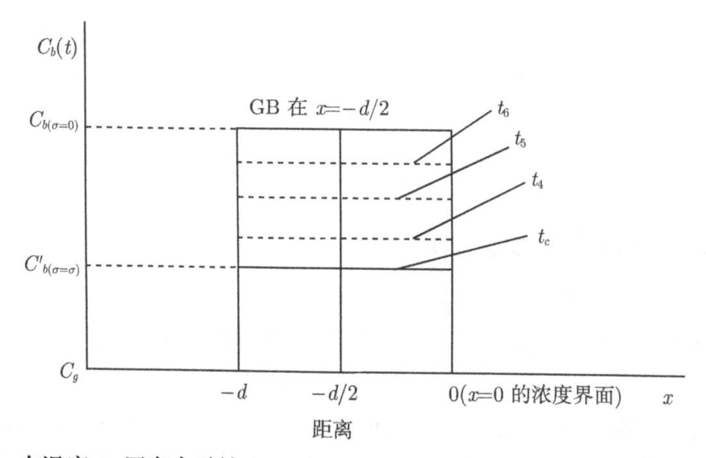

图 9-7 在温度 T 压应力时效 t_c, t_4, t_5, 和 $t_6(t_c < t_4 < t_5 < t_6)$ 时间晶界贫化层的溶质浓度界面

令 $\alpha_i = C'_{b(\sigma=\sigma)}/C_g$, $\alpha_{i+1} = C_{b(\sigma=0)}/C_g$, 其中 $C'_{b(\sigma=\sigma)}$ 和 $C_{b(\sigma=0)}$ 由式 (9-10) 给出. 想像在晶界贫化层和晶粒内部之间有内界面, 将坐标原点移至一个内界面上, 这就是说内界面在 $x = 0$ 和 $x = -d$ 处, 见图 9-7. 溶质原子从晶界的两边跨过 $x = 0$ 和 $x = -d$ 界面, 以相同的速率向晶界扩散. 因此, 考虑晶界贫化层的一半, 即从晶界处 $x = -d/2$ 至 x=0, 见图 9-7. 内界面 x=0 在时效时间长于临界时间 t_c 的任何时刻的浓度可表示为

$$(C)_{x=0} = C_b(t)/\alpha_{i+1} \tag{9-34}$$

因此, 晶界贫化层和内界面 $x = 0$ 的条件是

$$D_i(\partial C/\partial x)_{x=0} = (d/2)\partial C_b(t)/\partial t = (1/2)\alpha_{i+1}d(\partial C/\partial t)_{x=0} \tag{9-35}$$

这里 $(\partial C/\partial x)_{x=0}$ 和 $(\partial C/\partial t)_{x=0}$ 表示内界面处于晶体一侧的值, 1/2 表示溶质从晶界两侧向贫化层扩散.

依据上述条件, 基于拉普拉斯变换, 用标准的简化程序 (Carlslaw et al., 1947) 解扩散方程 (9-28), 对于反贫化过程给出一个误差函数解:

$$\begin{aligned}&(C_b(t) - C'_{b(\sigma=\sigma)})\\&=((K_0/2)\sigma^2/EF_v)\{1 - \exp(4D(t-t_c)/\alpha_{i+1}^2 d^2)\mathrm{erfc}[2(D(t-t_c)]^{1/2}/\alpha_{i+1}d)\}\end{aligned} \tag{9-36}$$

方程式 (9-36) 是压应力弹性变形引起的非平衡反贫化动力学方程. 它描述了在压应力作用下, 在反贫化阶段, 即弹性变形时间长于临街时间, 即 $t > t_c$, 溶质原子向晶界贫化层扩散占主导地位的过程, 溶质晶界浓度 $C_b(t)$ 随时效时间的变化 (Xu, 2007). 从式 (9-10), 式 (9-33) 和式 (9-36) 可以看出, 作用应力, 晶界区滞弹性模量和空位形成能, 都会影响非平衡晶界贫化的动力学过程.

9.6 动力学模拟

9.6.1 钢中磷的偏聚及其实验证实

1981 年 Shinoda 和 Nakamura 最早报告了外加张应力和压应力分别引起钢中磷的晶界偏聚和贫化的实验结果. 在他们的实验中, 实验用钢的化学成分是 Fe-30C-0.28Si-0.49Mn-0.05P-0.07S-2.29Cr-0.01Mo(wt%), 少于 0.015(wt%) 的痕量元素 (Shinoda et al., 1981). 材料首先在 1473K 固溶处理 0.5h, 然后油淬, 再在 973K 回火 2h 后水淬. 这样处理的材料先在 773K 无应力状态下时效 1000h, 以达到此温度下的平衡状态, 然后在这个温度下在 30 MPa 恒定张应力作用下分别时效 1 至 15h.

用 120eV 的 P 和 703eV 的 Fe 的俄歇谱峰高比 $I_{\rm p}/I_{\rm Fe}$ 表征张应力时效过程中 P 在晶界上的偏聚浓度, 见图 9-8 的 APR 曲线.

在计算机模拟之前, 图 9-8 中的 APR 曲线用校正因子式 (9-37) 转换为 P 的晶界浓度 X_b(at%) (Vorlicek et al., 1994; Faulkner, 1981; Sebel 1964):

$$X_b = 112A_{\rm P}(120{\rm eV})/A_{\rm Fe}(650{\rm eV}) \tag{9-37}$$

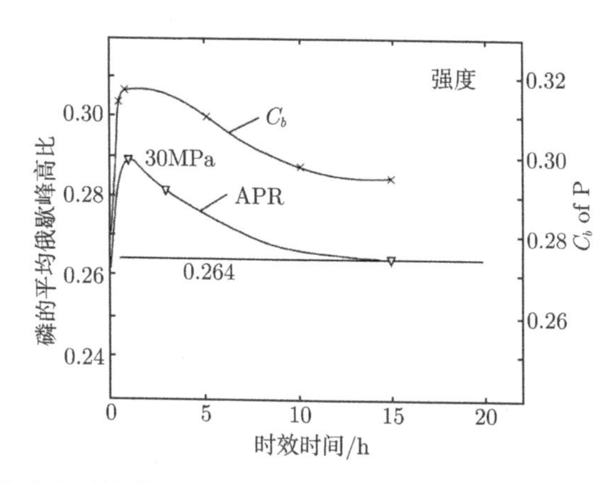

图 9-8　在 773K 张应力时效磷晶界偏聚的 APR 曲线 (Shinoda et al., 1981). C_b 曲线是用式 (9-31) 和式 (9-32) 模拟 APR 曲线的结果 (Xu, 2003 a, b)

这里 $A_{\rm P}$ 和 $A_{\rm Fe}$ 分别是 P 和 Fe 的俄歇峰高. $C_{b(\sigma=0)} = 0.2957$(at%), 在临界时间 1h 的晶界浓度 $C_b(t_c) = 0.318$(at%), 应力时效 3h 的晶界浓度 $C_b(t=3) = 0.317$(at%), 应力时效 15h 的晶界浓度 $C_b(t=15) = 0.2957$(at%), 均能够由式 (9-37) 从图 9-8 的 APR 曲线相应的值得到. 用式 (9-31) 模拟图 9-8 中应力时效时间短于 1h 的 APR 曲线, 用式 (9-32) 模拟图 9-8 中应力时效时间长于 1h 的 APR 曲线, 得到空位一磷复合体和磷原子的扩散系数列于表 9-3. 图 9-8 的 C_b 曲线是模拟的磷的晶界浓度随应力时效时间的变化. 模拟结果表明, 在 773K 温度下, 偏聚过程中空位一磷复合体扩散系数是 $3.14 \times 10^{-14}{\rm m^2 \cdot s^{-1}}$, 反偏聚过程中磷原子的扩散系数随时效时间的变化是 $D_{\rm P} = 10^{[(-0.0325/h)t-21.633]}$, 它从时效 1h 的 $21.63 \times 10^{-23}\ {\rm m^2 \cdot s^{-1}}$ 降低到时效 15h 的 $7.59 \times 10^{-23}\ {\rm m^2 \cdot s^{-1}}$.

比较模拟得到的空位一磷复合体扩散系数与文献 (Faulkner, 1981) 报告的空位一磷复合体在无应力作用下的扩散系数 $9.0\times10^{-17}\ {\rm m^2 \cdot s^{-1}}$, 可以发现张应力作用使空位一磷复合体的扩散系数增加 3 个数量级; 比较磷原子在无应力作用下的扩散系数 $7.4\times10^{-20}\ {\rm m^2 \cdot s^{-1}}$(Sebel, 1964), 可以发现张应力使磷原子在反偏聚中的扩散系数降低 3 个数量级.

由于外加张应力对复合体和溶质原子扩散速率的不同影响, 从临界时间公式 (9-14) 可以看出, 外加应力必然对临界时间也有明显的影响, 这一点文献 (Xu, 2003 b) 已作了分析. 文献 (Xu, 2003 b) 用模拟得到的张应力作用下复合体和溶质原子的扩散系数计算不同晶粒尺寸的临界时间, 与无应力情况的计算结果比较, 发现对钢中的磷而言, 张应力使临界时间变短.

表 9-3 用方程式 (9-31) 和方程 (9-32) 模拟图 9-8 中 APR 曲线的结果以及相应的磷晶界偏聚观察结果(Xu, 2003a)

时效时间/h	$D_{p-v}(\times10^{-14}\text{m}^2\cdot\text{s}^{-1})$ (模拟值)	C_b(at%) (模拟值)	APR of P (模拟值)	APR of P (观察值)
0.0	3.14	0.2957	0.2640	0.2640
0.5	3.14	0.3152	0.2814	
1.0	3.14	0.3181	0.2840	0.2900
	$D_p(\times10^{-23}\text{m}^2\cdot\text{s}^{-1})$			
1.0	21.63	0.3181	0.2840	0.2900
2.0	20.07	0.3181	0.2840	
3.0	18.62	0.3174	0.2834	0.2820
7.0	13.80	0.3052	0.2725	
11.0	10.23	0.2973	0.2654	
15.0	7.59	0.2957	0.2640	0.2640

陈莉等 (陈莉等, 2008) 在 520℃ 下对 2.25Cr-1Mo 钢, 用 40MPa 张应力时效不同时间, 俄歇谱测量晶界成分, 证实时效 0.5h, 晶界磷浓度达到极大值, 晶界上磷的原子百分比是 14.82%. 同时对俄歇谱试样断口进行电镜观察, 发现在晶界磷浓度达到极大值的时效时间 0.5h, 晶界脆性也达到极大值. 他们用 Xu (徐庭栋) 提出的理论模型, 计算模拟了他们的实验结果, 发现 40MPa 张应力的作用使空位一磷原子复合体的扩散速率增加一个数量级, 使单个磷原子的扩散速率降低 4 个数量级. 陈莉等的这一工作, 再一次实验证实了 Xu 理论模型, 并首次将弹性张应力引起的晶界成分的改变与性能联系起来.

9.6.2 钢中硫的偏聚

Misra (1996) 报告了张应力作用引起钢中硫的晶界偏聚规律, 获得了迄今最精确的俄歇谱测量结果, 如图 9-2 所示. 他采用 2.6Ni-Cr-Mo-V 钢, 化学成分 (wt%) Fe-0.24C-0.24Si-0.34Mn-0.01P-0.01S-0.40Cr-0.28Mo-2.60Ni-0.006N-(400ppmSn)-0.10V. 试样首先在 883K 温度无应力状态下时效 2160 ks(千秒), 以达到平衡状态, 然后加载 $35\text{kg}\cdot\text{mm}^{-2}$ 在同一温度 883K 下应力时效至不同的时间, 最长至 25h. 用俄歇谱测量各个不同应力时效时间硫的晶界偏聚浓度, 结果列于图 9-2 和表 9-4. 用方程式 (9-31) 和式 (9-32) 计算机模拟 Misra 俄歇谱测量的晶界偏聚动力学曲线, 式

(9-31) 和式 (9-32) 中的扩散系数是未知量, 通过模拟可求出的量. 偏聚过程和反偏聚过程的扩散系数的模拟结果列于表 9-4.

表 9-4 用方程式 (9-31) 和式 (9-32) 模拟 Misra 俄歇谱测量的 2.6Ni-Cr-Mo-V 钢中硫在 883K 张应力下的晶界偏聚动力学曲线的结果 (Xu, 2003a)

时效时间/h	$D_{s\text{-}v}(\times 10^{-12}\text{m}^2\cdot\text{s}^{-1})$ (模拟值)	C_b(at%) (模拟值)	APR/Hz (模拟值)	APR/Hz (观察值)
0.0	2.06	0.4816	0.4300	
1.0	2.06	0.6573	0.5869	0.57
2.0	2.06	0.6832	0.6100	0.61
3.0	2.06	0.6832	0.6100	0.61
	$D_s(\times 10^{-23}\text{m}^2\cdot\text{s}^{-1})$			
3.0	7.42	0.6832	0.6100	0.61
6.0	8.73	0.6830	0.6098	0.61
10.0	10.84	0.6610	0.5902	0.58
15.0	14.22	0.5783	0.5163	0.51
20.0	18.64	0.4816	0.4300	0.43

复合体扩散引起非平衡晶界偏聚是材料学界普遍接受的一个假设. 但是应力作用下复合体扩散系数至今无法从实验上确定. 我们通过动力学方程模拟实验数据给出了从实验上求复合体扩散系数的方法, 这是迄今为止唯一的方法, 并首次求得在张应力作用下, 硫原子一空位复合体在钢中得扩散系数是 $2.06 \times 10^{-12}\text{m}^2\cdot\text{s}^{-1}$. 并求出张应力作用下硫原子的扩散系数是 $18.6\times 10^{-23}\text{m}^2\cdot\text{s}^{-1}$.

弹性张应力引起的非平衡晶界偏聚过程, 是复合体向晶界的扩散流与溶质原子反向的扩散流相互抵消的结果. 由于复合体的扩散流随应力时效时间的延长而减弱, 它对溶质原子的反向扩散流的抵消将随应力时效时间延长而减弱, 表现在反偏聚过程中就是溶质原子的扩散速率随应力时效时间的延长而增加, 模拟的溶质扩散系数将随应力时效时间而增加. 这一点已由对 Misra 的实验结果的模拟所证实. 从图 9-2 和表 9-4 可以看出, Misra 的 APR(俄歇谱峰高比) 实验曲线在反偏聚阶段 ($t \geqslant 3$h) 是凸型曲线 ($\partial^2 C_b/\partial t^2 < 0$). 用方程式 (9-31) 和式 (9-32) 模拟这样的曲线, 需要式 (9-32) 中的溶质扩散系数与时效时间 t, 有如下关系: $D_s = 10^{[(0.0235/h)t-22.059]}\text{m}^2\cdot\text{s}^{-1}$, 它将从在时效 3h 的 $7.42\times 10^{-23}\text{m}^2\cdot\text{s}^{-1}$ 增加至在时效 20h 的 $18.6\times 10^{-23}\text{m}^2\cdot\text{s}^{-1}$. 溶质原子扩散系数随时效时间的增加, 就反映了复合体扩散的抵消作用随时效时间而减弱这一事实. 虽然, Shinoda 和 Nakamura 的实验结果是此领域的开创性工作, 但由于他们在大于临界时间的区域取的实验点太少, 只有三点, 这使得 APR 曲线在此区间是凹性曲线 ($\partial^2 C_b/\partial t^2 > 0$), 这样的曲线需要磷的表象扩散与时效时间的关系 $D_\text{P} = 10^{[(-0.0325/h)t-21.633]}$ 来描述, 表象扩散系数从 1h 的 $21.63\times 10^{-23}\text{m}^2\cdot\text{s}^{-1}$

降低到时效 3h 的 $7.59\times10^{-23}\text{m}^2\cdot\text{s}^{-1}$. 这是由于实验结果的不精确引起了错误的结论.

空位和溶质原子形成复合体向晶界扩散引起非平衡晶界偏聚是材料学界普遍采用的一个假设, 但至今没有实验上的证实. 从我们建立动力学方程的过程可以看出, 式 (9-31) 和式 (9-32) 的获得并不需要预先假定向晶界扩散的扩散体一定是复合体, 而返回晶内的扩散体一定是溶质原子. 但是从表 9-4 模拟结果可以看出, 向晶界扩散的扩散系数是 $2.06\times10^{-12}\text{m}^2\cdot\text{s}^{-1}$, 向晶内扩散的扩散系数是 $1.86\times10^{-22}\text{m}^2\cdot\text{s}^{-1}$. 两者相差 10 个数量级. 扩散速率上这样巨大的差别表明, 两个扩散过程是由完全不同的扩散体参与的. 但两者都只引起晶界硫浓度的改变, 这又说明两个扩散体都只与硫原子相关. 这就最确凿地证实了应力时效过程中空位—硫原子复合体向晶界扩散, 单个硫原子自晶界向晶内扩散, 从而首次证实了非平衡晶界偏聚的复合体扩散机制. Ning 等 (Ning et al., 1995) 讨论了非平衡晶界偏聚过程中的异常快速扩散问题, 他们的计算结果表明磷的异常快速扩散是由于空位－磷原子复合体扩散引起的.

这里要说明的是, 无论在求晶界区弹性模量的计算中, 还是在动力学模拟的计算中, 力学平衡方程 (9-9) 和动力学方程 (9-31) 中的量 $C_{b(\sigma=\sigma)}$ 均由实验可测的量 $C_b(t_c)$ 来代替. 从动力学机理上讲, $C_b(t_c)$ 包括了溶质原子反向扩散对复合体扩散的抵消作用, 而 $C_{b(\sigma=\sigma)}$ 是晶界区处于力学平衡状态下, 外加应力引起的最大溶质晶界浓度, 没有包括溶质原子反向扩散对复合体扩散的抵消作用. 但是, 从上述模拟结果可以看出, 相对于复合体的扩散速率, 溶质原子的扩散速率要低 10 个数量级. 因此它对复合体的抵消作用可忽略不计. 这就是可以用 $C_b(t_c)$ 代替 $C_{b(\sigma=\sigma)}$ 的原因.

模拟结果表明, 张应力作用下的复合体的扩散系数 $2.06\times10^{-12}\text{m}^2\cdot\text{s}^{-1}$, 比无应力作用的复合体扩散系数 $1.35\times10^{-15}\text{m}^2\cdot\text{s}^{-1}$(Zhang et al., 2000) 高 3 个数量级. 张应力作用下硫原子的扩散系数 $1.86\times10^{-22}\text{m}^2\cdot\text{s}^{-1}$ 比无应力作用下硫的扩散系数 $1.24\times10^{-17}\text{m}^2\cdot\text{s}^{-1}$(Zhang et al., 2000) 低 5 个数量级. 因此, 可以得出这样的结论, 张应力将增加钢中空位–硫原子复合体的扩散速率, 同时降低硫原子在钢中的扩散速率. 这也是对关系式 (9-24) 和式 (9-25) 的证实. 文献 (Xu et al., 2004a; Xu, 2003a) 的计算表明, 张应力使硫的非平衡偏聚的临界时间变长, 这与钢中磷的情况相反. 可见, 应力对临界时间的影响表现为更复杂的情况.

9.6.3 钢中磷的贫化

Shinoda 等 (Shinoda et al., 1981) 也测试了钢中磷在弹性压应力作用下晶界贫化动力学过程, 见图 9-9 的 APR 曲线. 从 APR 曲线的值 0.2640 可得, 在无应力作用下磷的平衡晶界浓度是 $X_{b(\sigma=0)}$=29.56(at%), 从 APR 曲线的值 0.2380 可得, 在临界时间磷的晶界浓度是 $X_{b(\sigma=\sigma)} = X_b(t_c)$=26.64(at%), 在应力时效 3h, 磷的晶界浓度是 $X_b(t)$=28.56(at%), 在 15h, 磷的晶界浓度是 29.56(at%), 磷的基体浓度可由 0.050(wt%) 获得 (Xu et al., 2004; Xu, 2003 a, b). 将磷的晶界浓度的原子百分数表示 X_b, 用 $C_b(t) = X_bN_0/N_0/V_m$ 转换为体积浓度 $C_b(t)$. 这里 N_0 是阿佛加德罗常数, V_m 是铁的摩尔体积. 用动力学方程 (9-33) 和方程 (9-36) 模拟 Shinoda 等获得的上述数据, 结果得到图 9-9 中的C_b 曲线和表 9-5 的数据.

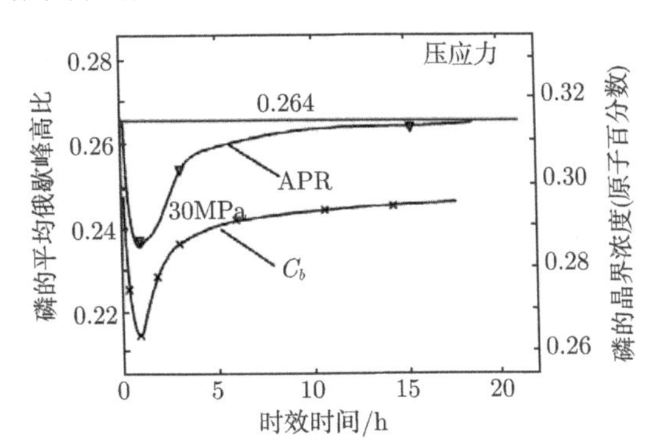

图 9-9 在 773K 压应力时效磷的晶界贫化 APR 实验曲线及其用方程 (9-33) 和方程 (9-36) 的计算机模拟结果

表 9-5 在 773K 压应力时效磷的晶界贫化 APR 实验曲线及其用方程 (9-33) 和方程 (9-36) 的计算机模拟结果及其实验观察值

时效时间/h	D_{p-v}/D_p (模拟值)	C_b/at% (模拟值)	APR of P (模拟值)	APR of P (观察值)
		D_{p-v}, $\times10^{-21}\text{m}^2\cdot\text{s}^{-1}$		
0	—	—	—	0.2640
0.01	27.05	0.2956	0.2639	
0.1	5.900	0.2912	0.2600	
0.5	2.052	0.2763	0.2467	
1.0	1.289	0.2666	0.2380	0.2380
	D_p, $\times10^{-17}\text{m}^2\cdot\text{s}^{-1}$			
1.0	—	—	—	0.2380
2.0	9.35	0.2778	0.2480	
3.0	45.57	0.2856	0.2550	0.2550
7.0	131.50	0.2912	0.2600	
11.0	230.20	0.2938	0.2623	
15.0	1061.01	0.2957	0.2640	0.2640

从表 9-5 的模拟结果可以看出, 离开晶界扩散的扩散系数从时效 0.01h 的 2.7 $\times10^{-20}\text{m}^2\cdot\text{s}^{-1}$ 变化到时效 1h 的 $1.3\times10^{-21}\text{m}^2\cdot\text{s}^{-1}$; 而向着晶界扩散的系数从时效

2h 的 $9.35\times10^{-17}\text{m}^2\cdot\text{s}^{-1}$ 变化到时效 15h 的 $1.06\times10^{-14}\ \text{m}^2\cdot\text{s}^{-1}$. 可见, 向着晶界扩散的扩散速率比离开晶界扩散的扩散速率高 3 至 7 个数量级. 两个过程扩散速率之间如此之大的差别说明两个扩散过程是由不同的扩散体参与的. 但两个扩散过程都只引起晶界磷浓度的变化, 说明两个不同的扩散体都只与磷原子有关. 这就较明确地表明了在压应力作用下, 空位–磷原子复合体扩散离开晶界引起磷的晶界贫化, 单个磷原子向晶界扩散, 引起磷的晶界反贫化过程.

如前所讨论的, 在贫化过程的开始, 复合体离开晶界的扩散是主导的, 这个扩散将随时效的延长而减弱. 这是因为在恒定的压应力下, 只有一定量的空位从单位体积的晶界区发射出来. 而相反方向的磷原子向晶界的扩散将随时效时间的延长而增强. 因此, 模拟的复合体的扩散系数应随时效时间的延长而降低. 由于复合体扩散流随时效时间的降低, 它对反向的磷原子扩散的抵消作用也降低. 因此模拟的磷原子的扩散系数应随时效时间而增加, 最后达到磷原子在压应力作用下的实际扩散系数. 这些预期都与表 9-5 中的模拟结果一致. 可见, 在压应力作用下复合体的实际扩散系数应接近于 $D_{p-v}=2.7\times10^{-20}\text{m}^2\cdot\text{s}^{-1}$, 磷原子的实际扩散系数应接近于 $D_p=1.06\times10^{-14}\text{m}^2\cdot\text{s}^{-1}$.

比较无应力作用下钢中空位–磷复合体扩散系数 $9.0\times10^{-17}\ \text{m}^2\cdot\text{s}^{-1}$(Faulkner, 1981), 可以发现复合体的扩散系数在压应力作用下降低了 3 个数量级, 而相反地, 磷原子扩散系数从无应力作用下的 $7.4\times10^{-20}\text{m}^2\cdot\text{s}^{-1}$(Sebel, 1964) 增加至 $1.06\times10^{-14}\ \text{m}^2\cdot\text{s}^{-1}$, 增加大约 6 个数量级. 这些结果证实了前面的分析: 作用应力既可以改变溶质原子的扩散系数, 又可以改变复合体的扩散系数, 这正如公式 (9-24) 和式 (9-25) 所表明的. 复合体是一个局部呈张应力的小单元, 其浓度的增加将使外加应力引起的压应力场降低; 而在间隙位置的磷溶质原子是一个局部呈压应力的小单元, 其浓度增加使压应力场增加. 这反映到公式 (9-24) 中的 $\partial P/\partial\ln C_c$ 项和式 (9-25) 中的 $\partial P/\partial\ln C_p$ 项可具有正负相反的符号, 从而使压应力对复合体和溶质原子的扩散系数的影响完全相反, 即令复合体扩散速率降低, 溶质原子扩散速率增加.

比较溶质原子或复合体扩散系数在压应力和张应力作用下的变化是有趣的. 如文献 (Xu, 2003b; Xu et al., 2004a) 报告的, 在 30 MPa 张应力作用下, 钢中空位—磷原子复合体的扩散系数是 $3.14\times10^{-14}\ \text{m}^2\cdot\text{s}^{-1}$, 比无应力作用的空位—磷原子复合体的扩散系数 $9.0\times10^{-17}\text{m}^2\cdot\text{s}^{-1}$(Faulkner, 1981) 高 3 个数量级. 可是相反的, 钢中磷原子的扩散系数, 从无应力状态的 $7.4\times10^{-20}\ \text{m}^2\cdot\text{s}^{-1}$(Song et al., 2005) 降低至张应力作用下的 $7.59\times10^{-23}\text{m}^2\cdot\text{s}^{-1}$. 张应力使之降低 3 个数量级. 因此可以得出结论, 作用张应力将使复合体的扩散系数增加, 使溶质原子的扩散系数降低; 相反的, 压应力作用将使复合体的扩散系数降低, 使溶质原子的扩散系数增加. 如前所述, 空位—磷原子复合体可以看作是晶体点阵中处于张应力状态的单元, 点阵中处于间隙位置的磷原子可以看作是处于压应力状态的单元. 当复合体在张应力场中从点

阵的 A 位置移至 A' 位置时, A' 位置的应力状态比在压应力场和无应力的情况更接近于复合体的应力状态, 因此复合体在张应力场中更易于移动到 A' 位置. 当处于间隙位置的溶质原子在一个压应力场中从 A 位置移至 A' 位置时, A' 位置的应力状态比在张应力场和无应力的情况更接近于溶质原子的应力状态, 因此溶质原子在压应力场中更易于移动到 A' 位置. 这就是张应力增加复合体的扩散速率, 降低溶质原子的扩散速率, 压应力降低复合体的扩散速率, 增加溶质原子的扩散速率的原因.

9.7 小　　结

弹性应力作用下金属弹性变形, 引起晶界结构和成分的改变, 是本书作者在本世纪初率先在国际上开展的一个研究领域. 从它的微观机制, 到动力学过程的定量描述, 给出了一个新的理论体系. 这个理论体系的可靠性, 通过动力学方程对实验结果的模拟, 以及求得的晶界区滞弹性模量与原子模拟结果的对比, 得到初步证实. 这是十几年前的情况了. 自从这个理论体系产生以来的十几年里, 它已被用于分析金属拉伸试验过程的弹性变形阶段, 发现在拉伸试验的弹性变形阶段, 杂质原子, 空位和晶界之间发生了本章所述的交互作用过程, 改变了晶界的成分, 引起了拉伸力学性能测试的不确定性, 危及到拉伸试验技术的可靠性和可行性, 动摇了金属力学性能科学的试验基础 (Xu, 2016). 这些进展既是对本章理论体系的试验验证, 也是理论的重大工程技术应用. 这是第 10 章将要讨论的主要内容.

参考文献

陈莉, 袁泽喜, 周家祥, 等. 2008. 武汉科技大学学报, 31(4): 357

葛庭燧. 2000. 固体内耗理论基础 晶界弛豫与晶界结构, 科学出版社, 北京

郑宗文, 徐庭栋, 王凯, 等. 2012 物理学报, 61: 246202

Aaron H B, Bolling G F. 1972. Surf. Sci., 31: 27

Balluffi R W, Chan J W.1981. Acta Metall., 29: 493

Bika D, Pfaendtner J, Menyhard M, et al. 1995. Acta Metall., 43: 1985

Carlslaw H S, Jaeger J E. 1947. Conduction of Heat in Solids, Oxford: Clarendon Press

Carter C B, Foell H.1978. Scr. Metall., 12: 1135

Chisholm M F, et al. 1999. Mater Sci Forum, 294-296: 161

Faulkner R G.1981. J. Mater. Sci., 16: 373

Fitzsimmons M R, Eastman J A, Muller-Stach M, et al. 1991. Phys. Rev. B, 44:2452

Gleiter H.1982. Mater. Sci. Eng., 52: 91

Gleiter H, Hornbogen E, Baro G. 1964. Acta Metall., 6:1053

Herr U, Jing J, Birringer R, et al.1987. Appl. Phys. Lett., 50(8): 472

Hippsley C A, Knott J F, Edwards B C.1980. Acta Metall., 28: 869

Hondros E D, Seah M P.1983. Interfacial and Surface microchemistry, by R.W. Cahn and P. Haasen, eds. Physical Metallurgy; third, revised and enlarged edition, Elsevier Science publication, BV, 894-895

Hort E.1986. diploma thesis, Universitaet d. Saarlandes, 1-55

Kameda J, Bloomer T E. 1999. Acta Mater., 47 (3): 893

Ke T S. 1947a. Phys. Rev., 71: 533

Ke T S. 1947b. Phys. Rev., 72: 41

Kluge M D, et al. 1990. J Appl. Phys, 67: 2370

Laporte V,Mortensen A. 2009. Inter. Mater. Rev., 54 (2): 94

Lee J R, Chiang Y M.1996. Mater. Sci. Forum, 207-209: 129

Lu K, et al. 1997. J. Mater. Res. 12: 923

Marukawa K. 1977. Philos. Mag., 36:1375

McLean D.1957. Grain boundaries in Metals. Oxford Univ. Press, 42

Misra R D K. 1996. Acta Mater., 44: 885

Ning C, Yu Z. 1995. J. Mater. Sci. Letter.,14: 557

Paul B. 1960. Trans. AIME, 218: 36

Pumphrey P H,Malis T F, Gleiter H. 1976. Philos. Mag., 34: 227

Raj R, Ashby M F. 1975. Acta Metall., 23: 653

Sebel G.1964. Men. Sci. Rev. Met., 60: 413

Shinoda T, Nakamura T. 1981. Acta metall., 29: 1631

Simonen E P. 1995. Materials Research Society Symposium Proceedings, 373: 95

Smallman R E. 1983. Modern Physical Metallurgy, 3ed ed. London:Butterworth & Co (Publishers) Limited, 258-259

Song S H, Weng L Q. 2005. Mater. Sci. Technol., 21: 305

Song S H, Wu J, Wang D Y, et al. 2006. Mater. Sci. Eng. A, 430: 320

Sun Z, Laitem C, Vincent C. 2008. Mater. Sci. Eng., A 477: 145

Vorlicek V, Flewitt P E J. 1994. Acta Metall. Mater., 42(10): 3309

Wolf D, Okamoto P R, Yip S, et al. 1990. J. Mater. Res.,5 (2): 286

Xu T. 2000. J. Mater. Sci., 35: 5621

Xu T. 2002. Scripta Mater., 46 (11): 759

Xu T. 2003 a. Philos. Mag., 83 (7): 889

Xu T. 2003 b. Mater. Sci. Technol., 19 (3): 388

Xu T. 2007. Philos. Mag., 87(10): 1581

Xu T, Cheng B. 2004a. Prog. Mater. Sci., 49(2):109

Xu T, Song S. 1989. Acta Metall., 37(9): 2499

Xu T, Zheng L. 2004b. Philo. Mag. Lett., 84 (4): 225

Xu T, Zheng Lei, Wang Kai, et al. 2013. Inter. Mater. Rev., 58 (5): 263
Zener C. 1948. Elasticity and Anelasticity of Metals. Chicago: The University of Chicago Press, 1-22
Zhang Z L, Lin Q, Yu Z. 2000. Mater Sci Technol., 16: 305
Zheng L, Xu T. 2004. Mater. Sci. Technol., 20 (5): 605
Zheng Lei, Pavel Lej cek, Shenhua Song, et al. 2015. J. Alloys Comp., 647: 172
Zhou Y, Erb U, Aust K T, et al. 2003. Scripta. Mater., 48: 825
Zhu X, Birringer R, Herr U, et al. 1987. Phys. Rev. B, 35: 9085

第10章 金属拉伸力学性能测试不确定性机理

10.1 问题的提出

拉伸试验用于评价金属或合金的强韧性. 在金属拉伸试验中, 试样在一定的温度下以恒定的应变速率拉伸至断裂. 通过拉伸试验能获得的金属力学性能指标是弹性模量、屈服强度、抗拉强度、延伸率和断面收缩率等. 这些力学性能指标是金属结构材料研究、技术开发和应用的重要基础. 因此, 作为获得这些性能的最基本实验方法的拉伸试验, 对于金属结构材料的加工、工程设计和应用也是重要的基础 (Xu, 2016; Xu et al., 2013). 1933 年, ASTM 组织就制定了金属高温拉伸试验技术标准 [ASTM International: 2003 Standard Test Methods for Elevated Temperature Tension Tests of Metallic Materials ASTM International, Designation: E21-03a,1]; 国际标准组织 ISO 也于 1947 年制定了相应的拉伸试验技术标准 [International Standard 2011 ISO 6892-2, Metallic Materials-Tensile Testing Part 2: Method of Test at Elevated Temperature (1st Ed.)]. 此后, 大约每 5 年都对标准进行一次审查或修订. 但是, 对于这样一个应用广泛且重要的技术标准,ISO 的金属力学性能测试技术委员会 TC164 于 2011 年指出, 拉伸试验由于拉伸温度或拉伸速率的改变, 引起了力学性能测试结果的不确定性 (measurement uncertainty), 属于非试验设备引起的测试不确定性.ISO 的 TC164 用图 10-1 和图 10-2 表述了这种不确定性. 图 10-1 是金属在给定应变速率下不同温度拉伸获得的应力—应变曲线. 图 10-2 是在给定温度下不同应变速率拉伸获得的应力—应变曲线.

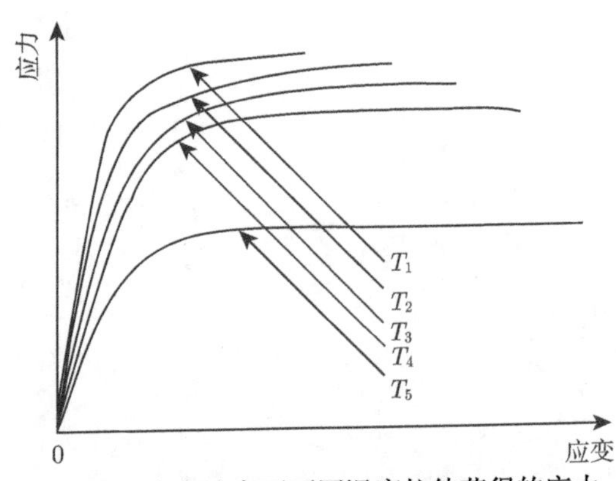

图 10-1 金属在给定应变速率下不同温度拉伸获得的应力—应变曲线

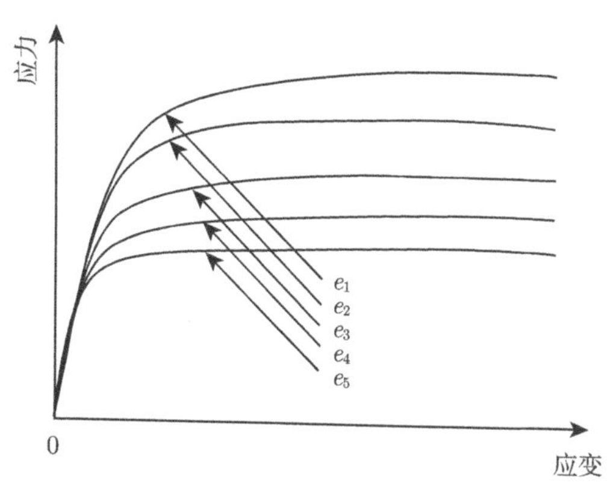

图 10-2 金属在给定温度下不同应变速率拉伸获得的应力—应变曲线

图 10-1 和图 10-2 表明, 对于具有相同热历史的同一金属或合金, 拉伸试验的拉伸温度或拉伸应变速率的改变, 都会引起拉伸试验的应力——应变曲线的改变, 导致力学性能测试结果的改变. 很显然, 这些试验结果的改变, 是在拉伸过程中发生的, 所得结果已不是被测金属拉伸前的力学性能了. 国际标准组织金属力学性能测试技术委员会称此为拉伸温度改变和应变速率改变引起的力学性能测试结果的不确定性, 这里包括弹性模量、屈服强度、抗拉强度、延伸率和断面收缩率等测试结果的不确定性. 他们在标准 ISO6892-2-2011 中指出: 由拉伸试验温度的改变和应变速率的改变引起的力学性能测试结果的不确定性, 必须通过试验来确定, 因为这种不确定性随被测金属的不同而极大的不同. 这种情况使现行的拉伸试验技术标准, 不可能对一个拉伸试验试样, 给定一个可预知的 (predictable) 拉伸试验温度和应变速率 (Xu et al., 2015). 这里所谓的可预知的拉伸温度和应变速率, 是指可以获得试样拉伸前的力学性能的拉伸温度和速率. 因为根据测试不确定性, 每改变一个拉伸温度或速率, 都获得一组不同的力学性能, 在这多组力学性能中, 没有一组力学性能可以被认为是试样拉伸前的力学性能了. 这就显示了现行的拉伸试验技术在选取拉伸温度和应变速率上缺乏根据, 导致了对被测金属力学性能的误判, 对拉伸试验技术的可行性和可靠性都形成了根本性的冲击. 如文献 (Xu, 2016) 所述, 对于绝大多数含有微量杂质的金属与合金, 自从伽利略 (1564-1642) 开始用拉伸试验测试金属的强度以来, 试样拉伸前的力学性能, 从来没有能通过拉伸试验获得过. 可见, 该技术委员会提出的拉伸试验测试力学性能不确定性这一新概念, 动摇了金属力学性能科学的试验基础. 尽管该技术委员会在提出这一概念时, 并没有清楚的认识到这一点.

近期, 在第 9 章金属弹性变形微观理论基础上, 文献 (Xu et al., 2013a, b; 徐庭栋等, 2014; Xu et al., 2015; Xu, 2016) 提出金属拉伸力学性能测试不确定性的发生机理, 揭示出不确定性对现行拉伸试验技术和标准可行性和可靠性的冲击, 以及建立新拉伸试验技术体系的必要性及其技术方案. 这将是本章讨论的内容.

10.2　测试不确定性实验现象

图 10-1 和图 10-2 只表明对于具有相同热历史的同一金属或合金, 拉伸试验的拉伸温度和应变速率的改变能引起各个力学性能指标的改变, 其发生机理并不清楚. 各个力学性能指标是如何在拉伸过程中随拉伸温度和应变速率的改变而变的, 即测试不确定性的试验表象规律, 对研究不确定性的发生机理至关重要. 本节将描述拉伸温度和应变速率改变引起的断面收缩率 (或延伸率) 的测试不确定性的试验现象和特征, 以便在下节提出测试不确定性的发生机理.

10.2.1　中温脆性

图 10-3 是 Sun 等 (Sun et al., 1991a, b) 用 5 种不同的应变速率, 在不同温度对 Fe-17Cr 不锈钢拉伸试验测试的结果. 表明对于每一个确定的应变速率, 断面收缩率都随拉伸温度而变, 表现出拉伸温度改变引起的测试不确定性. 对于每一个应变速率, 都存在一个中间温度使脆性达到极大值 (断面收缩率极小值), 称为中温脆性 (Sun et al., 1991a, b). 随着拉伸应变速率的降低, 出现脆性极大值的温度向低温移动.

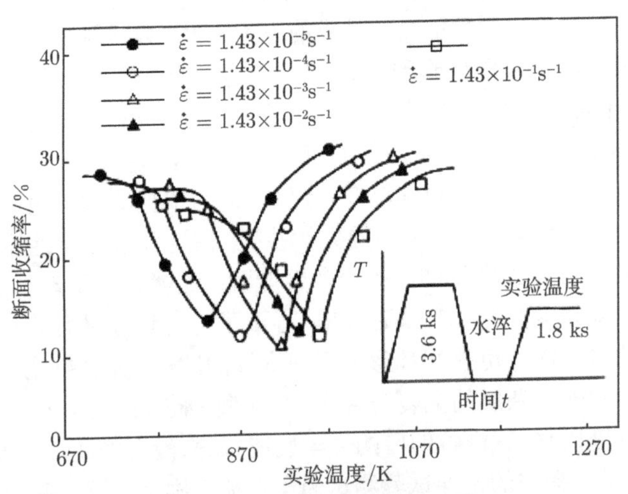

图 10-3　Fe-17Cr 合金断面收缩率随拉伸温度和速率的变化 (d=0:60 mm)
(Sun et al., 1991a, b)

图 10-4 是 Otsuka 等 (Otsuka et al., 1984) 用 5 种应变速率对 Al-5.2wt%Mg 合金的拉伸试验结果, 表现出与上述 Fe-17Cr 不锈钢相同的中温脆性, 即断面收缩

率随拉伸温度而变, 拉伸温度改变引起测试不确定性. 对于每一个确定的应变速率也存在一个中间温度, 使脆性达到极大值 (断面收缩率极小值), 且随拉伸速率的降低, 取得脆性极大值的温度向低温移动.

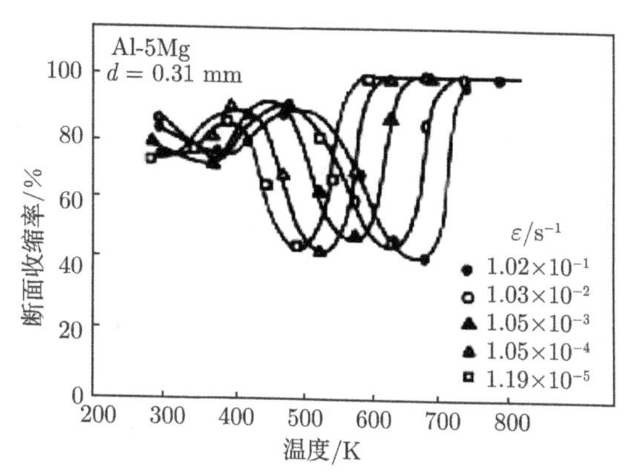

图 10-4 Al-5%Mg 合金在不同应变速率下断面收缩率随拉伸温度的变化(Otsuka et al., 1984)

图 10-5 是 Nowosielski 等 (Nowosielski et al., 2006) 拉伸试验测试 CuNi25 合金的结果, 也表明断面收缩率随拉伸温度而变, 拉伸温度改变引起的测试不确定性、中温脆性. 对于一个确定的应变速率, 存在断面收缩率达到极小值的温度 (脆性极大值的温度), 且此温度随应变速率的降低向低温移动.

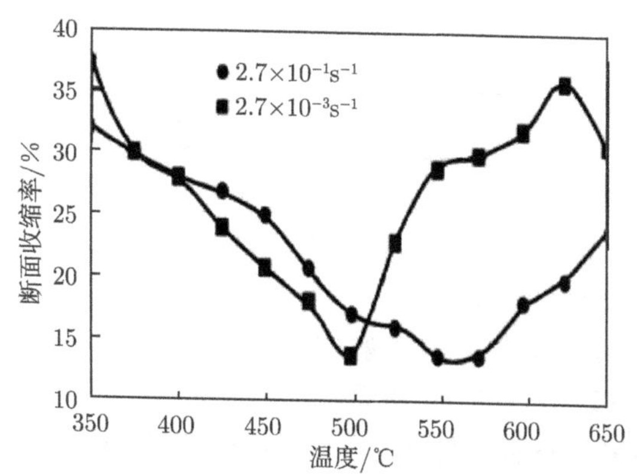

图 10-5 CuNi25 合金在不同应变速率下断面收缩率随拉伸温度的变化(Nowosielski et al., 2006)

中温脆性是杂质原子晶界偏聚引起的晶间脆性, 是一种晶界效应 (Xu et al., 2013). 图 10-3 的作者 Sun 等实验确定了 Fe-17Cr 不锈钢的中温脆性是杂质原子磷和硫的晶界偏聚引起的晶界脆性 (Sun et al., 1991a,b). Horikawa 等研究表明,

Al-5.2%Mg 合金中极微量的 Na (1.8 ppm) 作为杂质原子偏聚到晶界上, 引起了图 10-4 所示的合金的中温脆性 (Horikawa et al., 2001). 图 10-5 的作者发现脆性裂纹沿晶界开裂, 虽没有研究何种杂质原子引起晶界脆化, 但也明确了中温脆性的晶界效应 (Nowosielski, 2006).

对于热历史相同的同一金属与合金, 在各个不同的温度以相同应变速率拉伸试验, 如图 10-3 至图 10-5 所示, 其断面收缩率随拉伸温度的改变而变, 对于一个确定的应变速率, 存在一拉伸温度使断面收缩率达到极小值 (脆性极大值), 此即为金属的中温脆性 (Xu et al., 2013b). 所以中温脆性是拉伸试验技术标准 ISO 6892-2-2011 所认定的拉伸温度改变引起的断面收缩率的测试不确定性. 也就是说, 这种测试不确定性, 是测试系统自身的要素——拉伸温度, 干扰了断面收缩率的测试结果. 自 1877 年中温脆性首先在铜合金中发现以来的 100 多年里, 其发生机理一直是不清楚的, 是材料科学与工程领域的难题 (徐庭栋, 2009). 显然, 中温脆性这种拉伸试验测试的不确定性, 是在拉伸试验过程中发生的, 只能从拉伸试验过程的每个阶段寻找其发生的机制, 不是被测金属拉伸试验前固有的性质. 文献 (Xu et al., 2013b) 首次指出, 金属与合金的中温脆性是执行现行的拉伸试验技术标准引起的.

上述拉伸试验温度改变引起的断面收缩率测试的不确定性, 或中温脆性试验现象, 有以下特点:

(1) 以一定的应变速率拉伸, 断面收缩率随拉伸温度而变;

(2) 存在一个拉伸温度, 使断面收缩率达到极小值;

(3) 降低拉伸应变速率, 取得断面收缩率极小值的温度向低温移动.

10.2.2 应变速率脆性

图 10-6 是 Suzuki 在 1373K 以不同的应变速率对 Fe36Ni 含 Cu 合金拉伸试验结果 (Suzuki,1997). 表明断面收缩率随应变速率的改变而变, 表现出拉伸应变速率引起的测试不确定性, 称为应变速率脆性 (Xu et al., 2013a). 在一定的拉伸温度, 存在一个应变速率, 使断面收缩率达到极小值, 即临界应变速率.

图 10-7 来自图 10-3, 是图 10-3 试验结果的另一种表述形式 (Sun et al., 1991a, b; Xu et al., 2015). 它表示 Fe-17Cr 不锈钢在温度 923K 或 873K 分别以 5 个不同的应变速率拉伸, 应变速率的改变引起的测试不确定性, 即断面收缩率随拉伸应变速率的改变而变, 即应变速率脆性. 在各个温度都存在一个临界应变速率, 使断面收缩率达到极小值. 拉伸试验温度从 923K 降至 873K, 出现断面收缩率极小值的临界应变速率, 也从 $1.43 \times 10^{-3}\text{s}^{-1}$ 降低至 $1.43 \times 10^{-4}\text{s}^{-1}$. 由此引起了图 10-7 中的下述试验特征: 在拉伸速率小于临界应变速率的一侧, 即图 10-7 的左侧, 断面收缩率随应变速率的增加而降低, 且对应相同的应变速率, 高拉伸温度的断面收缩率高于低拉伸温度的断面收缩率; 而图 10-7 的右侧, 即在拉伸速率大于临界应变速率的

一侧, 情况正相反, 断面收缩率随应变速率的增加而升高, 且高拉伸温度的断面收缩率低于低拉伸温度的断面收缩率. 这些特征将在后面用于分析应变速率脆性的一些试验结果.

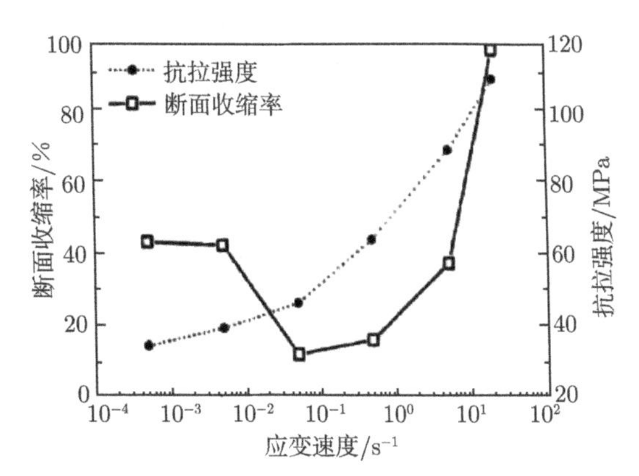

图 10-6 在 1373K 下 Fe36Ni 含 Cu 合金的应变速率脆性曲线 (Suzuki, 1997)

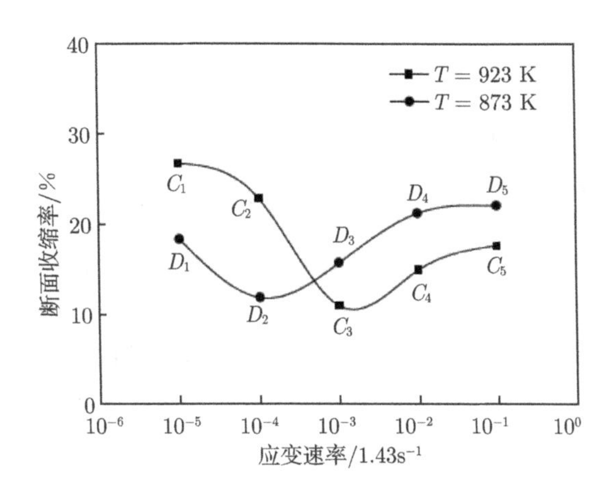

图 10-7 从图 10-3 得出的在 923K(C) 和 873K(D) 不同应变速率下, 两条完整应变速率脆性曲线

1, $1.43\times10^{-5}s^{-1}$; 2, $1.43\times10^{-4}s^{-1}$; 3, $1.43\times10^{-3}s^{-1}$; 4, $1.43\times10^{-2}s^{-1}$; 5, $1.43\times10^{-1}s^{-1}$ (Xu et al., 2015)

值得指出的是, 从图 10-4 Al-5.2wt%Mg 合金的试验结果, 也可以得到一定温度下五个不同应变速率拉伸的断面收缩率, 比如在 500K 和 600K, 也会得到如图 10-7 所示的相同结果, 即 Al-5.2wt%Mg 合金的断面收缩率随拉伸应变速率的改变而变. 在各个温度都存在一个临界应变速率, 使断面收缩率达到极小值, 且随拉伸温度降低, 临界应变速率也降低 (图略).

图 10-8 是 Nagasaki 等 (Nagasaki et al., 1987) 在 3 个不同温度下, 分别以不同的应变速率拉伸试验, 测试 C-Mn 含 S 钢的断面收缩率的变化, 也表现出应变速率改变引起的测试不确定性、应变速率脆性. 在 1173 K, 试验钢也存在一个临界应变速率, 在 $0.1s^{-1}$ 至 $1s^{-1}$ 之间, 使断面收缩率达到极小值. 在其他两个较高的拉伸温度, 断面收缩率随应变速率的增加而降低, 且对应相同的应变速率, 较高拉伸温度 1423 K 的断面收缩率, 都高于较低拉伸温度 1273K 的断面收缩率.

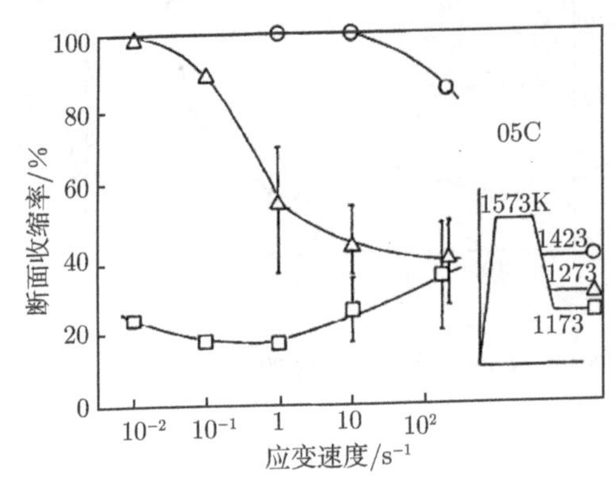

图 10-8 含有杂质元素 S 的 C-Mn 钢不同测试温度热韧性与应变速率依存关系(Nagasaki et al., 1987)

图 10-9 是 Suzuki(Suzuki, 1997) 拉伸试验测试的 C-Mn 含 Cu 钢韧脆性随拉伸应变速率的变化, 也表现出应变速率的改变引起的测试不确定性、应变速率脆性. 与图 10-8 相反, 图 10-9 表明, 断面收缩率随应变速率的增加而增加, 且对应相同的应变速率, 较低拉伸温度 1173K 的断面收缩率都高于较高拉伸温度 1273K 的断面收缩率, 1273K 的高于 1323K 的, 1323K 的高于 1343K 的等.

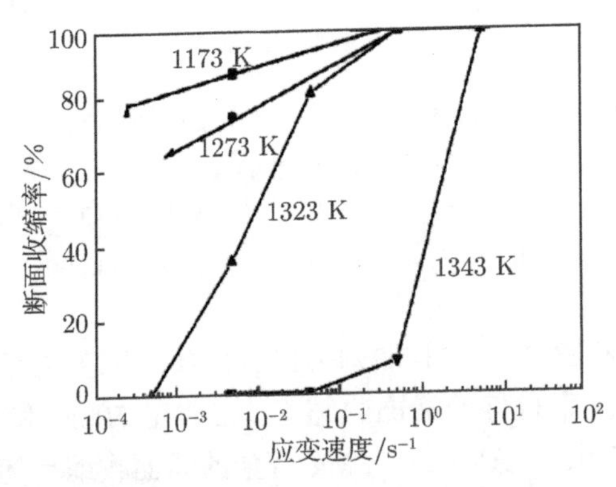

图 10-9 含有杂质元素 Cu 的 0.1C 钢在不同测试温度下热韧性与应变速率依存关系(Suzuki, 1997)

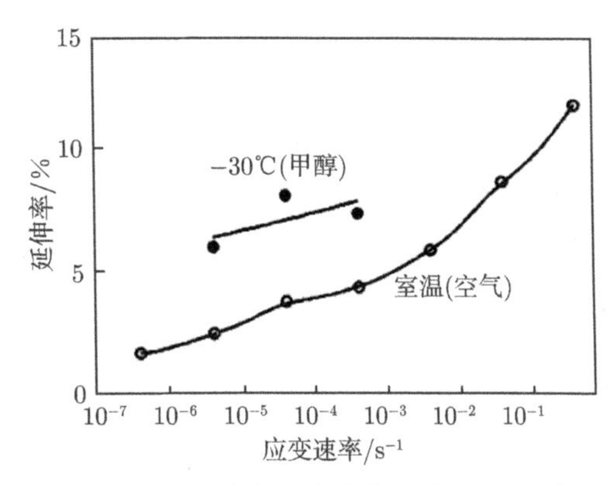

图 10-10 经过挤压—低温退火的合金在室温和 −30℃ 条件下应变速率对韧性的影响(Kumar et al., 1998)

图 10-10 和图 10-11 是 Kumar 等 (Kumar et al., 1998) 分别在 −30℃ 、室温和 700℃ 三个温度测试的 Fe-40Al-0.6C 合金延伸率随拉伸应变速率的变化, 也表现出拉伸应变速率改变引起的测试不确定性. 图 10-10 和图 10-9 相似, 都表明随拉伸应变速率的增加, 脆性降低 (延伸率增加), 且对应相同的应变速率, 较低拉伸温度 −30℃ 的延伸率都高于较高拉伸温度温室的延伸率.

图 10-11 与图 10-10 是相同热历史的 Fe-40Al-0.6C 合金的拉伸试验结果. 图 10-11 结果与图 10-10 表示的在室温和 −30℃ 下延伸率随应变速率变化的趋势相反, 在 700℃ 随拉伸应变速率的增加, 延伸率降低.

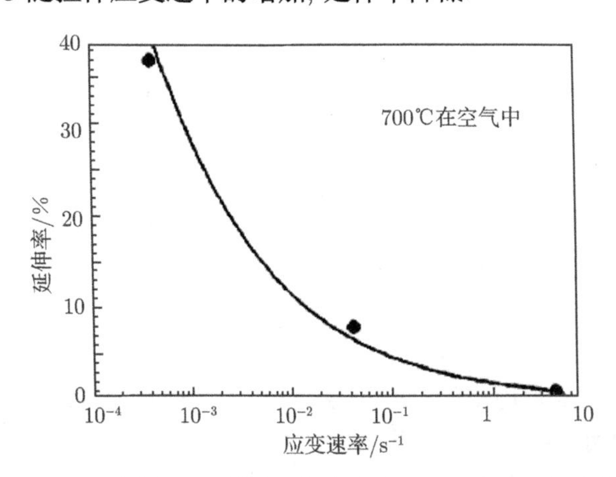

图 10-11 经过挤压—低温退火的合金在 700℃ 条件下应变速率对韧性的影响(Kumar et al., 1998)

值得指出的是, 试验已经证实, 图 10-6 至图 10-11 所表示的应变速率脆性, 都是各个合金中微量的溶质原子或杂质原子富集在晶界处引起的沿晶界脆性断裂, 是晶界效应. 对于图 10-6 和图 10-9 所示的应变速率脆性, Fe36Ni 含 Cu 合金和 0.1C 钢中 Cu 原子的沿晶界的偏聚起着主要作用, 引起晶间脆性断裂 (Suzuki, 1997). Fe-17Cr 不锈钢中的杂质原子磷和硫在晶界的偏聚引起了图 10-7 中的应变速率脆性 (Sun et al., 1991a,b). 图 10-8 的作者 Nagasaki 等表示, 正是 C-Mn 钢中的硫原子偏聚到晶界上, 弱化了晶界导致了图 10-8 中的脆性断裂 (Nagasaki et al., 1987). 对于图 10-10 和图 10-11 的应变速率脆性, 其作者 Kumar 等指出, Fe-40Al-0.6C 合金沿晶界断裂, 证实了碳原子偏聚到晶界上可能对于阻碍沿晶界脆断是无效的 (Kumar et al., 1998). 这表明了晶界和碳的偏聚在 Fe-40Al-0.6C 合金的脆性上起着主导作用.

对于热历史相同的同一金属, 在一定的温度下以不同的应变速率拉伸试验, 如图 10-6 至图 10-11 所示, 金属的断面收缩率或延伸率随拉伸应变速率的改变而变, 即应变速率脆性. 往往存在一应变速率使断面收缩率达到极小值, 称为临界应变速率. 应变速率脆性是拉伸试验技术标准 ISO 6892-2-2011 所认定的拉伸应变速率改变引起的测试不确定性 (Xu et al., 2013a). 也就是说, 这种测试不确定性是测试系统自身的要素——拉伸应变速率, 干扰了断面收缩率或延伸率的测试结果. 这种不确定性也只能从拉伸试验应变速率改变引起的效应中寻找其发生机理.

归纳图 10-6 至图 10-11 的试验结果, 可以得到应变速率改变引起的断面收缩率或延伸率的测试不确定性, 即应变速率脆性, 有以下实验规律和特征:

(1) 在同一拉伸温度, 应变速率的改变能引起金属断面收缩率或延伸率的变化, 称为应变速率脆性;

(2) 往往存在一个使断面收缩率达到极小值的应变速率, 称为临界应变速率;

(3) 随着拉伸试验温度的降低, 临界应变速率也将降低;

(4) 对于不出现临界应变速率的情况, 随着应变速率的增加, 断面收缩率既可以增加, 也可以降低; 对于断面收缩率 (或延伸率) 降低的情况, 对应相同应变速率, 较高拉伸温度的断面收缩率 (或延伸率) 总高于较低拉伸温度的断面收缩率 (或延伸率); 但对于断面收缩率 (或延伸率) 增加的情况正好相反, 对应相同应变速率, 较低拉伸温度的断面收缩率 (或延伸率) 总高于较高拉伸温度的断面收缩率 (或延伸率);

(5) 对于具有相同热历史的同一种合金, 在不同的拉伸温度, 延伸率既可以随应变速率增加, 也可以随应变速率降低.

10.2.3 纯金属的拉伸试验结果

如前所述, 金属中存在溶质原子或杂质原子 (固溶态), 在拉伸试验过程中, 偏聚到晶界上, 引起了拉伸力学性能测试的不确定性. 那么, 如果金属与合金中没有或者没有足够的杂质原子, 就不应该发生拉伸力学性能测试不确定性, 就应该测试到被测金属的原始力学性能. 实验证实, 对于高纯金属或合金, 并不发生中温脆性. Kraai 等 (Kraai et al., 1964) 的试验结果, 如图 10-12 所示, 证实不含 S 的纯镍不发生中温脆性, 断面收缩率不随拉伸温度而变. 但当纯镍的硫含量达到 5ppm 或更高时, 就有明显的中温脆性, 断面收缩率随拉伸温度而变, 存在一个拉伸温度, 断面收缩率达到极小值. 随着硫含量的增加, 脆性越严重.

Liu 等试验证实 (Liu et al., 1999), 含硫量低于 2ppm 到 5 个 ppm 的纯铁, 如图 10-13 所示, 就没有中温脆性了, 即没有因拉伸温度改变引起的测试不确定性, 断面收缩率约在 100%. Fe 中硫浓度高于 5ppm, 如图 10-13 中 Fe-5S, Fe-10S, Fe-20S, 和 Fe-80S 合金, 在 700K 至 1200K 之间, 随着硫含量增加, 出现越来越严重的测试不确定性, 即断面收缩率随拉伸温度而变, 存在一个拉伸温度, 使脆性达到极大值.

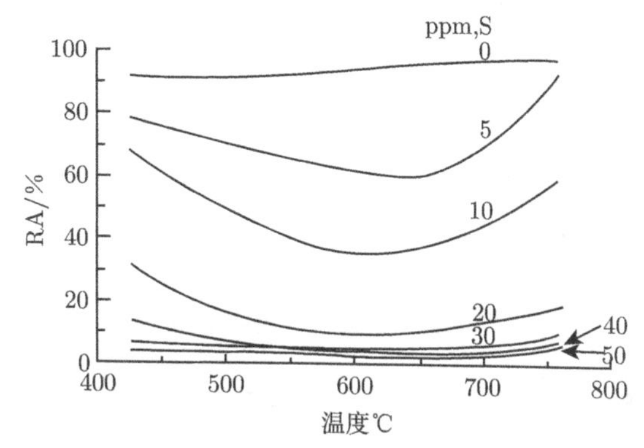

图 10-12 不同 S 含量的镍的断面收缩率随拉伸温度的变化 (Kraai et al., 1964)

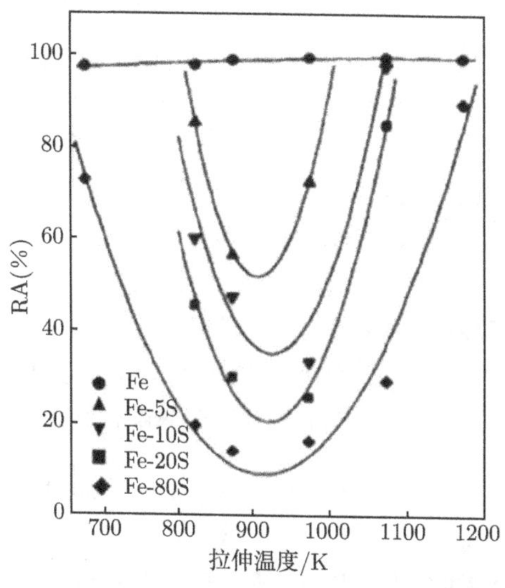

图 10-13 有不同量 S 的 Fe-S 合金的断面收缩率随拉伸温度的变化 (Liu et al., 1999)

Horikawa 等 (Horikawa et al., 2001) 在 $8.3 \times 10^{-4}s^{-1}$ 速率下拉伸试验研究了 Na 含量对 Al-5Mg 合金断面收缩率的影响, 如图 10-14 所示. 对于含有 1.8wt-ppm Na 的合金, 发生中温脆性, 断面收缩率随拉伸温度而变, 在 300℃ 达到最低. 对于含有 0.01wt-ppm Na 的合金, 中温脆性并不发生, 断面收缩率在各个温度保持稳定不变 (Horikawa et al., 2001).

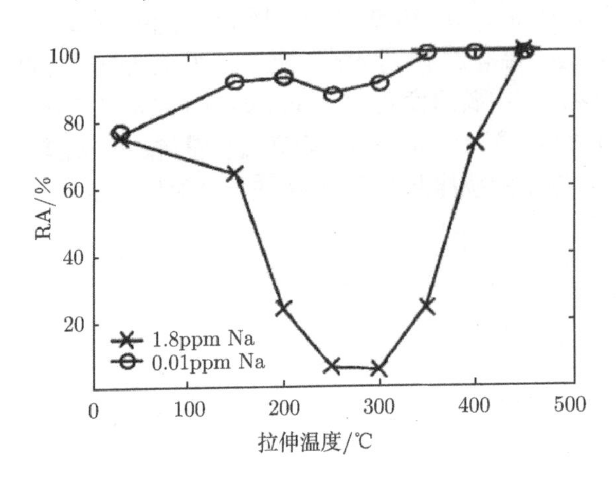

图 10-14　不同含 Na 量的 Al-5Mg 合金断面收缩率随温度的变化 (Horikawa et al., 2001)

Nachtrab 等 (Nachtrab et al., 1986) 对两种商用 C-Mn 钢 C 号钢和 D 号钢拉伸试验. 两种钢的化学成分列于表 10-1, 拉伸结果列于图 10-15 和图 10-16. 图 10-15 表明, 钢在应变速率 (0.13cm/min) 不变的情况下, 断面收缩率随温度的变化. 图 10-16 表明在拉伸温度不变的情况下, 断面收缩率随应变速率的变化. 从表 10-1 可以看出, C 号钢的杂质 Cu, Sb, Sn, 尤其是 S 的浓度, 都低于 D 号钢的. 从图 10-15 可见, C 号钢没有中温脆性, 即断面收缩率不随拉伸温度而变; 从图 10-16 也可以看出, C 号钢也没有应变速率脆性, 即断面收缩率不随应变速率而变, 如图 10-15 和图 10-16 所示, 断面收缩率在 100%附近. 可见, C 号钢既无中温脆性, 也无应变速率脆性. 从图 10-15 可以看出 D 号钢有中温脆性, 图 10-16 表明 D 号钢也有应变速率脆性, 可见, 如图 10-15 和图 10-16 所示, D 号钢既有中温脆性, 也有应变速率脆性. 图 10-15 和图 10-16 还表明, 金属与合金的中温脆性和应变速率脆性是同时存在的, 这即是说, 金属要有中温脆性, 它必有应变速率脆性, 反之亦然, 如 D 号钢: 金属没有中温脆性, 它也必没有应变速率脆性, 反之亦然, 如 C 号钢.

表 10-1　C 号钢和 D 号钢的化学成分 (Nachtrab et al., 1986)　　(wt%)

Heat	C	Mn	P	S	Si	Cu	Ni	Cr	Mo	As	Sb	Sn	Al	Al_{sol}	N
C	0.24	1.06	0.011	0.002	0.230	0.110	0.100	0.055	0.052	0.0082	0.0013	0.005	0.046	0.045	0.0176
D	0.19	1.32	0.009	0.019	0.218	0.263	0.203	0.160	0.061	0.0096	0.0035	0.036	0.036	0.030	0.0096

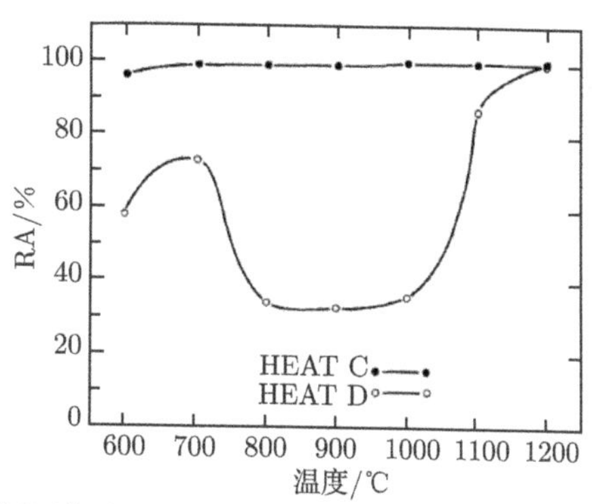

图 10-15 断面收缩率随拉伸温度的变化 (Nachtrab et al., 1986)

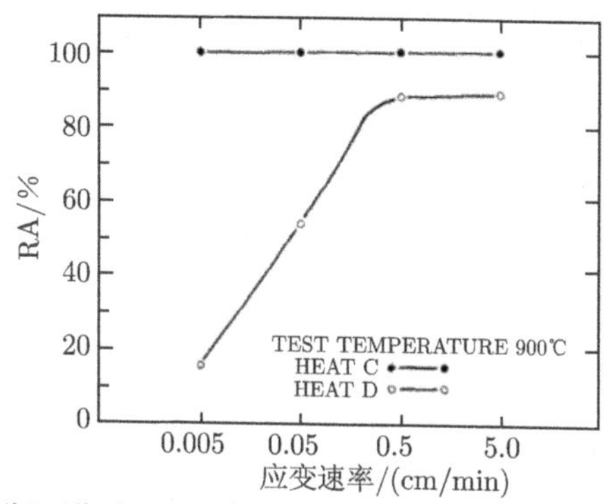

图 10-16 断面收缩率随应变速率的变化 (Nachtrab et al., 1986)

10.3 拉伸试验悖论

一个处于确定状态的金属与合金, 对应着一套唯一确定的力学性能. 对于拉伸试验而言, 它是试样拉伸前对应的力学性能, 本文称之为原始力学性能. 从上节金属拉伸试验结果可知, 金属可分为两大类, 一类是纯净金属与合金, 另一类是含有微量杂质或溶质原子的金属或合金. 对于纯金属与合金, 如图 10-12 表示的含硫量等于 0ppm 的纯镍, 图 10-13 表示的含硫量低于 5ppm 的纯铁, 图 10-14 表示的含钠量为 0.01ppm 的 Al-5Mg 合金, 图 10-15 和图 10-16 表示的 C 号 C-Mn 钢. 这些较纯的金属与合金, 其断面收缩率不随拉伸温度而变, 图 10-16 的 C 号 C-Mn 钢的断面收缩率也不随应变速率而变, 即没有拉伸试验测试不确定性问题, 这些图中所列的断面收缩率, 都是这些金属与合金的原始断面收缩率. 对于这些金属与合金, 按照现行的拉伸试验技术体系或标准, 在任何一个温度和应变速率下拉伸, 都能获得被测金属的原始力学性能, 即拉伸前试样的力学性能.

对于含有微量杂质的金属与合金, 却因拉伸温度或应变速率的改变, 得到若干不同的力学性能. 当拉伸速率不变时, 断面收缩率随拉伸温度而变, 如图 10-1 和图 10-3 至图 10-5, 图 10-12 至图 10-15 所示. 当拉伸温度不变时, 断面收缩率随拉伸应变速率而变, 如图 10-2 和图 10-6 至图 10-11, 图 10-16 所示. 这样就引起了如下问题: 金属试样拉伸前的状态对应着一个唯一确定的断面收缩率, 在这因拉伸温度或应变速率的改变引起的若干个不同的断面收缩率中, 哪一个拉伸温度和应变速率下的断面收缩率是试样拉伸前的断面收缩率呢? 虽然现在的试验者按照现行的拉伸试验技术标准, 都无根据的默认这些结果就是试样的原始断面收缩率, 其实上述试验结果, 没有一个能被证明是试样的原始断面收缩率. 测试不确定性事实反倒表明, 它们没有一个是被测试样的原始力学性能. 既然不是原始力学性能, 现行拉伸试验技术获得的这些性能是什么性能呢? 或者说这些性能对应着试样的什么状态呢? 这都是至今拉伸试验技术体系说不清楚的问题. 因此, 现行的拉伸试验技术体系所得的力学性能, 已没有明确的物理意义了.

金属试样都有一个唯一确定的原始力学性能, 经过在不同拉伸温度和应变速率拉伸, 获得多个不同的力学性能, 这表示被测金属试样的力学性能在拉伸试验过程中已经被不同程度的改变了. 现行的拉伸试验技术, 对于一个金属试样, 在一个温度和应变速率下拉伸, 得到一组力学性能, 认为是被测金属的力学性能, 在另一温度和应变速率下拉伸, 得到另一组不同的力学性能, 也认为是被测金属的力学性能. 这就使现行的拉伸试验技术体系和标准, 如同童话“瞎子摸象”一样, 摸到象的耳朵, 说大象长得像扇子, 摸到尾巴, 说大象长得像绳子等等, 没准了, 瞎拉了.

正如国际标准所指出的, 拉伸力学性能测试结果的不确定性, 必须通过试验来确定, 因为这种不确定性随被测金属的不同而极大的不同. 这种情况使现行的拉伸试验技术和标准, 不可能对一个拉伸试验试样, 预先给定一个可以获得原始力学性能的拉伸试验温度和应变速率. 所以现行的拉伸试验技术体系和标准未经证实的认定, 在任何一个温度和一个应变速率下拉伸, 获得的力学性能是被测金属拉伸前的力学性能, 是没有根据的, 是不成立的 (Xu et al., 2015; Xu, 2016).

按照现行的拉伸试验技术体系和标准, 两个不同的金属或合金, 在相同的拉伸温度和应变速率下拉伸, 由于拉伸力学性能测试的不确定性, 所得的两个金属的力学性能指标, 已经没有可比性了. 如 Nachtrab 等的试验结果 (Nachtrab et al., 1986), 图 10-15 和图 10-16 所示, 两种商用 C-Mn 钢 C 号钢和 D 号钢的拉伸试验结果. 按现行的拉伸试验技术和标准, 在一个温度和一个应变速率拉伸, 比如在 700℃, 以 0.13cm/min 速率拉伸, 由图 10-15 可知 C 和 D 钢的断面收缩率之差, 是 $100\%-65\%=35\%$. 这不能表示这两种钢的性能差别, 因为如果在 900℃ 同样的速率拉伸, 这个差就成了 $100\%-25\%=75\%$. 如此大的差别哪一个是两种钢的原始力学性能差别呢? 如果在 900℃ 以 0.005cm/min 拉伸, 由图 10-16 可知, 两种钢断面收缩率的差别是 $100\%-19\%=81\%$, 如果还在 900℃, 改以 0.5cm/min 速率拉伸,差别又成了 100%−85%= 15%. 可见, 没有一个拉伸温度和应变速率下获得的数据, 能表示两种钢的原始力学性能的比较结果, 这样测量出来的差别也没有意义了. 其实, 由于金属拉伸力学性能测试不确定性随被测金属的不同而极大的不同, 必然存在不同的金属, 如 A 和 B, 在一组拉伸温度和应变速率下拉伸, A 的性能高于 B 的性能, 而在另一组温度和速率下拉伸, B 的性能反倒可能高于 A 的性能. 所以在同一个拉伸温度和应变速率下拉伸试验, 比较两种金属的拉伸力学性能, 已经没有可比性了, 没有意义了.

下面是某高校金属力学性能课上师生之间的对话, 以此总结和结束本节.

教授讲: “通过拉伸试验, 可以获得金属材料的拉伸力学性能, 包括弹性模量、屈服强度、断裂强度、延伸率和断面收缩率,……”

一个大学生举手, 问: “这些性能是在一定的温度和应变速率下拉伸获得的吗? ”

教授回答: “当然是在一定的温度和应变速率下拉伸的. 否则, 怎么拉伸? ”

该大学生又问: “同样这个试样, 换一个拉伸温度或应变速率, 还能得到同样的拉伸结果吗? ”

教授 (考虑了一下) 回答:“根据实验, 只有极少数的纯金属与合金, 能得到同样的拉伸结果. 对于绝大多数含有微量杂质的金属与合金, 都得不到同样的结果了. 不同的拉伸温度或应变速率, 拉伸结果不同.”

大学生问: “差多少? ”

教授 (又考虑了一下) 答:“不知道. 可以很大, 且随被测金属的不同而极大的不同.”

大学生又问:“同一个试样, 同一个原始状态, 不同的拉伸温度和应变速率, 得到不同结果, 这么多不同的结果, 哪一个温度和应变速率下的结果, 是我们要测的试样在拉伸前的原始 (状态下) 力学性能啊! 这个原始力学性能应该只有唯一的一个啊! ”

教授 (想了片刻) 答:“无法确定哪一个结果, 或者根本没有一个结果是这一原始力学性能. 不知道! ”

大学生又问:“我们能找到获得这个原始 (状态下) 力学性能的拉伸温度和应变速率吗? ”

教授说:“从来没有想找过, 也从来没有找到过. 找不到! ”

大学生又问:“金属的力学性能, 必须与金属的一定状态相对应, 比如拉伸前的原始状态或服役下的状态. 那么, 以现行的拉伸试验技术和标准, 在每个温度或应变速率下拉出来的结果, 是什么状态下的力学性能?

教授 (又想了想) 说: “既然不是原始状态下的力学性能, 也不能表示服役状态下的性能, 那是什么状态下的性能呢? 不知道是什么状态下的性能, 没有明确的物理意义！”

大学生又问:“那么, 两种金属或合金, 在同一个拉伸温度和应变速率下拉伸, 所得的力学性能, 还有可比性吗？”

教授肯定地回答: “在同一个温度和应变速率下拉伸所得结果, 既不是两金属原始力学性能, 也不是服役状态下的性能, 那这两个拉伸结果比较的是什么呢? 没有意义了. 两个没有明确物理意义的结果相比较, 自然肯定没有意义. 所以说两者没有可比性.”

大学生又说:“老师, 是否可以这样理解: 因为拉伸力学性能测试不确定性随金属的不同而极大的不同, 使得改变拉伸温度或应变速率, 引起这两种金属力学性能之间的差别也极不相同, 使得两种金属在同一温度和应变速率下拉伸结果的比较, 也没有意义了, 没有可比性了.”

教授说:“对, 你的理解很正确.”

大学生说:“如此的现行拉伸试验技术和标准还有意义吗！”

教授说:“是啊, 现行的拉伸试验技术体系和标准其实是个悖论.”

10.4 测试不确定性的弹性变形机理

金属拉伸试验是自伽利略 (1564-1642) 时代开始的, 经过历代力学家的努力, 逐步形成的传统的经典试验方法, 居然有如此根本性的缺陷, 以至于虽然测试者历来普遍认为拉伸试验测试到了试样拉伸前的力学性能, 其实对于大多数金属, 都没有能测试到这个力学性能, 成为一个自相矛盾的悖论. 本节将讨论发生这个问题的原因.

10.4.1 拉伸试验过程的分析

按照金属拉伸试验技术标准, 拉伸试验是在一定的温度以不变的应变速率拉伸至断裂. 拉伸试验过程包括弹性变形阶段和其后可能的塑性变形至断裂. 在一定温度下拉伸试验, 金属经受的弹性变形量是一个不变的常数. 因此, 对于一个不变的应变速率, 拉伸试验过程的弹性变形时间是一定的, 用 EDT (elastic deformation time) 表示这一弹性变形时间, 而且随着拉伸应变速率的降低, EDT 将单调延长. 另外, 如式 (9-14) 所示, 弹性变形的临界时间随拉伸试验温度的降低而单调延长. 拉伸试验中应变速率对应的 EDT, 和拉伸温度对应的临界时间之间的相互关系的变化, 在本节中将被用于阐明断面收缩率测试不确定性的各种试验现象.

10.4.2 弹性变形的临界时间引起应变速率脆性

在一定的温度下, 以不同的应变速率拉伸至断裂, 每一个应变速率都对应着一个确定的 EDT, 随着应变速率的降低, EDT 延长. 因此必有一个应变速率, 其对应的 EDT 等于或最接近于在拉伸试验温度弹性变形的临界时间, 按照 9.5.1 节的临界时间概念, 以此应变速率拉伸, 杂质的晶界浓度和相应的脆性达到极大值 (断面收缩率达到极小值), 此即临界应变速率. 快于或慢于此应变速率, 其对应的 EDT 都短于或长于拉伸温度的临界时间, 根据弹性变形的临界时间概念, 相应的晶界杂质浓度和脆性都将降低 (断面收缩率升高). 这就产生了图 10-6 至图 10-8 所示的分别对 Fe36Ni 含 Cu 合金、Fe-17Cr 不锈钢和 C-Mn 含 S 钢拉伸试验, 得到的应变速率脆性, 断面收缩率随拉伸应变速率而变, 存在一个应变速率, 使脆性达到极大值 (断面收缩率极小值), 即临界应变速率. 图 10-6 的临界应变速率在 $10^{-1} \sim -10^{-2}\text{s}^{-1}$, 此速率对应的 EDT 等于或最接近于 Fe36Ni 中 Cu 在 1373K 的临界时间. 图 10-7 中在 923K 拉伸, 临界应变速率在 $1.43 \times 10^{-3}\text{s}^{-1}$, 其 EDT 等于或最接近磷或硫在 Fe17Cr 不锈钢中 923K 的临界时间. 图 10-7 中在 873K 拉伸, 临界应变速率在 $1.43 \times 10^{-4}\text{s}^{-1}$, 其 EDT 等于或最接近磷或硫在 Fe17Cr 不锈钢中 873K 的临界时间. 图 10-8 中在 1173K 拉伸, 临界应变速率在 0.1s^{-1} 至 1s^{-1} 之间. 其 EDT 等于或最接近 C-Mn 钢中硫在 1173K 的临界时间. 降低拉伸试验温度, 相应的拉伸温度弹性变形的临界时间延长. 这样就需要一个较慢的应变速率, 对应一个较长的 EDT, 等于或最接近于此较低拉伸温度的临界时间. 因此, 取得断面收缩率极小值的应变速率将降低, 即临界应变速率降低. 这就如图 10-7 所示的 Fe-17Cr 不锈钢的情况, 拉伸试验温度从 923K 降低至 873K, 临界应变速率也从 $1.43 \times 10^{-3}\text{s}^{-1}$ 降低至 $1.43 \times 10^{-4}\text{s}^{-1}$. 如前已述, 从图 10-4 中 Al-5%Mg 合金的试验结果也会得到如图 10-7 所示的结果. 因此, 对 Al-5%Mg 合金也会得出上述分析结果.

拉伸试验所采用的应变速率不一定达到临界应变速率, 存在拉伸应变速率快于和慢于临界应变速率的两种情况.

(1) 对于拉伸速率快于临界应变速率的拉伸试验, 如 10.2.2 节对图 10-7 右侧的分析, 其对应的 EDT 都短于临界时间, 随应变速率的增加, EDT 缩短, 越远离临界时间, 晶界杂质浓度和相应的脆性降低, 金属断面收缩率或延伸率增加, 同时对应相同应变速率, 较低拉伸温度的断面收缩率或延伸率总要高于较高拉伸温度的断面收缩率或延伸率. 如图 10-9 和图 10-10 所示的分别在 C-Mn 含 Cu 钢和 Fe-40Al-0.6C 合金的情况: 对于图 10-9, C-Mn 含 Cu 钢随应变速率的增加脆性降低, 断面收缩率增加, 且对应相同的应变速率, 较低拉伸温度的断面收缩率总要高于较高拉伸温度的断面收缩率, 即 1173 K 的断面收缩率高于 1273K 的断面收缩率, 1273K 的高于 1323 K 的, 1323K 的高于 1342K 的等. 对于图 10-10 Fe-40Al-0.6C 合金, 随应变速率的增加, 延伸率增加, 且对应相同的应变速率, 较低拉伸温度 −30℃ 的延伸率总要高于较高拉伸温度——室温的延伸率.

(2) 对于拉伸应变速率慢于临界应变速率的拉伸试验, 如 10.2.2 节对图 10-7 左侧的分析, 其对应的 EDT 都长于临界时间, 随应变速率的增加, EDT 缩短, 越接近临界时间, 晶界杂质浓度和相应的脆性升高, 断面收缩率或延伸率降低, 同时对应相同的应变速率, 较低拉伸温度的断面收缩率总要低于较高拉伸温度的断面收缩率. 这就是图 10-8 所示的 C-Mn 含 S 钢在 1273K 和 1423K 的情况, 随应变速率的增加, 金属脆性增加, 断面收缩率降低, 同时对应相同的应变速率, 较低拉伸温度 1273K 的断面收缩率总要低于较高拉伸温度 1423K 的断面收缩率.

对于具有相同热历史的同一合金, 在不同温度拉伸试验, 由于临界应变速率随拉伸试验温度的降低而降低, 这就出现了同一合金在不同温度拉伸, 每个温度拉伸速率既可能快于此温度的临界应变速率, 也可能慢于此温度的临界应变速率, 从而出现了图 10-10 和图 10-11 所示的情况: 对于 Fe-40Al-0.6C 合金, 在室温或 −30℃, 试验所采用的拉伸应变速率快于室温或 −30℃ 临界应变速率, 随应变速率增加, 合金的延伸率升高. 在 700℃, 试验所采用的拉伸应变速率慢于 700℃ 的临界应变速率, 随应变速率增加, 合金的延伸率降低 (Xu et al., 2015).

上述所有试验结果都支持了如下结论: 在一定温度下以不同的应变速率拉伸的试验, 随着应变速率的降低, 引起拉伸试验的弹性变形阶段的持续时间 (EDT) 延长, 总存在一个应变速率, 其对应的 EDT 等于或最接近于此温度的弹性变形的临界时间, 使晶界杂质浓度和脆性达到极大值, 此应变速率即为临界应变速率; 弹性变形的临界时间随拉伸试验温度的降低而延长, 导致临界应变速率随试验温度的降低而降低; 金属断面收缩率 (或延伸率) 受拉伸应变速率的这种影响, 即应变速率脆性, 是拉伸试验弹性变形不同程度的改变了晶界的杂质浓度, 引起断面收缩率测试的不确定性.

10.4.3 弹性变形的偏聚峰温度引起中温脆性

以不变的应变速率在各个温度拉伸, 各个温度都对应一个大体不变的 EDT, 这就如同 9.5.2 节所述的, 在各个温度都弹性变形相同的时间, 必存在一个晶界杂质偏聚峰温度, 引起脆性峰温度 (断面收缩率极小值温度), 并且当拉伸试验的应变速率降低, 对应的 EDT 延长, 偏聚峰温度和相应的脆性峰温度向低温移动. 这正如图 10-3 至图 10-5 所示的, 分别对于 Fe-17Cr 不锈钢、Al-5 wt%Mg 合金和 CuNi25 合金的拉伸试验结果, 都存在断面收缩率极小值的温度, 且随着应变速率的降低, 取得脆性峰值的温度也向低温移动. 对于图 10-3 的 Fe-17Cr 不锈钢, 每一个应变速率都有一个取得断面收缩率极小值的温度, 且随着应变速率从 $1.43 \times 10^{-1}\mathrm{s}^{-1}$ 降至 $1.43 \times 10^{-5}\mathrm{s}^{-1}$, 取得断面收缩率极小值的温度也从大约 970K 降至 800K 左右. 对于图 10-4 的 Al-5wt%Mg 合金, 每一个拉伸应变速率都有一个取得断面收缩率极小值的温度, 且随着应变速率从 $1.02 \times 10^{-1}\mathrm{s}^{-1}$ 降至 $1.19 \times 10^{-5}\mathrm{s}^{-1}$ 取得断面收缩率极小值的温度也从大约 700K 降至 450K 左右. 对于图 10-5 的 CuNi25 合金, 两个应变速率的每一个都有一个取得断面收缩率极小值的温度, 且随应变速率从 $2.7\times10^{-1}\text{s}^{-1}$ 降至 $2.7\times10^{-3}\text{s}^{-1}$, 取得断面收缩率极小值的温度也从大约 570℃ 降至 500℃ .

因此, 对于以不变的应变速率在各个不同的温度拉伸至断裂的拉伸试验, 随着拉伸温度的降低, 其弹性变形阶段对应的临界时间也单调变长, 必有一拉伸温度, 其临界时间与应变速率对应的 EDT 最接近, 此拉伸温度晶界杂质浓度最高, 脆性最大 (断面收缩率极小). 高于或低于此温度, 对应的临界时间都短于或长于应变速率对应的 EDT, 杂质晶界浓度和脆性都将降低, 断面收缩率升高, 这样形成了各种合金的中温脆性, 即拉伸温度改变引起的断面收缩率的测试不确定性 (Xu et al., 2013).

金属与合金的中温脆性和应变速率脆性, 这两个分别由拉伸试验温度改变和应变速率改变引起的力学性能测试的不确定性, 都是由于拉伸速率对应的弹性变形时间 EDT 和拉伸温度对应的弹性变形的临界时间之间关系的变化, 导致晶界杂质或溶质原子浓度变化引起的. 两者有统一的弹性变形机理. 这就预示着一个金属或合金如果有中温脆性, 它也必然有应变速率脆性; 如果没有中温脆性, 也必然没有应变速率脆性. 两者必然在金属与合金中同时存在, 或同时不存在. 这一点已由图 10-15 和图 10-16 的两种 C-Mn 钢的试验结果所证实. 在图 10-15 中, C 号钢没有中温脆性, 它在图 10-16 中也没有应变速率脆性. D 号钢在图 10-15 中有中温脆性, 它在图 10-16 中也有应变速率脆性.

10.4.4 屈服强度的测试不确定性问题

金属拉伸试验国际技术标准认定, 屈服强度具有拉伸试验温度改变和应变速率改变引起的测试不确定性. 文献 (徐庭栋, 2016) 指出, 金属的位错相互连接和交叉形成三维位错网络 (networks), 这种三维网络既存在着晶体的膨胀区, 也存在着压缩区. 金属在弹性张应力作用下, 基体的空位也会被吸收到位错的三维网络区, 增加网络的膨胀区. 迁移的空位也将与溶质原子结合形成复合体向三维网络扩散, 引起超过平衡浓度的溶质原子聚集在位错网络区, 形成金属弹性变形引起的非平衡科垂尔气团 (Cottrell atmosphere). 这些超过平衡浓度的溶质原子也会离开网络, 发生远离网络的扩散. 像晶界的情况一样, 也存在一个弹性变形时间, 使科垂尔气团的溶质浓度达到极大值, 类似于图 9-1 所示, 称为科垂尔气团的临界时间, 并可用式 (10-1) 表示:

$$t_c(T) = [L^2 \ln(D_c/D_i)]/[6(D_c - D_i)] \tag{10-1}$$

其中, L 是在温度 T 在临界时间内溶质原子自位错的平均扩散距离. 气团的浓度依赖于弹性变形时间与临界时间的接近程度. 弹性变形时间越接近 (远离) 临界时间, 气团的溶质浓度越高 (低), 类似于图 9-1 所示. 气团的临界时间也随弹性变形温度降低而延长, 类似于式 (9-14) 所示. 金属屈服应力是能克服气团的钉扎, 使位错脱离气团的应力. 气团浓度越高, 位错脱离气团所用的应力越大, 屈服应力越大. 类似于晶界的情况, 拉伸试验应变速率对应的弹性变形时间 EDT, 和拉伸温度对应的气团的临界时间之间的关系及其变化, 决定着位错气团的溶质浓度, 以及金属的屈服强度.

根据上述弹性变形引起位错溶质原子气团的临界时间, 与应变速率对应的弹性变形时间 EDT 之间的关系, 以及引起科垂尔气团溶质浓度变化的分析, 对金属屈服强度测试不确定性的试验规律有如下推测.

(1) 当拉伸应变速率一定, 拉伸温度改变时, 由于弹性变形引起的位错气团的临界时间随拉伸温度的降低而延长, 改变了拉伸温度临界时间与拉伸速率对应的 EDT 的差距, 气团的浓度将随拉伸温度而变, 屈服强度也将随拉伸温度而变, 必存在一个拉伸温度, 其气团的临界时间等于或最接近拉伸应变速率对应的弹性变形时间 EDT, 在此拉伸温度气团浓度达到最大值, 屈服强度将达到极大值 (峰值). 这些推测已被下述试验结果所证实. Xiao 和 Baker 以 $1 \times 10^{-4}\mathrm{s}^{-1}$ 速率拉伸试验证实, Fe-40Al 合金的屈服强度随温度而变, 屈服强度峰值出现在 675K 左右, 如图 10-17 所示 (Xiao et al., 1993). Klein 等 (Klein et al., 1994) 以 $10^{-4}\mathrm{s}^{-1}$ 应变速率拉伸试验, 研究了大晶粒低温退火的 Fe-45Al 合金和 Fe-45Al 加 500ppm 硼合金的屈服强度随拉伸温度的变化, 结果表明, 屈服应力随拉伸温度而变, 两种合金分别在 675K 和 800K 出现屈服应力峰值 (极大值). Kumar 等的试验证实, Fe-40Al-0.6C 合金以 $4.7 \times 10^{-4}\mathrm{s}^{-1}$ 应变速率在不同的温度拉伸, 屈服强度随拉伸温度而变, 且在 600℃ 附近达到屈服强度的峰值 (极大值), 见图 10-18 (Kumar et al., 1998).

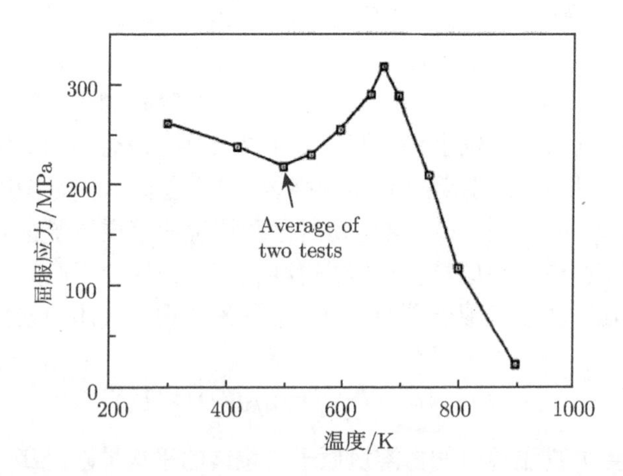

图 10-17　Fe-40Al 合金的屈服强度随拉伸温度的变化, 在 675K 取得屈服强度极大值 (Xiao et al., 1993)

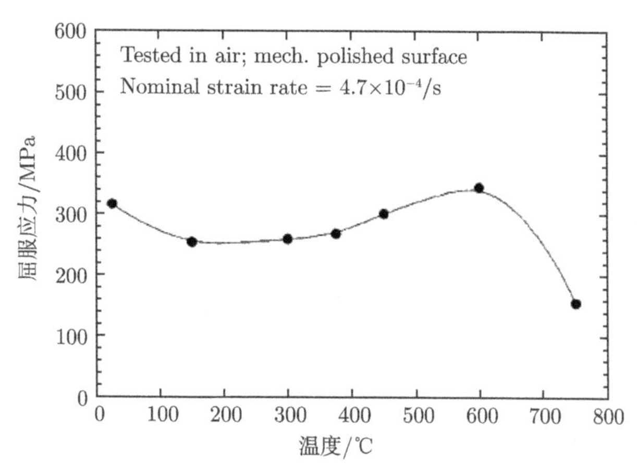

图 10-18 Fe-40Al-0.6C 合金屈服强度随拉伸温度的变化 (Kumar et al., 1998)

(2) 当拉伸温度一定, 应变速率改变时, 随着拉伸应变速率的降低, 拉伸试验对应的弹性变形时间 EDT 将延长, 改变了 EDT 与拉伸温度气团临界时间的差距, 气团浓度将随应变速率而变, 屈服强度也随应变速率而变, 且必存在一个应变速率, 其对应的 EDT 等于或最接近拉伸温度的临界时间, 在此应变速率, 位错气团浓度最高, 屈服强度将达到极大值. 这些推测也由下述试验结果所证实. Wu 等 (Wu et al., 2001) 对 Fe-40Al 和 Fe-40Al-1Y 的退火态和预变形态的单晶合金, 在室温以不同的应变速率拉伸. 单晶体先在 1423K 退火 10h, 随炉慢冷, 然后在 673K 退火 5 天, 以消除残余热空位. 预变形是在拉伸前试样先在室温压应力作用变形 5%. 试验结果列于表 10-2 和图 10-19. 表 10-2 中 Fe-40Al 和 Fe-40Al-1Y 单晶合金的预变形态, 不但屈服强度随拉伸应变速率而变, 且都在中间拉伸应变速率 $1\times10^{-2}s^{-1}$ 出现明显的屈服强度峰值, Fe-40Al 合金的屈服强度峰值是 380MPa, 比其他两个较慢和较快应变速率对应的屈服强度高出 100MPa 以上; Fe-40Al-1Y 合金在中间应变速率 $1\times10^{-2}s^{-1}$ 出现屈服强度峰值是 510MPa, 比其他两个较慢和较快的应变速率对应的屈服强度高出 50 至 260MPa. 对于退火态的单晶, 两种合金的屈服强度也都随拉伸应变速率而变, 且都在某一应变速率出现了屈服强度的极大值. Fe-40Al 合金退火态真空中拉伸的极大值出现在 $1\times10^{-5}s^{-1}$, 屈服强度是 207MPa, 见表 10-2 和图 10-19. 在空气中拉伸峰值出现在 $1\times10^{-1}s^{-1}$, 屈服强度是 210MPa, 见表 10-2 和图 10-19. Fe-40Al-1Y 合金退火态, 在 $1\times10^{-2}s^{-1}$ 速率屈服强度取得极大值, 是 290MPa. 从表 10-2 可以看出, 预变形的合金的屈服强度峰值远高于退火处理的合金. 预变形增加了合金的空位浓度, 加强了空位, 杂质原子和位错的之间的交互作用, 提高了气团的浓度, 引起了更高的屈服强度峰.

图 10-11 和图 10-20 是 Kumar 和 Pang 报告的多晶 Fe-40Al-0.6C 合金, 在 700℃ 延伸率和屈服强度随应变速率的变化情况 (Kumar et al., 1998). 在 700℃ 延伸率随

应变速率的增加而降低, 屈服强度却随应变速率的增加而增加. 现在还没有一个统一完整的理论解释这些实验现象.

表 10-2 Fe-Al 单晶拉伸屈服强度随拉伸应变速率的变化 (Wu et al., 2001)

合金	退火态/预应变态	应变速率/s^{-1}	屈服强度/MPa
		真空	
Fe-40Al	退火态	1×10^{-6}	200
		1×10^{-5}	207
		1×10^{-3}	205
		1×10^{-2}	203
		空气	
Fe-40Al	退火态	1×10^{-6}	170
		1×10^{-4}	178
		1×10^{-3}	195
		1×10^{-2}	205
		1×10^{-1}	210
		1	206
	预应变态	1×10^{-4}	258
		1×10^{-2}	380
		1	280
Fe-40Al-1Y	退火态	1×10^{-6}	230
		1×10^{-4}	250
		1×10^{-2}	290
		1	280
	预应变态	1×10^{-6}	250
		1×10^{-2}	510
		1	460

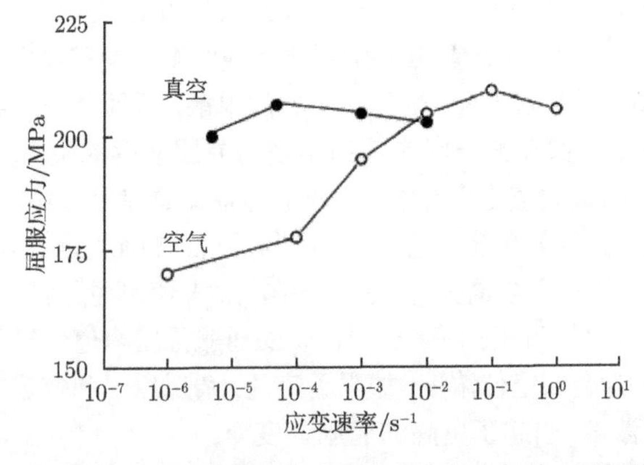

图 10-19 Fe-40Al 单晶合金在真空和空气中拉伸, 屈服强度随应变速率的变化(Wu et al., 2001)

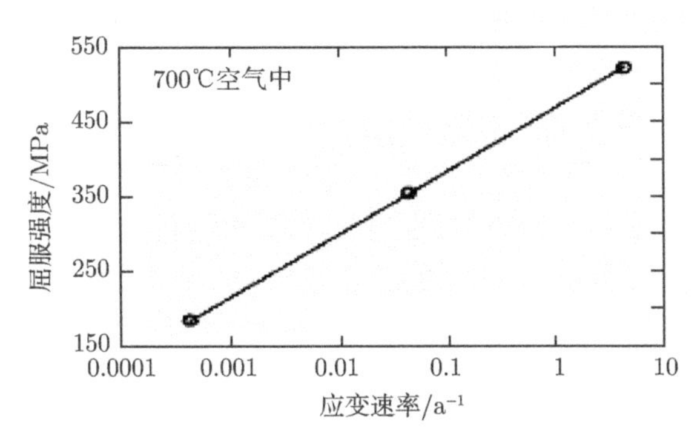

图 10-20 Fe-40Al-0.6C 屈服强度随应变速率的变化 (Kumar et al., 1998)

对于图 10-11 的试验结果, 正如文献 (Xu et al., 2013, 2015; 徐庭栋, 2016) 分析的, 所采用的应变速率对应的弹性变形时间 (EDT) 长于晶界在 700℃ 的临界时间, 随着拉伸应变速率的增加, EDT 缩短, 越接近晶界的临界时间, 晶界的溶质浓度增加, 延伸率降低. 对于图 10-20 可以推测, 所采用的应变速率对应的 EDT 也长于气团在 700℃ 的临界时间, 随着拉伸应变速率的增加, EDT 缩短, 越接近气团的临界时间, 气团的溶质浓度增加, 屈服强度增加 (徐庭栋, 2016).

可见, 金属屈服强度的测试不确定性, 是拉伸试验弹性变形阶段, 弹性张应力引起杂质原子或溶质原子与空位、位错的交互作用的结果. 可以推测, 对于纯金属或合金, 没有足够量的杂质原子, 就不会发生屈服强度的测试不确定性, 将不随应变速率而变. Wu 等的试验已证实了这一点. Wu 等对 6061 铝在室温以 $1\times10^{-6}s^{-1}$ 至 $1s^{-1}$ 不同的应变速率拉伸, 结果如图 10-21 所示, Wu 等认为 6061 铝的屈服强度不随应变速率而变 (Wu et al., 2001). 图 10-21 测试到了 6061 铝的原始屈服强度.

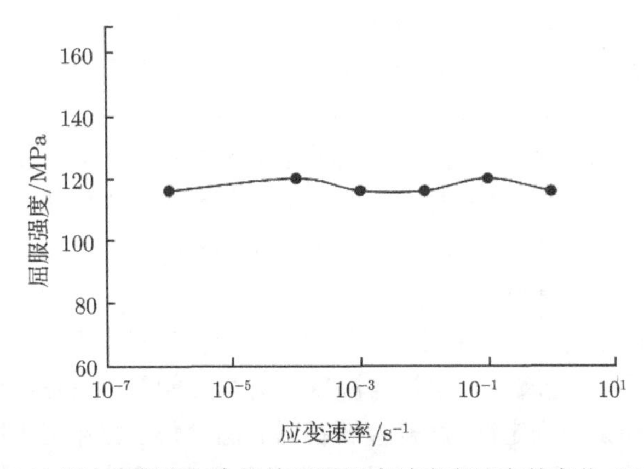

图 10-21 6061Al 铝在室温空气中拉伸屈服强度随应变速率的变化 (Wu et al., 2001)

研究屈服强度测试不确定性的微观机制, 必须定量观测位错周围科垂尔气团的溶质浓度, 及其随拉伸温度和应变速率的变化, 是此研究的关键, 但是至今没有这方面的报道. 近期发展起来的三维原子探针 (three-dimensional atom probe tomography, 3DAPT) 技术, 已经能够定量测量位错科垂尔气团的溶质浓度 (Miller, 1987, 2004, 2006). 可以期望本文提出的机理将得到这方面测量的支持.

最近 Chen (Chen et al., 2016) 等报告, 对于 Ti-45Al-8Nb 单晶, 在室温以 $2 \times 10^{-4}\mathrm{s}^{-1}$ 速率拉伸, 获得 6.9% 的延伸率和 708MPa 的屈服强度. 这里的问题是, 如果在室温改在其他应变速率下拉伸, 比如在 $2 \times 10^{-6}\mathrm{s}^{-1}$ 或 $2 \times 10^{-2}\mathrm{s}^{-1}$ 速率下拉伸, 还能得到他们发表的试验结果吗? 在国际标准组织已经明确提出拉伸力学性能测试不确定性的概念后, 以及在 Kumar 等和 Wu 等的工作 (Kumar et al., 1998; Wu et al., 2001) 发表 15 年后的今天, Chen 等发表这一结果前, 至少应该在室温以其他不同的应变速率做拉伸试验, 考察延伸率和屈服强度是否随应变速率改变, 才能确定 Ti-45Al-8Nb 单晶室温的屈服强度和韧性. 至今没有见到这方面的报道. 可见, 学界对拉伸力学性能测试不确定性, 以及它对拉伸力学性能测试的影响, 还是缺乏认识的.

10.5 新拉伸试验技术体系框架的建议

10.5.1 测试不确定性的启示

拉伸力学性能测试的不确定性, 是拉伸试验的弹性变形阶段, 张应力引起金属中杂质或溶质原子与空位, 位错, 晶界的交互作用, 随着拉伸温度和应变速率的不同, 交互作用的程度不同, 引起金属微观结构不同程度的改变, 导致被测金属拉伸力学性能的不同程度的改变, 使拉伸试验测得的力学性能, 不是被测金属拉伸前的力学性能, 使现行拉伸试验技术体系成了悖论. 值得指出的是, 拉伸试验本身是一项很精准的试验技术, 它甚至能将拉伸试验过程中所引起的微观结构的变化, 反映到拉伸试验结果中. 现行拉伸试验技术体系之所以成为悖论, 是因为没有弄清楚金属拉伸力学性能测试不确定性的机理, 无根据地选取了一个温度和一个应变速率拉伸, 并错误的认为拉伸结果就是被测金属拉伸试验前的力学性能.

按照金属弹性变形机理, 拉伸力学性能测试的不确定性, 是含有微量杂质或溶质原子的金属的一种力学性能特征. 这类金属的力学性能, 随张应力弹性变形时间的变化而有规律的变化. 金属在张应力作用下的弹性变形状态, 是金属的一种最普遍的服役状态. 因此, 金属在一定拉伸温度下力学性能随应变速率的变化, 即应变速率变化引起的测试不确定性, 就是金属在试验温度张应力作用下服役, 力学性能随服役时间的变化, 这里服役时间是用应变速率对应的弹性变形时间 EDT 表示.

如图 10-7 表示了 Fe17Cr 不锈钢分别在 873K 和 923K 张应力作用下服役, 断面收缩率随服役时间的变化; 图 10-16 表示了两种 C-Mn 钢在 900℃ 张应力作用下服役, 断面收缩率随服役时间的变化; 图 10-19 表示了 Fe-40Al 单晶在室温张应力作用下服役, 屈服强度随服役时间的变化; 图 10-20 表示了多晶 Fe-40Al-0.6C 合金在 700℃ 服役, 屈服强度随服役时间的变化, 等等. 这样, 拉伸试验测试力学性能不确定性的弹性变形机理, 给力学性能随拉伸速率变化的曲线, 即应变速率引起的测试不确定性曲线, 赋予了全新的物理意义: 它表示金属在张应力作用下服役, 力学性能随服役时间的变化规律. 以往在一个温度和一个应变速率下拉伸试验得到的力学性能, 是应变速率对应的弹性变形时间 EDT, 亦即服役时间, 这一服役瞬间的力学性能. 所以, 在一个温度和应变速率下的拉伸试验结果, 不是被测金属拉伸前的原始力学性能, 也不能表示金属的服役力学性能. 没有测试不确定性的弹性变形机理, 人们就不能认识到力学性能随拉伸速率变化曲线的物理意义, 不能说明以往在一个温度和一个应变速率下拉伸试验得到的结果表示什么意义? 这可能是阻碍对现行拉伸试验技术认识上突破的原因之一.

图 10-12 中的纯镍, 图 10-13 中的纯铁, 图 10-14 含钠量为 0.01ppm 的 Al-5Mg 合金, 图 10-16 中的 C 号 C-Mn 钢和图 10-21 的 6061 铝金属, 它们都是没有测试不确定性的金属与合金, 拉伸试验结果不随拉伸温度和应变速率而变. 采用一个温度和一个应变速率下的拉伸试验, 能测试到这些被测金属的原始力学性能. 其力学性能不随弹性变形时间而变, 表明它在服役过程中保持不变, 是被测金属的服役性能. 因此, 新的拉伸试验技术体系应该明确规定: 测试结果不随拉伸温度和应变速率而变的结果, 才测试到了被测金属的原始力学性能. 这一拉伸试验技术原则是一个逻辑原则, 拉伸试验在逻辑上必须满足的要求, 它是拉伸试验各种金属材料都应该遵循的试验技术要求 (Xu, 2016). 只有没有测试不确定性的金属, 可以通过一个温度和一个应变速率下的拉伸试验获得它的原始力学性能, 同时也是该金属在张应力作用下服役表现出来的力学性能, 且在服役过程中, 此力学性能保持不变的 (Xu et al., 2015; Xu, 2016).

10.5.2 新拉伸试验技术体系框架

基于上节的分析, 对于绝大多数含有微量杂质的金属与合金, 其原始力学性能不是金属的服役力学性能, 新拉伸试验技术应该分为两个测试目的: 测试被测金属的原始力学性能和服役力学性能 (徐庭栋, 2016; Xu, 2016).

(1) 测试原始力学性能, 即被测金属拉伸前的力学性能. 根据冶金和热处理工艺, 提出确定的拉伸试验温度, 一般是冶金和热处理工艺最后达到的温度, 再选取不同的拉伸应变速率, 测得各力学性能指标随应变速率变化的曲线. 根据此曲线确定原始力学性能. 如前已述, 如果力学性能不随应变速率而变, 所测得的力学性能就是原始力学性能, 也是此金属服役所表现出来的性能. 如果力学性能随应变速率而变, 可以根据下述原则, 从力学性能随应变速率变化的动力学曲线确定原始力学性能: 越快的拉伸应变速率, 对应越短的应力作用时间, 曲线所表示的性能越接近被测金属的原始力学性能. 比如, 图 10-7 表示被测金属的断面收缩率在 873K 或 923K 温度, 随弹性张应力作用时间的变化规律, 亦即金属力学性能随服役时间的变化规律. 越快的拉伸应变速率, 对应越短的应力作用时间, 越接近被测金属在 873K 或 923K 的原始力学性能. 图 10-7 中 $1.43 \times 10^{-1}\mathrm{s}^{-1}$ 拉伸速率所对应的断面收缩率 22%, 最接近在 873K 温度 Fe-17Cr 合金的原始断面收缩率; $1.43 \times 10^{-1}\mathrm{s}^{-1}$ 拉伸速率所对应的断面收缩率 17%, 最接近在 923K 温度 Fe-17Cr 合金的原始断面收缩率. 又如图 10-16 的 D 号钢, 在 900℃ 的原始断面收缩率是图 10-16 中拉伸应变速率在 0.5cm/min 至 5cm/min 所对应的断面收缩率 82%-83%. 图 10-11 表示, Fe-40Al-0.6C 合金在 700℃ 空气中的原始延伸率, 是 $4.2\mathrm{s}^{-1}$ 应变速率对应的 0% 延伸率. 图 10-19 表明, Fe-40Al 单晶在室温空气中的原始屈服强度是 $10^{0}\mathrm{s}^{-1}$ 应变速率对应的 200MPa 左右. 图 10-20 表示 Fe-40Al-0.6C 多晶合金 700℃ 空气中的原始屈服强度, 是应变速率 $4.2\mathrm{s}^{-1}$ 对应的 500MPa. 如果要获得更精确的原始力学性能, 需要进一步提高拉伸试验的拉伸应变速率.

(2) 测试金属服役力学性能, 即金属张应力作用下服役所表现出来的力学性能. 根据金属的服役温度, 提出确定的拉伸试验温度, 然后选取不同的拉伸应变速率, 测出各力学性能指标随应变速率变化的曲线. 根据测试不确定性的弹性变形机理, 这条曲线是金属在张应力下服役过程中, 力学性能随服役时间变化的动力学曲线. 此曲线表示了在服役温度金属力学性能随服役时间的变化. 如图 10-7, 表示了 Fe-17Cr 合金在 873K 或 923K, 张应力作用下服役, 合金断面收缩率随服役时间的变化规律. 从图 10-7 可以推算出 Fe-17Cr 合金断面收缩率在服役过程中的最低值在 10% 左右, 在 923K 服役, 取得断面收缩率最低值的服役时间是 $1.43 \times 10^{-3}\mathrm{s}^{-1}$ 对应的弹性变形时间; 在 873K 服役, 取得断面收缩率极小值的服役时间是 $1.43 \times 10^{-4}\mathrm{s}^{-1}$ 对应的弹性变形时间. 图 10-19 表示 Fe-40Al 单晶合金在室温张应力作用下服役, 屈服强度随服役时间的变化, 从曲线和表 10-2 可以看出屈服强度达到的极大值是 210MPa, 达到此极大值的服役时间是 $1 \times 10^{-1}\mathrm{s}^{-1}$ 速率所对应的弹性变形时间. 表 10-2 表示经预变形的 Fe-40Al 单晶, 在室温屈服强度最大值可达 380MPa, 且在 $1 \times 10^{-2}\mathrm{s}^{-1}$ 速率对应的服役时间 (弹性变形时间) 达到此极大值. 表 10-2 还表示经预变形的 Fe-40Al-1Y 单晶, 在室温屈服强度最大值可达 510MPa, 也在 $1 \times 10^{-2}\mathrm{s}^{-1}$ 速率对应的服役时间 (弹性变形时间) 达到此极大值. 从表 10-2 可见, 金属与合金在服役过程中屈服强度随服役时间的变化是巨大的, 不容忽视. 图 10-6 是 Suzuki 在 1373K 对 Fe36Ni 掺杂 Cu 的多晶合金拉伸试验, 获得的断面收缩率随应变速率的变化 (Suzuki, 1997), 试验曲线给出了完整的 Fe36Ni 掺杂 Cu 的合金在 1373K 张应力作用下服役, 断面收缩率随张应力作用下服役时间变化的动力学曲线. 在高应变速率一端 10^1s^{-1} 速率, 弹性变形时间 EDT 极短, Cu 的晶界浓度极低, 合金的断面收缩率接近 100%, 是此合金在服役温度 1373K 的原始断面收缩率. 随着应变速率降低, EDT 延长, 弹性张应力下服役时间延长, Cu 的晶界浓度升高, 断面收缩率降低. $10^{-1}s^{-1}$ 对应的 EDT 最接近合金中 Cu 在服役温度 1373K 的临界时间, Cu 的晶界浓度达到最高, 合金断面收缩率最低, 在 10%左右, 达到最大脆性, 是此合金在张应力作用下服役表现出来的最大脆性. 拉伸应变速率继续降低, EDT 增加超过合金中 Cu 在服役温度的临界时间, Cu 晶界浓度降低, 合金断面收缩率升高. 降至 $10^{-2}s^{-1}$ 以后, 对应的 EDT 足够长, 使 Cu 在晶界的浓度达到合金在服役温度的平衡晶界浓度, Cu 的晶界浓度不再降低, 合金的断面收缩率也不再增加, 保持在应变速率 $10^{-2}s^{-1}$ 对应的断面收缩率 42%附近, 是 Cu 平衡晶界浓度的断面收缩率 (Xu et al., 2015; Xu, 2016), 表明服役时间超过 $10^{-2}s^{-1}$ 对应的弹性变形时间, 合金继续服役断面收缩率将不再随服役时间而变, 保持在 42%. 可见, 金属与合金拉伸力学性能测试不确定性的弹性变形机理, 通过力学性能随应变速率变化的动力学曲线, 给出了前所未有的丰富的物理意义, 为新的工程技术操作提供了全新的空间.

对于具有拉伸力学性能测试不确定性的金属, 即大多数含有微量杂质的金属与合金, 金属弹性变形的微观理论揭示出, 这类金属在服役过程中的力学性能是随服役时间而变的, 这就需要如图 10-6, 图 10-7, 图 10-16 和图 10-19 等所示的, 用力学性能随拉伸应变速率变化的动力学曲线来表征. 而在一个温度和一个应变速率下拉伸试验得到的力学性能, 既不是原始力学性能, 也不能表示服役性能, 它只表示金属服役过程中, 应变速率所对应的弹性变形时间 EDT 的那一服役瞬间, 金属表现出来的力学性能. 这应该是金属力学性能的全新概念, 为新的拉伸试验技术体系的建立提供了理论框架.

10.6 小　结

自从伽利略 (1564~1642) 开始用拉伸试验测试金属的性能以来, 经过几百年历代力学家的努力, 上世纪上半叶建立了国际技术标准, 形成了现今传统经典的拉伸试验技术体系和标准. 现在发现它有如此根本性的重大缺陷, 动摇了金属力学性能科学的试验基础. 虽令学术界难于接受, 甚至遭到一些学人的抵触, 但是, 以往金属拉伸试验技术体系和标准的确是悖论, 这是科学事实. 科学总应该是在不断纠正错误的过程中向真理的方向前进.

为了说明这个问题对工程技术的重要影响, 举 2015 年我国某大钢铁集团公司的一个例子. 该公司宣布研发出世界强度最高的汽车抗撞击钢, 他们公布的每个钢种的室温屈服强度大体都在 700MPa 至 1000MPa 这个范围内. 给出这样一个技术标准会引起以下问题. 第一, 一种钢在同一状态下, 屈服强度相差如此之大, 工程上只能按强度下限使用, 会给此类钢造成巨大的浪费. 这种研发结果就没有多大的意义了. 第二, 同一种钢, 为什么屈服强度会相差如此之大? 按照现行的拉伸试验技术体系和标准, 一般不同钢的屈服强度相差 50 至 100MPa, 就是在强度上属于不同级别的钢了. 该公司一种钢同一状态下在强度上跨越几个强度等级, 按照现行的技术标准, 这合理吗? 测试结果如此大的不确定性, 使屈服强度这个参数, 这个概念都失去了意义. 其实该公司的数据是可靠的, 问题在现行拉伸试验技术体系和标准上. 这种数据极大的分散性 (不是拉伸设备试验误差), 是拉伸力学性能测试不确定性的结果.

新的拉伸试验技术体系的建立, 将给出金属结构材料的微观结构和力学性能之间的正确的和精细的关系, 必将从整体上提高金属结构材料的科学技术水平, 有利于结束现在金属结构材料的科学研究、技术开发和工程应用, 历来依赖于工程技术人员的经验, 和反复的试验试错的初级阶段 (徐匡迪, 2013), 这将是载入金属物理力学发展史册的进展.

参 考 文 献

徐匡迪. 2013. 科学通报, 58: 3617
徐庭栋. 2009. 10000 个科学难题: 物理学卷. 北京: 科学出版社, 523
徐庭栋, 刘珍君, 于鸿垚, 等. 2014. 物理学报, 63(22): 228101
徐庭栋. 2016. 国家自然科学基金申请书, 受理编号: 5167010022
Chen G, Peng Y B, Gong Z, et al. 2016. Nature Materials, 20 June, Doi:10.1038/NMAT4677
Horikawa K, Kuramoto S, Kanno M. 2001. Acta Mater., 49: 3981
Klein O, I Baker.1994. Sci. Metall.Mater., 30(11):1413
Kumar K S, Pang L X. 1998. Mater. Sci. Eng., A 258: 153
Kraai D A, Floreen S. 1964.Trans. AIME, 230: 833.
Liu C M, Abiko K, Tanino M.1999.Acta Metall. Sin. (Eng. Lett.), 12: 637
Miller M K, Horton J A . 1987. J de Phys., 48-C6: 379
Miller M K. 2004. TMS Lett., 1: 19
Miller M K. 2006. Microsc Res Tech., 69: 359
Nachtrab W T, Y T Chou. 1986. Metall. Trans., 17A: 1995
Nagasaki C, Aizawa A, Kihara J. 1987. Trans. ISIJ, 27: 506
Nowosielski R, Sakiewicz P, Mazurkiewicz J. 2006. J. Ach. Mater. Manuf. Eng., 17: 93
Otsuka M, Horiuchi R. 1984. J. Jpn. Inst. Met., 48: 688
Sun D S, Yamane T, Hirao K. 1991a. J. Mater. Sci., 26: 689
Sun D S, Yamane T, Hirao K. 1991b. J. Mater. Sci., 26: 5767
Suzuki H G. 1997. ISIJ Inter., 37: 250

Wu D, I Baker. 2001. Intermetallics, 9: 57

Xiao H, I Baker. 1993. Scr. Metall. Mater., 28: 1411

Xu T D, Yu H Y, Liu Z J, et al. 2013a. A Technical Report for ISO TC164 2013 Annual Meeting, 1

Xu T D, Zheng L, Wang K, et al. 2013b. Inter. Mater. Rev., 58: 263

Xu T, Hongyao Yu, Zhenjun Liu, et al. 2015. Measurement, 66:1

Xu T. 2016. Interfacial Segregation and Embrittlement. In: Saleem Hashmi (editor-in-chief), Reference Module in Materials Science and Materials Engineering. Oxford: Elsevier; 1

第11章 结 束 语

一般认为,三种动力学过程可以引起溶质的非平衡晶界偏聚现象:①热循环(冷却);②弹性应力作用;③高能粒子辐照.作者过去30多年的研究主要集中在前两个领域,本书也集中综述了这两个领域近40年来实验和理论研究的进展.

自20世纪60年代末发现热循环引起的非平衡晶界偏聚现象以来,其理论发展经历了与平衡晶界偏聚理论平行的发展历程,两者的理论内容虽相差很大,但在理论结构上却存在着若干内在的一致性.McLean于20世纪50年代提出了溶质平衡晶界偏聚的热力学(式1-25)和恒温动力学理论(式1-33);Xu(徐庭栋)等于80年代末提出非平衡晶界偏聚的热力学(式3-5)和恒温动力学理论(式4-11和式4-19).非平衡偏聚与平衡偏聚的最大不同在于存在临界时间现象,Xu给出了描述这一现象的临界时间公式(2-6),因而有反偏聚动力学方程式(4-19).非平衡偏聚更易于在冷却过程中发生,Xu等在恒温动力学方程的基础上建立了计算冷却过程引起的非平衡偏聚浓度的方法(式5-3),并提出临界冷却速率的概念,这又是非平衡偏聚所特有的.值得指出的是,偏聚动力学方程(4-11)式的建立的思路和最终形式都与平衡偏聚的McLean的式(1-33)相同,这又显示了两者之间存在的内在联系.Guttman于20世纪70年代,通过热力学分析提出了溶质晶界平衡共偏聚的理论模型,Xu于90年代将Guttman的理论推广到非平衡偏聚领域,提出了非平衡晶界共偏聚的理论模型,用与Guttman关系式相同形式给出此现象的热力学基础(式(6-2)~式(6-6)).其核心是发现一些具有非平衡偏聚特征的溶质元素,可以诱发另一些本来没有非平衡偏聚特征的元素,亦发生非平衡晶界偏聚.非平衡共偏聚模型描述的是偏聚的动力学过程,Guttman理论描述的是热平衡状态.这些是与Guttman理论根本不同之处.Seah于20世纪70年代,在McLean和Guttman平衡偏聚理论基础上,提出了晶界脆性(回火脆性)的平衡偏聚机制,Xu等于90年代在已有工作的基础上提出了晶界脆性(回火脆性)的非平衡偏聚机制,解释了原来平衡偏聚机制解释不了的若干重要回火脆性现象.因此,非平衡偏聚理论经过近50年的发展,尤其是本书所述的近30年来的工作,到今天已经形成了一个较完整的理论架构,其完备程度已达到由McLean,Guttman和Seah所建立的平衡偏聚的理论水平,得到越来越多的国内外研究者的引用、评述和实验证实,用于解决材料科学和工程问题.

因为发现了非平衡偏聚现象,也自然产生了非平衡偏聚和平衡偏聚之间的关系问题. 通过实验发现并提出了两种偏聚之间的转换温度概念, 以及由于两者之间的共同作用引起的最小偏聚温度的概念 (如图 7-3). 这两个概念不但得到进一步的实验证实, 还应用解决了一些重要的材料工程问题. 这是当初提出这些概念时所没有想到的.

热循环引起的非平衡晶界偏聚理论的最重要应用, 是解决了钢的回火脆性, 不锈钢的晶间腐蚀脆性和金属与合金的中温脆性发生机理问题. 这是在材料科学领域里已经存在了 100 多年的重大科学难题. 非平衡偏聚理论给出一个统一的普适的理论基础, 阐明这三种晶界脆性的发生机理, 克服了平衡偏聚理论在这三种晶界脆性发生机理问题上所遇到的困难. 这应该是金属材料强韧化领域内的突破性进展 (Xu et al., 2013).

上述内容均属于热循环引起的非平衡晶界偏聚领域的内容.

弹性应力作用下多晶金属材料会发生怎样的微观结构的变化, 这些变化对材料力学性质和服役行为有何影响, 是当今材料科学家面临的重要课题. 关于弹性应力引起晶界成分的改变, 自 20 世纪 80 年代开始就有多次实验结果证实, 张应力会引起溶质晶界偏聚, 压应力会引起溶质晶界贫化. 但人们在解释这一重要实验结果时遇到了困难. 从 20 世纪 90 年代, 因为研究材料的动态脆性断裂 (dynamic embrittlement) 问题, 开始涉及这个领域. 发现这一现象涉及到在应力作用下晶界滞弹性弛豫的微观机制, 并提出了如下机制: 晶界在弹性张应力作用下吸收空位, 引发溶质非平衡晶界偏聚; 在压应力作用下发射空位, 引发溶质非平衡晶界贫化. 定量化地表述了这一基本物理过程, 即应力平衡下的结构方程 (9-7), 方程 (9-8) 和成分方程 (9-9), 方程 (9-10). 用方程 (9-9), 方程 (9-10) 计算了晶界区的滞弹性模量, 获得了合理的结果, 初步证实了上述基本物理过程的存在. 在此基础上分别建立了张应力引起的溶质非平衡偏聚动力学方程 (9-31) 和方程 (9-32) 和压应力引起的非平衡晶界贫化动力学方程 (9-33) 和方程 (9-36), 表述晶界成分随弹性变形时间的变化, 用这些方程模拟实验结果获得很好的一致, 进一步证实了上述基本物理过程的存在, 形成了金属弹性变形的微观理论体系. 它是金属弹性变形引起空位, 溶质原子与晶界, 位错之间的交互作用, 为描述这些相互作用, 建立的应力平衡下的结构方程和成分方程、相应的偏聚和贫化动力学方程, 将为理解和分析结构材料在服役条件下性能的各种退化提供基础 (Xu et al., 2013). 这一理论近年来用于分析拉伸试验过程和结果, 提出了拉伸力学性能测试不确定性的弹性变形机理, 发现按照现行的拉伸试验技术体系和标准, 对于绝大多数含有微量杂质的金属, 都没有能通过拉伸试验测试到被测金属拉伸前的力学性能, 普遍的引起误判. 这是对拉伸试验技术体系认识上的颠覆性突破, 也改变了人们对金属拉伸力学性能的认识 (Xu et al., 2013, 2015; Xu, 2016).

本书由于作者的研究领域的限制, 主要讨论金属材料中的溶质晶界偏聚. 值得指出的是, 本书所论及的晶界偏聚理论, 从原则上讲也适合于非金属材料, 尤其是功能陶瓷材料. 多晶功能陶瓷材料中的杂质晶界偏聚会显著的影响材料的性能, 这已经是大家公认的事实了. 有很多这方面的实验研究. 陶瓷在烧结过程中, 伴随晶粒生长和重结晶. 会使晶粒内部纯化, 杂质原子被排挤到晶界区, 至使晶粒内部杂质浓度仅为 50 至 100 个 $10^{-4}\%$, 而晶界杂质达到 5%, 即大了 500~1000 倍. 这说明晶界具有吸附杂质的作用 (Briant, 1982), 即晶界偏聚. 实验也发现, 晶界如果处于不同的应力状态 (张应力或压应力), 将导致不同的晶界偏聚 (Karim, 1969; Shinoda et al., 1981). 已经有人利用晶界偏聚制造出既为电容器又为变阻器的材料 (Kaino, 1982), 也有通过控制杂质的晶界偏聚制造 TiO_2 基高介电容器及低压变阻器. 这个领域与金属不同之处在于, 陶瓷中的晶界、杂质、空位及其复合体均具有电性. 这些组元之间电的相互作用将会使杂质原子在晶界的偏聚或贫化, 呈现出更加复杂的状态, 从而为我们留有更大的研究和技术发展空间. 正是因为这个原因, 在功能陶瓷领域里, 溶质晶界偏聚的工程应用远比金属中活跃, 显现了更加广阔的应用前景. 应该有另外的专著综述这方面的情况.

参 考 文 献

Briant C L.1982. In R. Vanselow (ed) Chem and Phys. Of Solid：surface IV, Berlin: Springer, 465

Karim A. 1969. Trans. Metal., Soc., AIME, 245: 2421

Kaino D.1982. J.E.E. Nov., 103

Shinoda T, Nakamura T. 1981. Acta metall., 29: 1631

Xu T D, Zheng L, Wang K, et al. 2013. Inter. Mater. Rev., 58: 263

Xu T, Hongyao Yu, Zhenjun Liu, et al. 2015. Measurement, 66:1

Xu T. 2016. Interfacial Segregation and Embrittlement. In: Saleem Hashmi (editor-in-chief), Reference Module in Materials Science and Materials Engineering. Oxford: Elsevier: 1